KB144354

항공학 시리즈 ②

항공인적요인

Human Factors in Aviation Operation

김 천 용 저

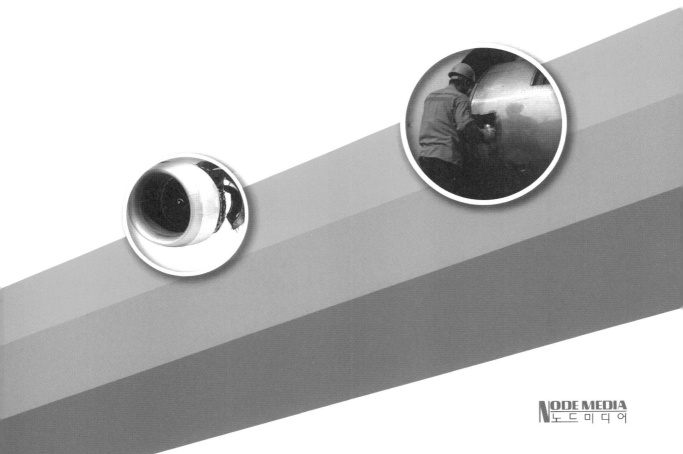

NODE MEDIA
노드미디어

머 리 말

우리나라의 항공운송산업은 저비용항공사들의 약진과 인천국제공항 등의 인프라 구축 등으로 양적으로는 세계 6위의 항공운송국가로 급격히 성장하여 항공선진국처럼 보이지만, 항공운송산업의 근간이 되는 항공안전 분야에서는 미국, 캐나다, 유럽, 호주 등 항공선진국에 비해 아직 미흡한 수준이다.

이에 정부는 항공사고를 감소시키고 국민의 편익을 향상시키기 위해 항공안전정책을 우선순위에 두고 국가항공안전프로그램의 제정 및 항공안전관리시스템 운영을 법제화하여 지난 5년 동안의 백만 운항횟수 당 사고 발생률 평균 2.33건(2017년 기준)으로 국정과제의 목표치 2.66건을 달성하였다고는 하지만 사고 및 준사고의 근본적 사고요인이라고 볼 수 있는 항공안전장애는 줄어들지 않고 근래에는 오히려 증가하는 양상을 보이고 있어 문제가 심각해지고 있다.

항공사고관련 통계에서 기계적인 물적 요인 보다는 인적요인에 의해 발생하는 비율이 80%이상이라면 결국은 안전관리의 대책이 하드웨어적인 접근도 중요하지만 소프트웨어적인 접근이 더욱 중요하다고 볼 수 있다. 그러므로 항공안전관리는 항공종사자의 인적요인 측면에서 이해를 할 필요가 있다고 모두 공감은 하면서도 안전관리를 인적요인에 기반을 둔 소프트웨어적인 투자로 더욱 심도 있게 연구 발전시키지 못했으며, 이해하기 어려운 외국학술자료와 정부기관에서 단편적으로 번역하여 발간된 자료에 의존하는 실정으로 항공인적요인 교육이 활성화되지 못하고 항공안전의 역사는 50년 넘게 흘러왔다.

이에 필자는 항공사 재직시 인적요인 강사로 활동하면서 정리했던 자료들을 토대로 2012년에 항공정비 인적요인개론을 집필한 바 있었으나, 내용이 극히 단편적이고 실무에 적용하기에는 미흡한 점이 많아 2016년 항공인적요인과 정비안전을 2개의 파트로 재구성하여 새롭게 집필한바 있다. 그러나 2개의 파트를 한 학기에 수업하기에는 무리가 있었으며, 항공운항학회 학술이사 및 항공인적요인학회 부회장 등의 연구 활동을 통해 얻은 학문적

지식 등을 추가하여 항공인적요인 부분만 별도로 분리하여 개정판을 집필하기에 이르렀다.

본서는 국제민간항공기구(ICAO), 미연방 항공청(FAA)및 유럽연합 항공 안전청(EASA) 등 국제기준에 맞추어 10개의 장으로 구성하였으며, 큰 의욕을 가지고 광범위한 내용을 수록하여 정리하려고 노력하였지만, 미흡한 점이 많아 앞으로 수정 및 보완 등을 통하여 내용의 충실성을 도모할 것을 약속드리며, 항공종사자를 꿈꾸는 학생들뿐만 아니라 항공 산업현장에서 휴먼에러 예방을 통해 항공안전에 기여하는 훌륭한 지침서가 되기를 바란다.

끝으로 집필과정에서 헌신적인 사랑으로 든든한 힘이 되어준 영원한 동반자 심정숙과 좋은 책을 출판하기 위하여 항상 최선을 다하시는 노드미디어 박승합 사장님과 편집에 고생하신 박효서 실장님께도 깊은 감사를 드린다.

2019년 7월

당진 신평면 연구실에서 저자 씀

목 차

제1장

인적요인 개론

본 장에서는 인적요인의 개념과 항공 산업에서 인적요인의 중요성을 설명하고, 머피의 법칙과
같이 발생하는 항공사고와 인적요인과의 관계를 살펴보고자 한다.

Human Factors in Aviation Operation

항공산업에서의 인적요인은 비행의 원조라고 말할 수 있는 그리스 신화 "이카루스의 날개"에서 시작되었다고 해도 과언이 아니다.

이카루스의 아버지 다이달로스는 크레타 섬에서 탈출하기 위해 새의 비행을 연구하고, 새의 깃털을 모아 밀랍을 이용하여 날개 두 쌍을 만들었다. 그는 아들 이카루스에게 바다와 가까이 날면 습기 때문에 날개가 무거워져 떨어지게 되고, 태양에 너무 가까이 높게 날면 밀랍이 녹아 버려서 추락할 수 있으므로 바다와 태양의 중간에서 날아야한다고 경고하고, 자기 뒤에 꼭 붙어서 오라고 당부하였다.

처음에는 모든 것이 순조로웠다. 그러나 하늘을 날고 있다는 사실에 기분이 들떠 우쭐해진 나머지 이카로스는 너무나 높이 날아올라 태양에 너무 가까워졌다. 그러자 곧바로 밀랍이 녹아 날개가 떨어져나갔고 아버지 다이달로스는 바다로 추락하는 아들을 바라볼 수밖에 없었다. 이 이야기는 인류최초의 비행이기도 하지만 높게 날지 말라는 경고를 무시하여 발생한 최초의 항공사고이기도 하다.

항공 산업계는 이러한 사고를 예방하기 위하여 다소 차이는 있으나 각종 규정, 절차 등을 제정하여 운영하고 있지만, 항공사고는 지속적으로 발생하고 있다.

초기의 동력비행시대에는 항공기 설계, 제작 및 조종에 주안점을 두었다. 초기의 조종사의 주요특성은 과감한 모험심을 가진 용기가 있어야 새로운 비행기를 조종할 수 있었고 그러한 모험심으로 새로운 조종기술을 습득할 수 있었다. 점차 조종기술이 안정화됨에 따라 항공기와 관련된 사람들의 역할이 시작되었다. 조종사는 처음에는 항공기를 안정화시키는 메커니즘을 원했으며, 나중에는 항법 및 통신과 같은 임무수행을 지원하는 자동화 시스템을 원하기에 이르렀다. 이러한 조종사의 능력을 보완하기 위한 수단으로 항공 인적요인이 탄생되었다.

인적요인의 탄생배경을 통해 인적요인의 연구는 항공기를 비롯한 관련 장비 사용의 편리성, 에러의 감소 및 생산성 향상의 추구를 통해 조종 및 정비작업 수행의 효율성을 극대화시키며, 또 다른 하나는 작업자의 피로와 스트레스를 감소시켜 안전향상에 기여한다고 할 수 있다. 즉, 항공정비인적요인의 목적은 항공기 정비와 검사에서 인적능력(human performance)에 영향을 미치는 요소들을 확인하고 최적화 시켜서 "항공정비의 안전과 효율성을 극대화"시키는 것이다. 이를 위해 항공정비 분야의 인적요인 연구의 시작은 정비사 개인에 맞춰지지만 점차적으로 전체 엔지니어링 및 기술조직으로 확대된다.

이에 본서는 항공기 정비업무 중 발생할 수 있는 인적요인을 제시하고, 이를 효과적으로 통제하고 관리함으로써 궁극적으로 정비오류, 지상사고, 산업재해, 장비 및 시설의 손상을 방지하고, 법규 및 지침 위반 등과 같은 인적사고를 방지하는데 필요한 통찰력을 제공하고자 한다.

2 인적요인(Human Factors)의 정의

인적요인을 human factors 또는 ergonomics 등으로 표시하고 있으며, 이는 인간의 생각이나 동작에 기인하여 여러 가지 결과가 나타나는 것이라고 설명할 수 있다. 즉, 인적요인은 인간이 일이나 일상생활에서 사용하는 상품, 장비, 시설, 절차, 환경과 인간의 상호작용에 초점을 두고 있다. 공학의 중심이 기술적인데 반하여 인간공학의 중심은 사람이며, 사람에게 영향을 미치는 것들을 어떻게 설계할 것인가에 관심을 두고 있다. 따라서 Senders 등(1993)은 인적요인은 사람이 사용하는 사물을 바꾸고, 사람의 능력, 한계, 그리고 사람의 필요에 맞도록 사람이 활동하는 주변의 환경을 바꾸려고 노력하는 것이라고 하였다.

Jensen(1997)은 인적요인(human factors), 인간공학(ergonomics), 공학 심리학(engineering psychology) 모두가 비슷한 의미를 가지며, 인적요인은 미국에서 광범위하게 사용하고, 인간공학은 유럽지역에서 광범위하게 사용하며, 공학심리학은 학술분야에서 널리 사용되는데, 세 용어 모두 시스템공학의 체계 내에서 통합된 인간과학의 체계적인 응용을 통하여 기계와 인간 사이의 관계를 최적화하는데 관계된 과학의 한 분야라고 주장하였다. Maddox& Michael(1998)은 인적요인은 작업장에서 인간의 능력과 한계에 대한 분야로서 인체생리학, 심리학, 작업장 설계, 환경 조건, 인간과 기계의 조화 및 그 이상의 것들을 다루며, 사람들 간의 상호관계, 장비의 사용, 절차 및 규칙의 준수 그리고 시스템의 주변 환경 등을 연구하는 분야라고 하였다.

ICAO 인적요인 훈련매뉴얼(1998)에서는 장비, 절차 그리고 환경과 사람과의 관계와 사람이 일하고 살아가는 환경의 중심에 있는 사람에 대한 것으로서 인간의 업무성과를 포함하며 인간과학을 체계적으로 적응시키는 과정에서 인간의 업무성과를 최적화하는 것이라고 하였다. 우리나라의 운항기술기준(2014)에서는 인적수행능력을 충분히 고려하여 인간과 다른 시스템 요소간의 안전한 상호작용을 모색하고 항공학적 설계, 인증, 훈련, 조작 및 정비에 적용하는 것을 인적요인의 개념으로 정의하고 있다.

　이상의 정의들을 종합해보면, 인적요인의 연구중심은 인간이며, 주변의 요인들(타인, 환경, 절차, 장비 및 시설 등)을 설계하고 배치하는데 있어서 인간이 가지고 있는 능력을 최대로 하고 인간이 가진 한계를 극복하도록 하는 것이 연구의 목적이라고 할 수 있다.

　그러나 인적요인에 대한 연구와 응용은 특정한 상태 또는 상황에 영향을 받는 방법을 수정하거나 변경하는 것만으로 간단하게 해결되는 것이 아니므로 복잡하다고 할 수 있다.

　이러한 연구는 영향을 미치는 인적요인과 어떻게 사람들이 더 효율적으로 일할 수 있으며, 작업능력을 유지시킬 수 있는 지에 대한 이해를 돕는 많은 학문분야와의 융합을 통하여 최적화 된다. 그러므로 여러 학문분야의 이해를 통하여 서로 다른 상황 또는 인간행동(human behaviors)에 적용시킴으로써, 잠재적인 인적요인들이 문제로 발전되거나 사건 혹은 사고를 발생시키는 연결고리를 만들기 전에 정확하게 인지할 수 있게 되는 것이다.

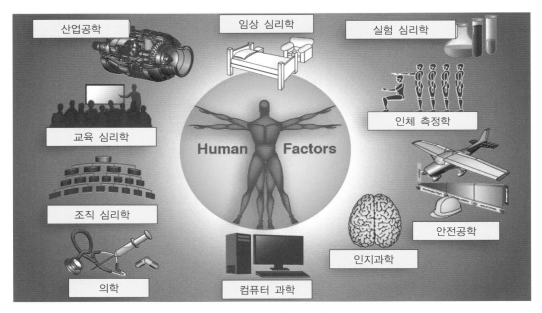

그림 1-1 인적요인관련 학문분야

인적요인과 관련된 학문분야는 그림 1-1과 같이 임상 심리학, 실험 심리학, 인체 측정학, 컴퓨터 과학, 인지과학, 안전공학, 의학, 조직 심리학, 교육 심리학 및 산업공학 등의 분야들이 있다.

3 | 항공분야에서의 인적요인

항공분야에서의 인적요인이라는 단어는 항공운송 산업에서 기계적 결함보다는 인적오류에 의한 문제가 심각하다는 것을 깨달으면서 급속도로 대중적인 관심이 집중되었다. 인적요인은 대부분의 항공사고와 준 사고의 근간을 이루고 있다. 이에 따라 항공분야에서 인적요인에 대한 대부분의 연구들은 전통적으로 항공기를 직접 운항하는 운항승무원과 관제분야에 집중되어 있다. 이는 정비와 검사 과실은 다수 사고 안에서 원인이 되는 하나의 요인으로 취급됨에 따라 정비부문에 대한 연구는 운항부문에 비해 미약한 현실이다. 그러나 항공안전은 조종사 뿐 만 아니라, 항공운항을 안내하는 항공관제사와 설계된 항공기를 정비하는 정비사의 3박자가 조화를 이룰 때 이룩된다는 것은 명백한 사실이다.

3.1 항공운항분야에서의 인적요인

조종사들이 조작방법을 제대로 파악할 수 없을 만큼 수많은 계기, 스위치 및 레버가 무분별하게 배치되어 있어, 근무강도가 급격히 증가하는 비상상황에서는 계기를 잘못 판독하거나 스위치나 레버를 잘못 조작하는 등 조종사의 실수를 유발케 할 수 있다는 점을 감안하여 설계 및 제작과정에 인적요인의 개념을 도입하여 조종실 환경을 매우 조직적이고 체계적으로 만드는 것이다.

이에 관한 고전적인 연구는 1947년에 Paul Fitt에 의해서 수행되었는데, 그는 계기의 판독 과정에 있어서 많은 실수가 유발되었다고 하였다. 그의 연구보고서에 의하면 대부분의 조종사들은 조종실 환경에 관련하여 다음과 같은 불만을 가지고 있는 것으로 조사하였다.

- 계기, 스위치 및 레버가 분산되어 있어서 한 번에 식별하기 어려우며, 따라서 비상시에는 엉뚱한 계기를 읽거나 스위치나 레버를 잘못 조작하여 추락할 수 있다.
- 대부분 계기의 모양이 비슷하여 쉽게 착각을 일으킬 수 있다.
- 계기바늘 및 스케일을 잘못 판독하기 쉽다(특히 삼침식 고도계).

이러한 연구결과를 토대로 조종실 내의 계기, 스위치, 경고등 및 레버 등을 재설계 또는 재배치를 고려하게 되었다.

이에 따라 최근에는 조종실이 전자화, 자동화 및 디지털화됨에 따라 CRT(Cathode- Ray Tube)나 전방표시장치(HUD: Head Up Display)를 이용한 첨단의 다기능 디스플레이장치를 갖춘 글라스 조종실(glass cockpit)로 변화하고 있다. 그 결과 신형 항공기 조종실 계기판에는 그림 1-3과 같이 많은 계기가 통합되어 조종사 당 2개의 CRT로 대체할 수 있게 되었다.

또한, 항공기가 조종이 가능한 상태에서 산악, 지형등과 충돌하는 사고(CFIT: Controled Flight Into Terrain)를 방지하기 위한 지상접근경보장치(GPWS: Ground Proximity Warning System), 항공기간의 공중충돌을 방지하기 위한 공중충돌방지장치(TCAS: Traffic Control and Avoidance System)가 장착 운영되고 있다.

그림 1-2 아날로그 형식의 B747-200 조종실 계기

그림 1-3 디지털 형식의 B747-400 조종실 계기

　이러한 조종사들의 실수를 예방하기 위한 첨단 장비들의 출현으로 인해, 조종사들의 업무 부하는 많이 경감되었지만, 이러한 첨단 시스템을 정비하는 항공정비사들은 새로운 전자 시스템의 이론 및 기술습득을 위해 기존의 메커니즘에 더하여 항공전자(avionics)분야까지도 전문성을 가져야하는 어려움에 직면하고 있다.

　그림 1-2와 1-3은 아날로그와 디지털 항공기 조종실의 차이를 보여주고 있다.

3.2 항공정비 분야에서의 인적요인

　항공정비는 지난 수년 동안 많은 변화를 겪어왔다. 이전의 항공기 모델에는 없던 첨단소재와 동력장치 그리고 전기전자 시스템을 갖춘 Airbus 380과 같은 초대형 항공기(super-large aircraft)의 출현으로 인하여 정비사들은 새로운 시스템, 장비 및 절차 등을 학습하고 정비작업을 수행하여야 한다.

　항공기 제작기술뿐만 아니라 항공기를 정비하기 위한 기술도 날로 발전하고 있지만, 한 가지 변하지 않는 사실은 대부분의 항공기 정비작업은 사람에 의해서 행해지고 있다는 사실이다.

그림 1-4와 같이 항공정비사들은 항공에서는 보기 드문 인적요인에 직면하게 된다. 즉 항공정비사는 늦은 시간이나 이른 새벽에 높은 플랫 폼 또는 열악한 온도와 습도 등의 제한된 공간에서 작업을 한다. 이러한 작업은 육체적으로 몹시 힘들뿐만 아니라 세심한 주의 집중이 요구된다.

항공정비 직무특성상 항공정비사들은 일반적으로 작업을 수행하는 시간보다 작업을 준비하는 과정에서 더 많은 시간을 할애하고 있다. 즉, 모든 정비작업의 문서화는 매우 중요한 일이므로 항공정비사들은 작업한 내용을 정비일지에 기록하는데 많은 시간을 필요로 하는 것이다.

인적요인에 대한 인식은 작업자와 항공기 안전을 지속적으로 보장하는 환경을 만들어주고, 더욱 주의 깊고 책임 있는 작업을 수행하게 함으로써 품질향상을 기대할 수 있다. 더욱 확실하게는 사소한 실수를 줄이는 것은 비용과 납기지연을 감소시키고, 부상으로 인한 작업 중단을 감소하게 하며, 품질불량으로 인한 하자보증의 감소와 정비오류로 인한 중대 사건, 사고 등의 감소로 인하여 주목할 만한 이득을 얻을 수 있는 것이다.

그림 1-4 항공정비사의 작업환경에는 많은 인적요인들이 내포되어 있다.

본 장에서는 다양한 인적요인 중에서 항공정비에 관련된 부분들에 대해서 논의하고자 한다. 대부분의 일반적인 인적요인들은 문제를 유발 할 수 있는 위험요인들을 제거하거나 완화시키는 방법들을 소개하고 있다.

Phillips(1994)는 미국에서 발생한 모든 항공사고들의 18%는 정비요인이 기여요인으로 작용한 것으로 기고하고 있다. 또한, 최근의 국제항공운송협회의 안전보고서(IATA safety report, 2013)에 따르면 2009-2013년에 발생한 항공사고의 29%가 정비요인과 연관되어 있는 것으로 보고하고 있다.

1988년 미국 Aloha 항공의 B737 항공기 사고 이후 항공정비 분야의 인적요인에 대하여 관심을 갖기 시작한 이래 미국, 영국, 캐나다에서는 항공정비 분야의 인적요인에 대하여 꾸준한 연구를 하여왔고, 보잉사 등의 산업계에서도 항공정비 오류를 판별할 수 있는 MEDA (Maintenance Error Decision Aid) 등을 개발하여 이를 현업에 적용하여 많은 성과들을 보고 있다. 특히 영국항공청(CAA, 2003)에서는 항공정비 분야의 인적요인을 정비사의 건강 상태, 시력, 청력 및 피로와 스트레스 등에 연관된 인적 요인과 날씨, 온도, 습도 및 소음 등과 같은 환경적 요인 그리고 의사소통, 작업교대, 정비작업절차등과 관련된 절차와 조직적 요인으로 분류하여 광범위하게 소개하고 있다.

항공정비작업의 성과에 영향을 줄 수 있는 인적요인은 광범위하지만, 결국은 항공정비 분야에서 이러한 구체적인 목표는 항공안전과 정비효율을 추구하는 것이다. 그림 1-5는 항공정비사들에게 영향을 미치는 인적요인의 일부를 보여주고 있다. 대부분의 경우 3~4개 의 요인들이 결합되면 심각한 사고 또는 준 사고에 기여하는 요인으로 작용하게 된다.

특히, 항공정비에서 인적요인을 적용하여 안전하게 작업하기 위해서는 항공정비사들은 업무 훈련의 일환으로 구체적인 작업수행을 위한 안전절차, 적절한 공구 및 안전장비를 이해하고 적용하여야 하며, 잠재적인 위험요인들을 시정 및 개선방법에 관한 훈련을 받아야 한다. 또한, 항공법뿐만 아니라 산업안전보건법 및 규정에 의거하여 자신의 업무 분야에 해당하는 사내 안전절차를 익혀야 한다.

마찬가지로, 감독자들과 관리자들은 위험발생과 시정에 관련이 있을 수 있는 사회, 조직 및 산업적인 관계 요소뿐만 아니라, 신체, 화학 및 심리사회적인 위험에 대해서도 알고 있어 야 한다. 그러므로 조직적 능력, 의사소통 능력, 그리고 문제해결 능력뿐만 아니라 기술적인 성격의 지식과 능력을 습득할 수 있도록 교육과 훈련의 목표로 설정하여야 한다.

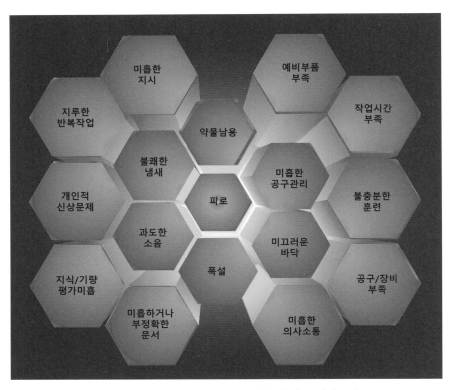

그림 1-5 항공정비사에게 영향을 미치는 인적요인

　사고의 발생에는 실수가 내재되어 있다는 것은 의심의 여지가 없지만, 보다 넓은 의미에서 경영진의 최초 의사결정을 비롯하여 작업절차의 성격과 수용가능성을 결정짓는 표준 운용 작업절차 등의 오류와 같은 인적요인이 개입된다.

　분명한 것은 미비한 작업절차와 불안전한 결정은 판단이나 추론의 실수가 포함되어 있기 때문에 실수와 관련이 있다. 하지만 미흡한 매뉴얼이나 절차는 즉각적인 결과로 나타나지 않으므로 그 존재를 금방 느낄 수가 없기 때문에 판단이나 추론의 실수가 표준 운용 방법이 되도록 허가되었다는 특징을 지니고 있다. 그럼에도 불구하고, 그것들은 나중에 본의 아니게 사람의 행동과 상호작용하여 사고로 직결될 수 있는 상황을 제공하는 근본적인 취약성을 지닌 불안전한 작업 시스템으로 인식하게 한다.

　이러한 정황에서, 항공정비인적요인이라는 용어는 항공정비사 개개인과 정비작업환경간의 상호작용에 개입하는 광범위한 요소들을 포함하고 있다. 이들 중 일부는 작업 시스템들이 즉각적인 역효과를 주지 않도록 기능하는 방법 중 직접적이고 주목할 만한 사항들이다.

매뉴얼 및 절차

작동제어 및 화면표시

정비편리성을 위한 설계

훈련

인간/컴퓨터 상호작용

작업그룹 절차

그림 1-6 정비에서의 인적요소 적용분야

4 사고에서의 인적요인

사고 발생시점과 장소에서 여러 가지 일들이 갑자기 잘못되어 가는 것으로 보는 사고에 대한 종래의 관점은 사고 발생시점에서 명백히 측정 가능한 사건에 대해 관심을 집중시킨다. 사실, 실수는 불안전한 행위나 과실이 그 결과를 초래할 수 있는 정황에서 발생한다.

작업 시스템에 이미 존재하는 조건에서 출발하는 사고원인을 밝히려면, 인적요인이 사고에 기여할 수 있는 다양한 방법을 모두 고려해야 한다. 이것은 사고 원인 중 인적요인의 역할에 대한 폭넓은 시각을 취할 수 있는 가장 중요한 결과가 될 것이다. 즉각적인 영향을 미치지 않는다 해도, 작업 시스템에서의 미비한 결정이나 관례는 사고발생 시점에서 정비사의 실수나 결과를 지닌 과실로 유도하는 상황설정의 역할을 하기 때문이다.

4.1 사고의 연결고리

지금까지의 항공기 사고를 면밀하게 분석, 조사한 여러 가지 연구를 종합하여 보면, 항공기 사고는 단 하나의 요인에 의해서 발생한 경우는 극히 드물며, 거의 대부분은 여러 가지 요인이 복합된 것이라는 결론이 나온다. 그러한 요인 하나하나를 놓고 보면, 별로 중요한 것이 아님에도 불구하고 그것이 하나씩 허물어져 감에 따라 결국은 사고에 도달하게 되는 것이다.

이것을 그림 1-7과 같이 사고의 연결고리(chain of events)라고 부르는데, 사고예방이란 이러한 실수나 결함으로 연결된 고리가 완성되기 전에 그와 같은 요인들이 어떠한 것들인지를 파악하여 제거하거나 회피하는 활동을 하는 것이다. 예를 들어 항공정비사가 철저한 항공기 점검을 통하여 결함을 사전에 인지하여 항공기의 결함을 제거하여 완벽한 감항성 있는 항공기를 승무원에게 인계했다면, 비행안전사고의 연결고리는 정비사가 끊은 것이다.

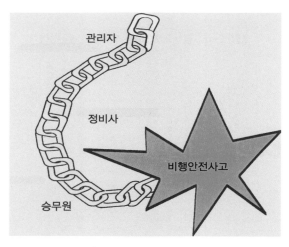

그림 1-7 사고의 연결고리

4.2 인간-기계 체계의 사고

항공정비와 연관된 각종 사건이나 사고의 요인별 비율 분석을 해보면, 인적요인에 의한 실수, 즉 휴먼에러에 의한 사건, 사고가 기계적 요인에 의한 것보다 점점 더 큰 비중을 차지하고 있다. 그림 1-8과 같이 1900년대에 대략 20% 이하에서 오늘날에는 80% 이상을 차지할 만큼 큰 폭으로 증가하는 양상을 보이고 있다.

이러한 현상은 이 기간 동안 인간-기계 체계(man-machine system)에서 사람들의 주의력, 기억력, 집중력 등이 점점 더 저하되었기 때문이라고 해석하기보다는 첫째, 지난 30여년 동안 항공기 부품을 포함한 기타 장비들의 기능이 발전되고 복잡화 되었으며(동시에 신뢰도는 훨씬 향상되었음), 둘째, 설계자, 제작자, 정비정책 결정권자 등의 판단오류가 작업장에서 실수가 범해지도록 여건을 조성하고 있는 경향을 반영하고 있다고 보아야 한다.

이로 인해 항공기 부품의 고장과 같은 기계적 요인에 의한 사건·사고율은 감소하고 인적오류와 관련된 사건·사고율은 증가하는 현상이 나타나고 있는 것이다.

결국, 단순하게 잘못된 정비행위만이 인적오류의 원인이 아니라는 인식을 가져야 한다. 사람이 설계, 조립, 조작, 정비를 하고, 위험요인이 잠재된 기술을 관리하고 있기 때문에, 결정하고 처리하는 과정에서 어떤 방식으로든 원하지 않지만 사고에 기여하게 된다.

여기서, 다양한 휴먼에러의 유형을 알고 관리 방법을 익힐 필요성이 대두되는 것이다. 통상적으로 휴먼에러라는 이름으로 서로 다른 실수를 동일하게 표현하고 있지만, 에러는 유형별로 발생 구조가 다르고, 항공기 시스템과 같이 복잡한 기능을 갖고 있는 경우는 관리방법 또한 달라야 하므로 에러를 유형별로 구분하는 것이 매우 중요하다. 그러나 어떤 경우에도 에러관리에 있어 가장 중요한 사실은 수정 및 관리 가능한 직접적인 원인에 초점을 두어 관리하는 것이다.

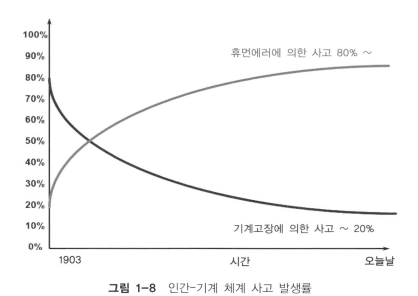

그림 1-8 인간-기계 체계 사고 발생률

4.3 정비와 검사가 항공사고에 미치는 영향

미 교통사고조가위원회(NTSB)의 사고조사위원 John Goglia(2002)는 최근 NTSB가 조사한 대형 항공기 사고의 14건 중 7건이 정비가 주요 기여요인으로서 정비관련 사고의 증가추세가 심각하다고 경고하였으며, Learmount(2004)는 년 간 사고조사보고서에서 '기술적 정비결함'이 이전에 항공사고의 주된 원인이었던 지형지물 충돌(controlled flight into terrain)사고를 능가하여 항공 사고의 주요 원인으로 떠오르고 있다고 보고하였다.

또한, 국제항공운송협회의 안전보고서(IATA safety report, 2013)에 따르면 2009-2013년에 발생한 항공사고의 29%가 정비요인과 연관되어 있는 것으로 보고하고 있으며, 정비로 인한 사고원인의 80%는 정비표준 운영절차 및 검사에 문제가 있었음을 지적하고 있다.

우리나라 국적항공사의 경우에도 2014년 10월 국토교통부 자료에 따르면, 최근 3년간 총 141건의 항공기 결함이 발생한 것으로 나타났다.

대부분은 비상경고등 오작동 등의 경미한 결함이었지만 이륙을 취소하거나 이륙 후 회항을 해야 하는 중대결함도 다수 발생한 것으로 나타났다. 비록 경미한 결함일지라도 이러한 정비결함들은 조종사에게 과중한 업무 부담을 주게 되고, 조종사의 과중한 업무 부담은 조종사의 이성적인 판단 능력을 저하시키는 원인이 되어 결국은 비행안전사고로 이어지게 된다.

또한, 정비결함은 비행안전을 위협할 뿐만 아니라 운항지연, 결항, 회항 및 운항일정변경 등을 발생시켜 상당한 경제적 손실을 초래하게 된다. 예를 들어, B747-400과 같은 대형항공기의 경우 정비문제로 인해 항공기가 결항되면 USD \$140,000의 비용이 발생하고, 비행지연은 시간당 USD \$17,000의 비용을 초래한다. 이는 정비와 검사 실수의 영향이 비행안전뿐만 아니라 높은 비용을 초래한다는 것을 보여준다.

5 │ 항공정비인적요인 사고사례

다음과 같은 정비인적요인 사고사례를 통해 작은 실수, 소홀한 관리가 얼마나 엄청난 결과를 일으킬 수 있는지 알 수 있을 것이다. 인간은 완벽한 존재가 아니기 때문에 언제 어디서든 인적실수(human error)가 발생할 수 있다.

5.1 알로하 항공의 B737-200 항공기 사고

1988년 4월28일 B737-200 항공기 243편이 미국 하와이 주의 남쪽 섬 힐로(Hilo)로부터 90명의 승객과 5명의 승무원을 태우고 호놀룰루(Honolulu)로 비행하고 있었다.

항공기가 상승하여 24,000피트(ft) 고도에 도달하였을 때 기체 결합부위의 피로 손상으로 인하여 굉음과 함께 전방동체의 객실바닥라인(passenger floor line) 위쪽으로 객실표피(cabin skin)와 구조(structure)가 18피트 가량 찢겨져 나가서 1등석 천정이 있던 부위로 하늘이 보이고 항공기는 급격한 감압상태가 되었다.

사고 발생으로 객실천정과 조종실 출입문(cockpit entry door)이 날아가 버렸으므로 조종사들은 사태파악과 동시에 즉각적으로 허용하는 최대의 비상강하를 실시하여 인근의 마우이(Maui) 공항에 비상 착륙하였다. 이 사고로 여 승무원 1명이 항공기 외부로 날려 나갔고, 1명의 승무원을 포함한 7명의 승객이 중상을 입었으며, 57명의 승객이 경상을 입었다.

알로하(Aloha) 항공의 B737-200 항공기 사고는 항공정비 분야에 대한 인적요인(human factors)의 관심을 끌기에 충분했다. 연속된 항공사고의 참사로 인하여 미 의회와 미 연방항공청(FAA: The US Federal Aviation Administration)은 항공정비, 항공기 설계 및 정비사 훈련에 관심을 갖게 되었다.

그림 1-9와 같이 비행중 항공기의 동체 표면이 떨어져 나간 B737 항공기 사고에 대하여 미 연방 교통사고조사위원회(NTSB)는 사고조사를 실시하였고, 그 결과 노후 항공기의 검사 방법과 관계된 중요한 인적요인을 지적하였다. 사고조사 과정 중에 발견된 사항은 항공기 표피를 동체에 고정시키는 리벳 검사는 인간의 실수를 유발시킬 수 있을 만큼 지루하고 따분한 일이라는 것을 발견하였다.

그림 1-9 알로하 항공의 B737-200 항공기 사고

알로하 항공기 사고의 결과로 미 연방항공청(FAA)은 1988년에 노후 항공기에 대한 국제회의를 개최하였고, 이후 계속된 회의에서 항공기 정비문제를 자세하게 볼수록 그러한 문제의 원인으로 인적요인들을 발견하게 되었다. 이러한 인적요인에 대한 관심은 효과적인 의사소통, 작업환경, 교육훈련방법, 검사방법, 인간의 한계, 불면증이나 지루함이 갖는 문제, 비파괴검사의 신뢰 등에 대한 연구 활동으로 이어졌다.

5.2 페루항공(Aero Peru) 603편

페루항공(Aero Peru) 603편 B757-200 항공기는 컴퓨터로 작동되는 차세대 여객기다. 페루 리마 발 칠레 산티아고 행 603편은 1999년 10월, 61명의 승객을 태우고 무사히 이륙했다. 하지만 이륙 직후 조종실(cockpit)에서 이상 현상이 발생한다. 항공기의 모든 고도계가 작동하지 않았던 것이다. 항공기에는 기장용과 부기장용, 그리고 예비 고도계까지 총 세 개의 고도계가 장착되어 있다. 하지만 그날 603편의 고도계는 세 개 모두 작동되지 않았다. 기장은 비상사태를 선포하고 비상착륙을 결정한다.

착륙을 위해서는 고도 확인이 필수적이나 603편은 고도계 고장으로 고도를 확인할 수 없었고 오로지 관제센터의 안내에 의지할 수밖에 없었다. 사실 밝고 화창한 날에는 이 상황은 큰 문제가 되지 않을 수 있지만 이날은 암흑과도 같은 상태였다. 관제센터에서는 603편의 안전한 착륙을 위해 계속해서 고도와 속도를 안내했다. 그러나 컴퓨터가 지시하는 고도와 속도 자체가 잘못된 정보라는 것을 아무도 알지 못했다.

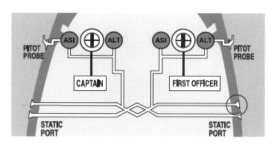
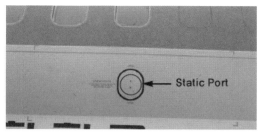

그림 1-10 동 정압 시스템과 정압구멍

항공기에 장착된 고도계가 계속해서 잘못된 정보를 입수해 관제센터로 보내고 있었던 것이다. 항공기는 완전히 혼돈상태에 빠진다. 과속 경고와 속도저하 경고, 서로 모순된 경고가 동시에 발생했다. 그리고 급기야 지상에 지나치게 접근했다는 경고가 울리기 시작했다. 이렇게 충돌 직전의 위기에 처해있는 상황에서도 관제센터는 603편이 10,000피트 상공 위에 있다고 믿고 있었다. 기장은 빌딩이나 육지에 충돌하는 것을 막기 위해 기수를 바다로 돌렸다. 계속해서 과속, 저속, 고도이상 등 여러 경보가 동시에 울렸고 결국 603편은 태평양에 추락하여 승객 61명, 승무원 9명 중 생존자는 아무도 없었다.

워싱턴 미 연방 교통안전위원회는 태평양 한가운데서 레이더를 이용해 기체의 위치를 찾았고 페루 해군이 무려 24km에 퍼져있는 잔해를 수거하여 바다 속에서 블랙박스를 찾아냈다. 음성녹음장치 조사를 통해 고도계에 문제가 있었다는 것을 알게 된 조사팀은 항공기의 고도를 알려주는 정압구멍(static port)에 문제가 있었는지 조사한다. 그림 1-10과 같이 항공기의 고도계는 고도가 높아질수록 기압이 낮아지는 원리를 이용한다. 항공기 측면에 뚫려있는 정압구멍(static port)으로 항공기 외부의 정압을 측정하고 적절한 계산을 통해 고도계에 고도를 표시하는 것이다.

조사팀은 바다 속에서 정압구멍(static port)이 있는 부분을 찾아냈고 놀랍게도 항공기에 뚫린 세 개의 정압구멍은 테이프로 완전히 막혀 있었다. 지상 조업자 들이 항공기 세척작업을 하던 중 정압구멍을 보호하기 위해 붙여놓은 테이프를 제거하지 않았던 것이다.[그림 1-11]

청소를 위해 테이프를 붙이는 것은 정해진 규정이다. 하지만 지상조업 작업자는 항공기 세척 후 이 테이프를 제거하지 않았다. 테이프를 제거하지 않은 지상조업 작업자는 이에 대한 책임을 물어야 했고, 또한 이러한 일이 발생할 가능성을 고려하지 않은 항공기 제작사(Boeing)도 책임을 물었다. 테이프의 색깔이 기체의 색깔과 동일해 테이프가 제거됐는지 여부를 명확히 발견하기 어렵다는 것에 대한 책임이었다. 그 후 항공기 제작사는 정압구멍에 대한 관리교육을 강화하고 새로운 규정을 제정하였다.

그림 1-11 바다 속에서 발견된 테이프가 제거되지 않은 정압구멍

5.3 영국항공 5390편

1990년 6월, 영국 버밍험 발 스페인 말라가 행. 81명의 승객과 6명의 승무원을 태운 영국항공(British Airways) 5390편에서 지금까지도 믿기 어려운 놀라운 사건이 발생한다.

5390기가 이륙한지 얼마 지나지 않아 조종실(cockpit)에서 거대한 폭발음이 났다. 조종실 기장 쪽의 앞 유리창(windshield)이 공중으로 날아가 버린 것이다. 그리고 안전벨트를 풀고 편히 앉아있던 기장의 몸이 항공기 내부와 외부의 압력차이로 인해 항공기 바깥으로 빨려 나가고 만다.

엎친 데 덮친 격으로 기장의 발이 조종간(control column)에 걸리는 바람에 자동조종이 해제되고 항공기가 급강하하기 시작했다. 5390편은 항공기 밖에 기장을 매달고 시속 600km로 급강하하는 상황에 놓이게 됐다.

조종실(cockpit)에 음료수를 제공하기 위해 왔던 객실승무원은 밖으로 빨려나가려는 기장을 보고 필사적으로 붙잡았다.

시속 600km 영하 17도의 바람은 끊임없이 기장을 때리고 있었고 계속해서 조종간을 밀고 있는 기장의 발 때문에 항공기는 계속 급강하하고 있었다. 부기장은 관제탑에 도움을 요청했지만 거센 바람 때문에 관제탑의 지시를 들을 수 없었다. 승무원은 조종간에 걸린 기장의 발을 빼내고 부기장은 기수를 올리지 않고 오히려 계속해서 속도를 높여 하강하기로 결정했다. 분주한 공항의 상공이었기 때문에 공중충돌의 위험이 있었으며 산소마스크가 없이도 호흡이 가능한 고도로 내려가야 했기 때문이다.

꼼짝도 하지 않은 채 밖에 매달려 있는 기장을 보고 모두가 기장이 죽었다고 생각했다. 그들은 기장을 놓는 것이 최선이라고 생각했지만 부기장의 생각은 달랐다. 기장을 놓을 경우 기장이 날개 쪽으로 날아가 날개에 손상을 주거나 엔진에 빨려 들어갈 것을 우려했기 때문이었다.

그림 1-12 동체외부에 매달린 기장
(NGC 항공사고수사대 캡처)

결국 5390편은 사우스샘프턴 공항으로 비상착륙을 결정한다. 연료 때문에 착륙시 최대 무게를 넘어 위험하기는 했지만 결국 5390편은 이륙 32분 만에 희생자 없이 무사히 공항에 착륙한다. 그리고 놀랍게도, 기장은 살아있었다. 그는 5km 상공에서의 극한의 추위와 시속 600km의 강풍, 산소부족 속에서 기적적으로 살았던 것이다. 심지어 그는 약간의 골절과 타박상, 동상을 입었을 뿐이었다.

영국 사고조사팀은 항공기의 상태를 보고는 원인을 알 수 없었다. 창틀의 훼손도 없었으며 파편도, 새가 부딪힌 흔적도 없었다. 그러나 조사 과정에서 비행 하루 전날 5390기의 앞 유리창이 교체 됐다는 사실을 알게 된다. 떨어져나간 창문이 곧 발견됐는데 그 창문에서 발견된 30개의 볼트 중 하나의 직경이 규정보다 작았다. 이 볼트 하나가 이 놀라운 사건의 결정적인 원인이었다.

보통 항공기 창문은 내부에서 외부로 볼트를 사용해 항공기에 고정하는 경우가 대부분이지만 이 항공기는 외부에서 내부로 유리창을 고정하는 항공기였고 볼트가 약해질 경우 비행 중 압력차이로 창문이 떨어져 나갈 수 있었다.

조사팀은 영국항공의 정비소를 찾아가 정비사에게 인터뷰를 요청했다. 정비사는 5390기의 창문을 교체하면서 볼트를 새것으로 교체했다. 이 과정에서 그는 규정대로 부품 도해 카탈로그(illustrated parts catalog)를 찾아 볼트의 종류를 확인하지 않고 이전에 장착돼있던 볼트와 같은 사이즈의 볼트를 눈대중으로 찾는다. 그리고 그는 어두운 창고에서 실수를 저지르게 된다. 지정된 사이즈 보다 한 치수 작은 볼트를 골랐던 것이다.

항공기에 사용되는 볼트는 그림 1-13과 같이 직경과 재질, 볼트의 길이 등에 따라 굉장히 다양한 종류와 사이즈가 있으며, 정해진 곳에 정해진 종류와 사이즈의 볼트만 사용되어야 한다. 항공기 부품도해 카탈로그에는 어느 장소에 어느 사이즈의 볼트가 사용되는지 상세히 나타내고 있다.

조사팀은 새로운 조사 방법을 동원했다. 행동 심리학자와 함께 정비사와의 인터뷰를 진행했고 편안한 분위기 속에서 정비사는 태연하게 그 동안 부품도해 카탈로그 없이 볼트 찾는 일이 자주 있었음을 고백했다. 그는 자신이 가지고 있는 지식과 정보를 지나치게 신뢰했고 조금이라도 정비하는 시간을 단축하기 위해 꼭 필요한 단계를 지나쳤던 것이다. 당시에는 인간공학적 개념이 생소했지만 이 사건으로 정비사의 인적오류(human error)가 얼마나 큰 사고를 불러일으킬 수 있는지 알릴 수 있는 기회가 되었다.

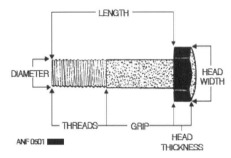

호칭	나사산수/in	피치(mm)	외경(mm)	호칭	나사산수/in	피치(mm)	외경(mm)
No.0	80	0.3175	1.524	1/4	20	1.2700	6.350
No.1	64	0.3969	1.854	5/16	18	1.4111	7.938
No.2	56	0.4536	2.184	3/8	16	1.5875	9.525
No.3	48	0.5292	2.515	7/16	14	1.8143	11.112
No.4	40	0.6350	2.845	1/2	13	1.9538	12.700
No.5	40	0.6350	3.175	9/16	12	2.1167	14.288
No.6	32	0.7938	3.505	5/8	11	2.3091	15.875
No.8	32	0.7938	4.166	3/4	10	2.5400	19.050
No.10	24	1.0583	4.826	7/8	9	2.8222	22.225
No.12	24	1.0583	5.486	1	8	3.1750	25.400

그림 1-13 볼트의 호칭과 규격

5.4 알라스카 항공 261편

2000년 1월 31일 멕시코 푸에르토 발라타를 떠나 미국 샌프란시스코로 향하는 Air Alaska(알래스카 항공)261편. 잔잔하고 맑은 날씨와 좋은 컨디션으로 가볍게 이륙했다.

그러나 얼마 되지 않아 항공기 뒷부분에 이상 현상이 발생하기 시작했다. 꼬리날개부분의 수평안정판(horizontal stabilizer)이 작동하지 않았던 것이다. 수평안정판은 항공기 꼬리날개의 일부분이며, 항공기의 세로방향 운동의 안정성을 유지시켜 주는 기능을 한다. 피칭(pitching)에 대한 항공기의 안정성을 세로 안정성(longitudinal stability)이라 한다.

기장과 부기장은 수평안정판을 작동시키는 스위치를 여러 번 작동시켜 보았지만 항공기는 그들의 의지와는 상관없이 계속해서 하강하기 시작했다. 기장과 부기장은 하강을 막기 위해 자동조종을 해제하고, 수동조종을 할 수 밖에 없었다.

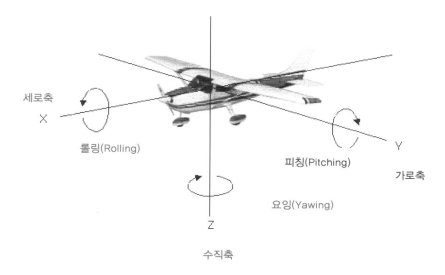

그림 1-14 3축 운동

LA 상공을 지나던 중 문제는 더욱 심각해져 항공기는 세로방향의 조종능력을 완전히 상실하게 된다. 항공기는 31,000피트 상공에서 급강하를 계속했고 결국 LA 공항에 비상착륙하기로 결정한다. 그러나 착륙을 위한 고도유지를 위해 수평안정판을 작동시켜야 했지만 LA에 채 도착하기 전, 더욱 큰 이상이 생기게 되고 결국 261편은 18,000피트 상공에서 시속 400km로 태평양으로 추락. 88명의 승객 중 생존자는 없었다. 바다에 추락한 충격으로 기체는 휴지조각처럼 산산이 흩어졌다.

당시 알라스카 항공의 261편 항공기는 그림 1-15와 같이 나사식 잭(jack screw)으로 작동되는 T형 수평안정판이 장착된 항공기였다.

그림 1-15 T형 수평안정판

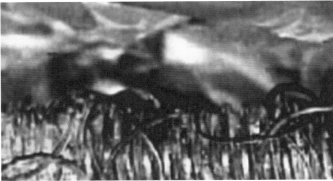

그림 1-16 당시 발견된 손상된 나사식 잭

　조사팀은 기체인양작업에서 수거된 기체 조각에서 그림 1-16과 같이 나사산이 모두 깎여 나간 나사식 잭을 발견하게 된다. 수평안정판이 강하게 움직이면서 나사식 잭을 고정해 주고 있던 너트가 하중을 감당하지 못해 결국 너트가 완전히 빠져나가게 된 것이다.

　이 때문에 조종실(cockpit)에서 스위치를 작동시켜도 수평안정판은 작동되지 않았을 것이다. 그렇다면 수평안정판의 너트가 나사식 잭에서 빠진 원인은 무엇이었을까? 조사 결과, 당시 나사식 잭에서는 윤활유가 거의 발견되지 않았다. 윤활유는 기계에 없어서는 안 될 요소로 금속부품 간의 윤활기능을 한다. 만일 윤활유가 없으면 부품이 서로 작용하면서 생겨나는 마찰로 부품이 심각하게 손상된다. 윤활유는 부품의 표면을 매끄럽게 해줘 부품들이 서로 마찰이 줄어든 상태에서 자유롭게 움직일 수 있도록 해준다.

　알라스카 항공 261편에서는 나사식 잭과 너트 사이의 윤활유 부족으로 발생한 마찰로 인해 나사산이 모두 손상됐고, 결국 너트가 하중을 견디지 못해 빠져나갔던 것이다. 조사팀은 즉시 알라스카 항공의 항공기에 대한 조사에 나섰고, 충격적이게도 34대중 6대는 같은 이유로 당장 나사식 잭의 교체가 요구되는 상황이었다.

　알라스카 항공은 미국에서 가장 성공한 항공사 중 하나였다. 하지만 당시 비용절감을 위해 편수를 급격히 늘리고 있었다. 이렇게 수익을 창출하는 과정에서 당연히 정비의 어려움이 가중 될 수밖에 없었다. 알라스카 항공의 정비는 시간절약을 위해 지나치게 빨리 이루어지고 있었고, 필요한 부품을 교체할 시간조차 부족한 경우도 있었다.

　심지어 기록을 조작하거나 조치가 필요한 일을 하지 않은 경우도 발견됐다. 결국 알라스카 항공은 수백 건이 넘는 위반 사항으로 벌금형을 받게 되었다. 그리고 비용절감을 위한 또 다른 놀라운 사실이 발견됐는데 운항간격을 줄이기 위해 정해진 항공기 점검주기를 지나치게 늘여놨던 것이다.

항공기에는 일정 주기마다 교체하거나 수리를 해야 하는 부품이 정해져 있음에도 알라스카 항공은 항공기의 안전한 운항을 위해 반드시 지켜져야 할 이러한 점검 주기를 무려 400%까지 늘인 사실이 발견됐다.

나사식 잭에 대한 정비 간격을 지나치게 늘여 윤활유가 모두 소진되도록 방치한 것이 결국 이 사고의 직접적인 원인이었던 것이다. 수익을 위해 목숨을 담보로 한 안타까운 사건이다.

제2장
안전문화와 안전관리체계

안전관리시스템은 안전정책, 절차, 각종 안전 공학적 기법 등으로 구성된 물리적 체계라고
한다면, 안전문화는 안전관리시스템을 운영하는 사람의 정신 즉, 안전에 대한 구성원의 인식
수준, 태도, 믿음, 적극성 등이 포함된 정신적 세계라고 할 수 있다. 그러므로 항공안전관리시
스템의 정착을 위해서는 전 조직구성원의 긍정적인 항공안전문화에 적극적인 참여가 뒤따라
야 할 것이다.

Human Factors in Aviation Operation

1 안전문화

문화의 차원에서 안전문화는 안전과 문화로 구성된 복합용어로서 다양한 관점에서 독립적으로 정의되기도 한다. 예를 들어 규제기관들과 보험회사들은 허용 가능한 위험단계의 용어로 안전을 강조하는 경향이 있으며, 기술자들은 고장형태(failure mode)와 효과적인 측면을 강조하려는 경향을 보이고, 심리학자들은 개인, 그룹, 그리고 조직적인 인과관계와 오류 또는 실패로 이어지는 기여요인의 측면을 강조하는 경향을 보인다.

그러므로 본 장에서는 위험단계의 용어로서의 안전과 조직적인 인과관계 측면에서의 안전문화에 대한 개념과 이론을 고찰하여 항공정비조직의 긍정적인 안전문화특성을 논하고자 한다.

1.1 안전의 개념

사전적으로 안전(安全)은 "아무 탈이 없음", "위험하지 않거나 위험이 없음" 등으로 정의되며, 영어 의미도 "free from harm, injury or risk: no longer threatened by danger or injury"로 기술되어 있어 그 의미가 크게 다르지 않다. 다른 한편으로 산업안전에서 기술하고 있는 안전관리 측면에서는 안전이란 사람의 사망, 상해 또는 설비나 재산손해 또는 상실의 원인이 될 수 있는 상태가 전혀 없는 것을 말하며, 산업안전 측면에서 안전은 산업현장에서 사람의 생명과 건강을 해치거나 또는 잃는 일이 있어서는 안 된다는 인간존중의 원리를 구체적으로 실현하는 종합적인 노력을 말하는 개념이라고 할 수 있다.

안전이란 위험(risk or danger)으로부터 상대적으로 얼마나 멀리 떨어져 있나 하는 것을 측정하는 것이라고 할 수 있다. 또한, risk와 danger는 모두 위험한 뜻이지만 Risk는 위험이 있다는 것을 알고 있면서 작업을 할 경우에 예상되는 위험이고, danger는 작업 시 예기치 않은 위험이 있는 경우를 말한다.

ICAO 안전관리시스템 매뉴얼 제2판(2009)에서는 안전이란 인간에게 해를 끼치거나 재산 피해를 일으킬 가능성이 낮춰지고, 지속적인 위험 요소 인식과 안전 위험 관리의 과정을 통해 허용 수준 이하로 유지되는 것으로 정의하고 있다.

또한 안전은 장소적 개념으로 크게 교통안전, 산업안전, 학교안전, 가정안전, 공공안전, 여가안전 등으로 나눌 수 있고, 추가적으로 재해형태로서 소방, 가스, 전기안전으로까지 확대하여 분리할 수 있다. 이에 따라 항공기 사고로 인한 지연, 결항 및 승객 등의 인명손상 등은 교통안전 측면에서 항공안전으로 분류할 수 있으며, 객실 승무원 및 정비사들의 직무 수행 중에 발생하는 신체적인 상해 등은 산업안전으로 분류할 수 있다.

그러나 항공기를 이용하는 탑승객들의 관점에서의 안전은 준 사고를 포함하여 무사고를 의미한다는 것이다.

1.2 문화의 개념

일반적으로 인류학자들은 문화를 그들의 의식주, 언어, 관습과 전통, 영웅전설 및 사회와의 상호작용뿐만 아니라, 다른 사회에서의 상호 의존성 측면에 있는 사람들의 특정그룹을 표현하기 위해 연구하였다. 반면에 사회, 조직 과학자들은 삶의 질을 향상시키고 조직적인 영향력과 안전성의 관점에서 문화를 연구해왔다.

Pidgeon(1991)은 문화를 사회적 집단이나 거주자들 사이에서 공유된 신념, 규범, 태도 및 관행이라고 정의하였다. 즉, 문화는 특정 집단의 사람들이 갖고 있는 "공유된 상징 및 의미체계"라고 정의할 수 있으며, 그 문화에 속하는 사람들의 행동과 사고방식을 구속하는 구속력을 갖는다. 어느 조직이든 고유의 문화를 갖고 있다. 즉, 문화는 사람(심리적)과 작업(행동적) 그리고 조직(상황적)의 목표 지향적 상호작용의 복합적, 통합적 산물로 정의되고 있다.

장경철(2001)은 문화를 네 가지로 해석하였는데, 문화는 ① 야만적이거나 후진적이지 않음을 뜻하며, ② 일종의 삶의 방식 또는 일상적인 삶의 영역을 의미하고, ③ 문화는 연극, 영화, 음악 등과 같은 오락이나 유흥의 측면으로서 여가시간에 즐길 수 있는 삶의 영역을 의미하며, ④ 단지 무형적인 활동이나 작품에 그치지 않고 주요한 산업 활동의 영역을 의미한다고 해석하였다.

1.3 안전문화의 개념

안전문화라는 용어는 1986년 체르노빌 원자력 누출 사고조사에 따른 국제 IAEA의 국제원자력안전자문단(INSAG, International Nuclear Safety Advisory Group)의 보고서에 처음으로 사용되었으며, 사고에 기여하는 작업절차의 오류 및 위반 등은 발전소의 미약한 안전문화에 기인하는 것으로서 '중대사고'를 발생시키는 원인으로 제시되고 있다.

그림 2-1 체르노빌 원자력 발전소 방사능 누출사고(출처: 한국산업안전보건공단)

그 이후 안전문화 개념은 북해 가스전 파이퍼 알파(piper alpha) 폭발사고와 런던 클래펌 정션역 열차추돌사고, 드라이든(dryden)에서 발생한 캐나다 에어 온타리오 항공사고, 우주왕복선 챌린저와 콜롬비아 사고 등의 관련보고서에서 사용되었다.

안전문화 개념에 의해 강조되는 포괄적인 접근방법에 보다 가까운 연구의 경향은 1980년대에 전개된 안전 풍토(safety climate)에 대한 연구들에서 찾아 볼 수 있다. 안전 풍토 개념은 근로자들이 그들의 작업환경, 특히 경영진의 안전에 대한 관심과 행동에 대한 인식과 그들의 작업장에서의 위험관리에 대한 참여도에 대해 가지고 있는 인식을 의미한다.

마르셀 시마르(Marcel Simard, 1998)는 안전관리시스템의 기초로 작용하는 가치, 신념 및 원칙을 포함하며, 그러한 기본 원칙을 예시하고 강화하는 일련의 관습과 행동을 포함하는 개념으로 안전문화를 정의하였다. 이러한 신념과 관습은 조직의 구성원들이 직장에서의 직업상의 위험, 사고 및 안전과 같은 사안들에 대한 전략을 찾는 과정에서 생성되는 의미들이다. 이러한 신념과 관습은 한 직장의 구성원 간에 어느 정도 공유될 뿐 아니라 직장에서의 안전이라는 문제에 대해 동기화 되고 조율된 행동의 주요원천으로 작용한다.

안전문화는 주어지는 것이 아니라, 사회적으로 구성할 수 있는 것으로서(socially engineered), 안전행동(safety behavior)과 관리자의 안전에 대한 태도와 신념, 의사소통의 질과 개방성, 작업수행 압력, 효율과 안전 사이의 갈등, 직무만족, 동료와의 관계 등과 같이 조직 및 종사자와 관련된 현안들과 밀접하게 관련되어 있다.

긍정적인 안전문화는 안전에 대한 규범과 태도뿐만 아니라 잠재적인 위험을 발굴하여 학습할 수 있도록 하는 조직적 특성이며, 작업자들이 작업환경을 공유하여 작업환경에 적합한 행동을 유도하는 인식의 틀을 제공한다. 긍정적인 안전문화의 형성은 종사자들이 고위험 시설에서 안전하게 행동할 수 있게 한다.

피터슨(Petersen, 1993)은 유사한 안전프로그램을 운영하고 있는 두 회사에서 안전사고 발생 시 대처하는 사례를 가지고 안전문화가 안전관리시스템에 어떻게 기여하는지를 연구하였다. 안전관련 사건·사고에 대한 조사방침이 유사한 안전프로그램을 운영하는 두 회사에서 비슷한 안전사고가 발생했는데 첫 번째 회사에서는 감독자가 사고에 관련된 작업자들이 안전하지 못하게 행동했다는 것을 밝혀내고, 즉시 안전 위반에 대해 경고하고, 인사에 이를 반영하였으며, 해당부서의 책임자인 고위 관리자는 감독자가 작업장 안전을 강화하고 있다고 인정해 주었다.

그러나 또 다른 두 번째 회사에서는 감독자가 사건을 유발할 수 있는 환경 등을 고려하여 조사를 실시한 결과, 기계적인 정비 문제로 인하여 생산이 지연됨에 따라 작업자는 생산기한을 맞춰야 한다는 심한 시간압박을 받고 있는 상태에서 안전사고가 일어났고, 최근 회사의 인원감축으로 인해 종업원들이 고용 불안으로 안전실천의지가 약화되어있는 상황을 밝혀냈다. 이에 회사 간부들은 기계적인 정비의 예방 조치 문제를 인정하고, 전 직원을 소집하여 회사의 어려운 재무 상황을 설명하면서 작업자들에게 회사의 생존을 위해 안전을 준수하면서 생산성 향상을 위해 다함께 노력할 것을 호소하였다는 내용이다.

피터슨은 "왜 한 회사는 직원을 비난하고, 사고조사보고서를 작성하고 바로 작업을 재개하는 한편, 다른 두 번째 회사는 조직 전 계층에서의 문제를 해결해야 한다는 것을 발견하였는가?"라는 의문을 가졌다.

차이점은 안전 프로그램 자체가 아니고 안전문화에 있으며, 안전프로그램을 실천하는 문화적 방식 즉, 실제적인 실천에 의미를 주는 가치와 신념이 해당 프로그램의 충분한 실질적 내용과 효과성을 좌우하게 되는 것임을 밝혔다. 이 사례에서 안전에 대한 고위 경영진의 원칙과 행동이 기업의 긍정적인 안전문화 정립에 크게 기여할 뿐 아니라 핵심적인 인물이라는 것을 보여준다.

두 회사 모두 감독자들은 '올바른 직무수행 방법'이라고 인식하는 바에 따라 행동하였으며, 그 인식은 이전에 최고 경영진의 대응 행동에 의해 강화를 받아 형성된 것이다. 분명히 첫 번째 경우에서는 최고 경영진이'책에 있는 대로'의 방법 즉, 관료적이고 위계적인 안전 관리 방식을 선호했으며, 반면 두 번째 경우에서는 보다 포괄적이고 작업 안전에 대한 관리자의 관심과 종업원 참여를 유도하는 접근방법을 취했다는 것이다.

1.4 우리나라의 안전문화

우리나라의 경우, 1995년 이전에는 안전문화에 대한 인식은 단순히 기업의 사회적 이미지 관리차원에서 소극적이며, 근로자의 개인보상 차원에 국한됨에 따라 안전문화에 대한 인식 부족과 민간주도의 비체계적인 활동이었다.

그러나 1995년 6월 29일 삼풍백화점 붕괴사고 이후 안전에 대한 국민의 관심고조로 정부주도의 안전관계 법령 검토 및 효율적인 협력구축과 관련하여 안전문화를 정의하고 있다. 즉 안전문화란 안전제일의 가치관이 충만 되어 모든 활동 속에서 의식관행이 안전으로 체질화되고, 또한, 인간의 존엄성과 가치의 구체적 실현을 위한 모든 행동양식과 사고방식, 태도 등 총체적 의미이다.

또한, 2013년 재난 및 안전관리 기본법(약칭: 재난관리법) 제3조 9의2를 신설하여 "안전문화 활동이란 안전교육, 안전훈련, 홍보 등을 통하여 안전에 관한 가치와 인식을 높이고 안전을 생활화하도록 하는 등 재난이나 그 밖의 각종 사고로부터 안전한 사회를 만들어가기 위한 활동"이라고 법률로 정의하고 있으며, 동 법 제66조의2(안전문화 진흥을 위한 시책의 추진)에서는 중앙행정기관의 장과 지방자치단체의 장은 소관 재난 및 안전관리업무와 관련하여 국민의 안전의식을 높이고 안전문화를 진흥시키기 위하여 다음과 같은 안전문화 활동을 적극 추진하도록 법제화 되어있다.

그림 2-2 삼풍백화점 붕괴사고(출처: 한국산업안전보건공단)

- 안전교육 및 안전훈련
- 안전의식을 높이기 위한 캠페인 및 홍보
- 안전행동요령 및 기준·절차 등에 관한 지침의 개발·보급
- 안전문화 우수사례의 발굴 및 확산
- 안전 관련 통계 현황의 관리·활용 및 공개
- 안전에 관한 각종 조사 및 분석
- 그 밖에 안전문화를 진흥하기 위한 활동

우리나라의 항공안전문화는 항공안전관리시스템(safety management system) 구축 및 운영에 관한 항공법이 2007년 공표되면서 항공안전관리매뉴얼이 제정되어 긍정적인 안전 문화의 특성을 소개하고, 긍정적인 안전문화를 개발할 것을 권고하고 있다.

표 2-1 국적항공사 사고현황

사고일자	사 고 내 용	피해현황
1976. 8. 2	대한항공 B707 화물기 이란 테헤란 공항 이륙 후 산악추락	5명 사망
1978. 4.21	대한항공 B707 소련 무르만스크에서 항로 이탈로 피격, 비상착륙	2명 사망
1980.11.19	대한항공 B747 김포공항에서 착륙 중 뒷바퀴 부러져 동체활주	16명 사망
1983. 9. 1	대한항공 B747 사할린 부근에서 소련 전투기에 피격	269명 사망
1987.11.29	대한항공 B707 미얀마 안다만 해상에서 북한 공작원에게 공중 폭파	115명 사망
1989. 7.27	대한항공 DC10 리비아 트리폴리 공항에서 착륙 중 지상충돌	80명 사망 139명 부상
1993. 7.26	아시아나 B737-500 공항접근 중 전남 해남군 야산에 추락	66명 사망 44명 부상
1994. 8.10	대한항공 A300-600 제주공항 착륙 중 담장 충돌해 화재	9명 부상
1997. 8. 6	대한항공 B747-300 미국 괌 공항 착륙 중 야산 추락	229명 사망
1999. 4.15	대한항공 MD-11 중국 상하이 공항 이륙직후 추락	8명 사망 41명 부상
1999.12.23	대한항공 B747-200 영국 스탠스테드 공항 이륙 후 추락	4명 사망
2011. 7.28	아시아나항공 B747 화물기 제주해상 추락	2명 사망
2013. 7. 7	아시아나 항공 B777 샌프란시스코 공항 착륙 중 방파제 추돌	3명 사망 182명 부상

미 연방 항공청(FAA: The US Federal Aviation Administration, 2004)은 항공안전문화의 의미를 "항공교통업무의 안전규정에 포함되어 있는 어떤 활동에서 개인적 헌신과 개개인의 책임"이라고 정의하고 있으며, 이는 광의의 개념으로 의문점을 갖고, 안주하지 않으며, 최선을 다하는 개인의 책임과 안전에 있어 자기통제를 강화하는 것으로 표현하고 있다.

우리나라의 항공안전문화 추진의 필요성을 인식하기 위하여 국적항공사의 사고현황을 살펴보면, 표 2-1과 같이 국내에서 항공부문의 안전사고는 1980년 이후 기준으로 전투기에 의한 피격 및 북한 공작원에 의한 폭파 등의 외부요인에 위한 2건을 제외하면, 6건 발생으로 20년간 3.6년에 1회 빈도로 사망사고가 발생하였으며, 2000년부터 11년간 무사고를 기록하였다. 그러나 최근에 연이은 사고로 2년에 1회 빈도로 사망사고가 발생하기 시작하였다.

1.5 안전문화와 안전성과

안전문화가 안전성과에 미치는 영향에 대한 경험적 증거는 점점 증가하고 있다. 사고 발생률이 낮은 회사들과 평균보다 높은 사고율을 기록하는 회사들을 비교분석한 연구들에서 일관적으로 나타나는 결과는 고위 관리자의 안전에 대한 관심과 리더십이 안전성과에 매우 중요하다는 점을 강조한다.

대부분의 연구에서 사고발생률이 낮은 회사들에서는 최고 경영자가 안전에 대한 개인관여(personal involvement)가 재정적, 전문적 자원을 투입하고 정책과 프로그램을 수립하는 등의 작업 안전관리시스템 구축에 대해 매우 중요하게 기여하고 있다는 점을 보여준다.

스미스 등(1978)의 연구에 따르면 고위 관리자들의 적극적 참여는 전 계층의 관리자들에게 참여를 통한 관심을 유지하게 함으로써 동기를 부여하게 되며, 직원들에게는 그들의 복지에 대한 경영진의 관심을 보여줌으로써 동기를 부여하게 된다. 많은 연구의 결과가 고위 경영진의 인도주의적 가치와 인간 중심적 철학을 보여주고 고양시키는 가장 좋은 방법 중의 하나는 종업원들이 경영진의 안전 활동을 인지하기 쉽게 작업장 안전검사나 직원회의 등의 안전 활동에 참여하는 것이라는 것을 시사하고 있다.

안전문화와 안전성과의 관계에 대해 이루어진 수많은 연구들은 현장 감독자들이 참여적 접근방법을 통한 안전관리 활동을 하는 것을 보여주는 안전행동이 일반적으로 낮은 사고율과 관련이 있다고 지적한다.

이러한 현장 감독자의 행동양식은 빈번하게 일어나는 직원들과의 작업 및 안전에 대한 공식적이거나 비공식적인 상호작용 및 의사소통을 그 사례로 들 수 있는데, 작업자의 안전성과를 감독하는 데에 주의를 기울여 긍정적 피드백을 주는 동시에, 사고 예방활동에 대한 직원들의 참여를 유도하는 것이 그것이다.

직원들이 안전 중심적인 것이 회사의 안전성과에 긍정적 요인이라는 데에는 타당한 근거가 있다. 그러나 많은 행동실험들이 작업자들이 안전에 대한 실천도가 높을수록 사고율이 낮아진다는 점을 보여주었다고 하더라도, 작업자들의 안전행동에 대한 인식과 생각들이 단순히 안전관리 규정에 대한 조심성과 준수노력 정도로 축소되어서는 안 된다. 실제로 직원들에 대한 권한위임과 적극적인 참여가 성공적인 안전 프로그램의 요인으로 조사되었다.

1.6 긍정적인 항공안전문화

세계적 항공정보 네트워크(Global Aviation Information Network: GAIN) 의 운영자의 비행안전 편람(Operator´s Flight Safety Handbook, 2001)과 국제민간항공기구 안전관리 매뉴얼(ICAO Safety Management Manual, 2006)에서는 항공사의 안전문화 유형을 그 강도에 따라 표 2-2와 같이 미약한 안전문화(poor safety culture), 관료적 안전문화(bureaucratic safety culture), 긍정적 안전문화(positive safety culture)로 분류하였다.

표 2-2 서로 다른 안전문화의 특성

조직특성 \ 안전문화	미약한 안전문화	관료적 안전문화	긍정적 안전문화
위험요소 정보	억제	무시	적극 발굴
안전 전달자	훼방 또는 처벌	방관	훈련과 격려
안전에 대한 책임	회피	분할	공유
안전정보 전파	방해	허용하나 방해	포상
실패에 대한 처리	은폐	국지적 해결	조사와 조직적 혁신
새로운 생각	저지	기회라기보다는 새로운 문제	환영

미약한 안전문화는 문제를 일으킬 수 있는 위험의 전조(前兆)가 난무하며, 필요한 정보들은 묻혀버리고 종사자들은 책임을 회피하는 경향이며, 조직원들의 불만이 확산되고, 시스템이 가지고 있는 결함은 덮어버리며 새로운 아이디어는 무시된다.

　관료적 안전문화는 문제를 일으킬 수 있는 위험의 전조는 간과해 버리고, 유용한 정보는 무시되며, 책임은 상호관계를 의식하여 획일적으로 구분한다. 조직원들의 불만은 토로나 실망을 가져오고 결함은 부분적으로 개선되며 새로운 아이디어는 문제가 있는 경우에만 제기된다.

　긍정적 안전문화는 운항 중에 나타나는 위험요소들에 대하여 사전에 대비하고, 활발하게 정보를 찾으며 책임은 공유된다. 조직원들의 불만은 해소되며 결함은 조사되고 수습된다. 또한 안전에 관련된 새로운 아이디어는 언제나 환영을 받는다.

　항공사의 바람직한 항공안전관리가 정착되기 위해서는 전 직원이 항공안전관리 시스템의 개념 및 필요성을 인식하고 안전에 대한 책임을 공유하는 문화가 정착되어야 한다. 즉, 긍정적인 안전문화야 말로 항공안전관리 시스템의 성공적인 정착을 위한 필수적인 요소라고 볼 수 있다.

　피터슨(Petersen, 1998)은 긍정적인 안전문화를 조성하기 위해서는 다음과 같은 여섯 가지 기준이 있어야 한다고 주장하였다.

- 매일 정기적이고 적극적인 감독(또는 팀) 활동을 보장하는 시스템이 있어야 한다.
- 중간 관리자의 과제와 활동이 시스템적으로 보장되어야 한다.
- 지지해야 한다.
- 근로자가 원하면 누구나 안전 관련 활동에 적극적으로 참여할 수 있어야 한다.
- 안전관리시스템은 유연하여 모든 단계에서 여러 가지 선택이 가능해야 한다.
- 안전에 대한 노력은 근로자에게 긍정적인 것으로 여겨져야 한다.

1.7　항공정비안전문화 특성

　안전문화를 항공정비 분야에 적용하기 위해서는 정비사들이 항공기를 정비하는 과정에서 받아들여지는 일반적인 행동양식의 총체를 항공정비안전문화(aviation maintenance safety culture)라고 하는 개념적 정의가 필요하다. 즉, 항공정비조직은 항공기의 안전성을 확보하고 이것을 토대로 정시성을 유지하면서 쾌적한 항공 수송서비스를 제공하여야 한다. 이러한 조직의 목적달성을 위한 가치와 태도라는 요인으로 정비사의 행동양식에 작용하는 경향을 항공정비안전문화라는 개념으로 이해할 수 있다.

안전문화 차원에서 리즌(Reason, 1997)은 안전문화 구성요소를 정보문화, 학습문화, 보고문화, 공정문화, 유연문화의 다섯 가지로 분류하였다. 본 장에서는 리즌이 분류한 안전문화 구성요소를 기반으로 구성 요소별로 항공정비안전문화와 연관시켜 기술하고자 한다.

1.7.1 정보화 문화(Informed Culture)

항공정비 분야는 지난 50년간 비약적으로 발전하였으나 각종 장비와 시스템의 발전에 비해 인간의 능력은 크게 변하지 않았다. 새롭고 편리한 전자장비와 시스템의 개발이 그것을 조작하는 정비사의 업무량을 감소시키지는 못하였고, 현재의 항공운송산업이 구형 항공기와 최신형 항공기 그리고 다양한 기종을 병행하여 사용하고 있기 때문에 정비사는 다양한 기술과 정보들을 갖추고 있어야 한다.

또한, 항공기 정비조직은 복합적인 시스템으로 결합되어 있는 항공기의 상태를 최상의 상태로 유지하여야 하는 조직이기 때문에 조직의 성과가 조직구성원 직무행위의 결합으로 결정된다. 즉, 항공기 정비조직이 제공하는 정비의 성과는 어떤 항공기를 어떤 정비사가 어떠한 정보를 가지고 정비 행위를 하느냐에 따라서 달라진다. 따라서 다양한 직무와 특기가 어우러져 분할작업(divisible task)을 수행하는 항공기 정비현장에 있어서 정보전달(의사소통)의 장애는 안전사고의 위험성을 내포할 뿐만 아니라 조직의 생산성을 저하시키고, 감항성 있는 항공기의 제공이라는 역할을 제대로 수행할 수 없다.

(1) 정보의 개념

일반적으로 '정보는 어떤 것에 대한 메시지(message)로써 개인이나 조직의 의사결정 혹은 행동을 위하여 사용되는 의미 있는 내용'으로서 어떤 구체적인 실체를 가지고 있지 않은 무형의 재화이기 때문에 정확하고, 간단명료하게 설명하기란 쉬운 일이 아니다.

정보는 불확실성을 감소시키고, 의사결정과정에 영향을 미친다는 의미에서 그 가치를 가지게 되며, 실질적으로 인간이 하는 모든 가치판단과 행동이 정보에 의존하고 있다는 측면에서 살펴보면 정보는 매우 복잡하고 다양하게 정의 될 수 있다. oxford 사전에 의하면, 정보란

'어떤 주제나 사실에 관하여 전달되는 지식'이라고 설명하고 있으며, webster 사전에서는'다른 사람에 의하여 전달되거나, 개인의 연구와 발명에 의하여 얻어지는 지식, 또는 특수한 사건이나 상태 등에 관한 지식'으로 기록하고 있다.

항공정비 현장으로 제공되는 정보들의 특성이 주로 항공기 정비직무수행을 위한 정보들임을 감안하여, 직무(과제) 실행의 관점에서 Saari(1976)는 하나의 과제를 수행하는 과정에서 처리되는 정보에 대하여 과제를 실행하기 위해 요구되는 정보와 기존의 위험에 대한 통제를 유지하게 하기 위해 요구되는 정보로서 두 가지 측면에서 정의하였다.

(2) 긍정적인 정보문화

국제민간항공기구 안전관리시스템 매뉴얼(2006)과 우리나라 항공안전관리 매뉴얼(2007)에 따르면, 긍정적인 정보화 문화(informed culture)의 특성으로서 관리자는 사람들이 업무환경에 있어서 위해 요소와 위험을 숙지하는 문화를 조성하고, 직원들은 업무를 안전하게 수행하기 위해 필요한 지식과 기술, 직무 경험을 전수받으며, 안전에 위협이 되는 사항을 인지하고 그것을 극복하기 위해 필요한 변화 모색을 장려한다고 소개하고 있다. 즉, 모든 조직 계층에서 정보 전달을 포함하는 의사소통의 중요성을 강조하고 있다.

(3) 항공정비직무관련 정보의 종류

항공정비직무 수행을 위한 모든 정보들은 문서화되어 사내전산망 혹은 현장관리자를 통하여 직접 전달된다.

제작사에서 발간되는 정비교범을 제외한 정비문서들은 표 2-3과 같이 감항당국을 포함하여 기술부서(engineering) 또는 품질보증부서(quality assurance)에서 발행하는 기준 및 지침을 제시하는 지시성 문서와 구속력이나 강제력은 없지만 직간접으로 정비 행위에 참고가 되는 자체 생산문서 또는 제작사로부터 제공받은 정보성 문서로 구분된다.

표 2-3 정비직무관련 정보문서 유형

문서구분	정보관련 문서
지시성	감항성 개선지시서, 정비지시, 기술지시, Manual Revision
정보성	기술정보, 정비회보, 항공기 work sheet, service engineering memo, watch item card, job card

출처: ㈜대한항공 정비업무규칙(2009)에서 발췌, 저자가 표로 재 작성함.

(4) 항공정비 관련 정보전달 장애요인

MEDA(Maintenance Error Decision Aid)는 정비오류를 발생시킨 근본적인 기여요인 (contributing factors) 중, 작업자가 정비업무와 관련된 정확한 정보를 적시에 수집하는 것을 방해하는 의사소통의 단절(서면 또는 구두)에 대한 근본원인(root cause)은 부서와 부서, 작업자와 작업자 사이, 순환근무자간, 정비작업자와 지도자간, 지도부와 관리자간 및 운항승무원과 정비작업자 사이에서 발생하는 것으로 설명하고 있다.

또한, 표 2-4와 같이 항공기 정비 직무수행에 필요한 작업카드, 정비절차, 매뉴얼, 정비회보, 기술지시, 부품 도해 목록(illustrated parts catalog), 기타 발간물 또는 컴퓨터정보 등이 포함된 정보 자체의 문제점에 대해 근본적인 원인으로 사례를 들고 있다.

표 2-4 정보자체의 문제(information itself problems)

근본원인	기여요인
이해하기 어려움 (not understandable)	생소한 단어 또는 약어사용, 비 표준화된 양식, 빈약하거나 부족한 도해, 상세하지 않거나 누락된 절차 및 빈약한 문서 절차 등.
비 유용성 및 비 접근성 (unavailable/ inaccessible)	절차가 존재하지 않거나, 올바른 장소에 위치되지 않고, 작업장과 멀리 떨어짐
부 정확성 (incorrect)	페이지 혹은 개정이 누락되었거나, 항공기 설계와 불일치, 원 문서의 부정확한 전달, 순서가 뒤 바뀌었거나 최신 개정판이 아님.
정보가 너무 많거나 복잡함 (too much/ conflicting information)	페이지 혹은 개정이 누락되었거나, 항공기 설계와 불일치, 원 문서의 부정확한 전달, 순서가 뒤 바뀌었거나 최신 개정판이 아님.
갱신기간이 너무 길거나 복잡함(update process is too long/complicated)	미 개정, 개선지시 혹은 기술지시 의해 변경된 구조, 형상 등이 매뉴얼에 반영되어 있지 않음.
부정확한 제작사의 정비교범 및 개선 지시(incorrectly modified manufacturer's MM/SB)	제작사의 절차가 실제 작업과 맞지 않거나, 비 표준화된 절차나 단계가 추가 됨. 또는 기존 절차와 서식이 상이 함.
정보를 이용하지 않음 (information not used)	정보를 이용할 수 있는 시간이 불충분하거나, 자만심에 의해 필요성을 느끼지 못 함.

1.7.2 학습문화(Learning Culture)

조직 내에 항공안전관리시스템의 이행과 운영을 위하여 지원하는 안전문화와 훈련 및 자료의 공유, 활동 등의 안전증진(safety promotion)을 위하여 서비스 제공자는 항공안전관리시스템과 관련한 자신의 업무를 수행할 수 있도록 항공안전관리시스템에 대한 개념, 과정, 절차와 정보에 대한 교육을 실시하도록 규정하고 있다.

그러나 최연철(2008)의 항공안전관리시스템에 대한 정기항공사의 조종사와 정비사의 인식에 대한 연구에 따르면 항공안전관리시스템이 정착하기 위해서는 실질적이고 활용가능한 안전의 실천과 항공안전교육이 필요하며, 이를 도출하기 위한 세부적인 분석이 요구되는 것으로 연구되었다.

이는 항공 종사자들이 안전증진을 위한 안전관리시스템의 개념 및 필요성을 인식하고, 안전에 대한 책임을 공유하는 문화가 정착되기 위해서는 조직의 안전을 증진시키기 위한 기술과 지식을 개발하고, 적용하기 위한 안전학습이 필요하다는 것을 추론할 수 있다.

이러한 관점에서 산업사회에서 작업자 안전 보건 훈련에 관해 실시된 heath(1981)의 연구에서 불란서의 문호 빅토르 위고를 인용하는 것으로 시작되는 것을 주목할 필요가 있다. "어떠한 대의도 먼저 교육을 자기편으로 만들지 않고는 성공할 수 없다."

이러한 견해는 성공적인 항공안전관리시스템의 정착을 위해서는 항공안전관련 교육 훈련들에 대해서 어떻게 효율적으로 수업을 운영하고, 학습효과를 향상시킬 것인가에 대한 조직의 학습문화 연구가 필요하다는 것을 반증하고 있다.

(1) 학습의 개념

학습에 대한 개념정의가 다양한 분야에서 이루어지고 있는 것을 볼 때, 합의된 개념정립은 쉽지 않을 것 같다. 학습에 대한 이해가 그 만큼 다양하다는 것을 의미하는 것이라고 볼 수 있다.

이홍재·강제상(2005)은 일반적인 학습에 대한 논의를 종합하여 학습이란 새로운 지식의 창출 및 축적, 지식의 공유와 활용을 위한 지속적인 능력 신장 활동으로 효과적인 지식관리를 위한 필요조건으로서 지식관리를 수행하고 있는 조직의 환경과 문화 변화에 대해 적응하고 반응하기 위한 지식관리의 접근법을 촉진시키는 것을 목적으로 한다고 정리하였다.

사고조사 연구차원에서 논의된 학습의 개념을 살펴보면 요르마 사리(Jorma Saari, 1998)는 원래부터 사고예방은 사고 및 준 사고(아차 사고)를 학습하는 것으로부터 시작되어왔으며, 모든 사고를 조사해보면, 원인을 알 수가 있고, 원인을 제거하거나 완화 할 수 있는 조치를 취할 수가 있다고 하였다. 또한, 안전관리 측면에서 국제민간항공기구 안전관리 매뉴얼 제2판(2009)에서는 효과적인 안전에 관한 보고특성 중 학습은 위험요소 정보에 대한 의사소통의 중요성을 모든 계층에서 인식하는 결과로, 운용자는 안전정보시스템으로부터 결론을 얻기 위한 능숙함과 주요 개선의 실행을 위한 의지를 가지는 것으로 기술하였다.

(2) 학습문화에 대한 정의

학습문화에 대한 정의로서 김영환(2002)은 학습조직 차원에서 학습문화란 모든 조직구성원으로부터 비전과 성과에 대한 기대를 유도하여 구성원들로 하여금 자발적인 자세로 조직변혁을 위해 새로운 시도를 하고자하는 학습 분위기의 실현으로 정의하였다.

김진희(2011)는 학습문화는 참여로서 그 개념이 구성되며, 이는 행위와 상호작용을 주요 분석대상으로 하여 이들의 문화와 역사적 맥락을 이해해야만 가능해진다고 하였으며, 이러한 관점에서의 학습은 국지적인 행위와 상호작용을 통해 전체 사회구조를 재생산하기도 하고 변화시키기도 하는 입장을 취한다고 하였다.

셍게(Senge, 1990)는 학습문화를 바탕으로 한 학습조직이란 "종업원들이 진정으로 필요로 하는 욕구를 끊임없이 창출시켜 주는 조직, 종업원들의 창의적인 사고방식을 새롭게 전환·확장시켜주는 조직, 집단적인 열망이 가득 찬 조직, 종업원들이 함께 학습하는 방법을 지속적으로 학습하는 조직"으로 정의하였으며, 가빈(Garvin, 1993)은 이를 좀 더 실천적으로 재 정의하여, 학습조직이란 "정보와 지식을 창출, 공유하고, 변환시키는데 능숙하며, 이렇게 얻어진 새로운 지식과 통찰력에 바탕을 두고 조직의 행동을 변화시켜 나가는데 능력이 뛰어난 조직"이라고 하였다.

안전문화 차원에서 리즌(Reason, 1997)은 학습문화란 "조직이 자발성과 대응력 있는 상태를 유지하여 안전정보 시스템으로부터 바람직한 결과가 나오도록 하고 개선된 형태로 적용되도록 하는 것"으로 정의하였다. 즉, 학습은 평생의 과정으로서 초기 직무훈련에도 필요한 중요한 요건으로서 조직의 안전을 증진하기 위한 기술과 지식을 개발하고 적용해야 하며, 직원들은 관리를 통해 얻은 안전문제를 최신화하고, 안전보고서를 통해 관련된 안전교훈을 획득하는 것이다.

(3) 정비조직의 훈련프로그램

국토교통부 운항기술기준(2014)에 따르면 정비조직은 적합한 교육훈련 프로그램을 갖추어야하며, 훈련프로그램은 인적 수행능력(human performance)에 관한 지식과 기량에 대한 교육뿐만 아니라, 정비요원과 운항승무원과의 협력에 대한 교육을 포함하여야 한다고 규정하고 있다. 또한, 정비조직의 훈련프로그램에 포함된 훈련과정과 최소훈련시간을 표 2-5와 같이 규정하고 있다.

표 2-5 정비훈련과정 및 시간(maintenance training courses&time)

훈련과정	훈련시간
안전교육	년 8시간 이상
초도교육	60시간 이상
보수교육	1회당 4시간이상
항공기 기종교육	제작사 교육시간 이상
인적요소	년 4시간 이상

1.7.3 보고문화(Reporting Culture)

강제적인 안전보고제도를 규정하는 법규들은 상세하고 구체적이어야 하기 때문에 항공종사자의 인적요인에 대한 것보다는 항공시스템의 기계적, 기술적 측면의 결함이나 위험에 치중하는 경향이 있다.

이러한 한계를 극복하기 위해 자발적 사건보고제도를 도입하여 강제적 제도 하에서 획득하지 못했던 항공종사자들의 인적요인측면의 위험정보 획득에 초점을 맞추고 있다. 이러한 관점에서 자율보고제도는 의무보고제도와 달리 분석적인 안전데이터를 수집할 수 있고, 고품질의 정보, 그리고 인적요인 측면의 정보를 수집하는 데에 있어서 매우 유리한 특징이 있다. 그러나 자율보고제도는 글자 그대로 종사자의 자율에 의하여 이루어지며, 강제성이 없기 때문에 항공종사자의 적극적인 협조가 요구되는데, 이는 건전한 안전문화와 보고문화의 정착에 의해서만 가능하다.

(1) 항공안전보고의 개념

하인리(Heinrich)의 1:600 법칙을 변형한 그림 2-3의 에러 빙산(Error Ice Berg)에서 수면 위에 노출된 1건의 중대재해 밑에는 40건의 비행 중 엔진 정지, 회항, 지연 및 결항 등의 준 사고들이 있으며, 가장 아랫부분의 600건의 보고되지 않은 실수 및 아차 사고 등의 잠재적인 위험요인들은 단지 운이 좋아서 사고로 발전되지 않았을 뿐, 사고 발생에 결정적인 영향을 미칠 수 있다.

즉, 수면아래 보이지 않는 잠재적인 사고요인들을 줄이거나 제거하지 않는 한 사고는 또 다시 수면위로 떠오른다는 점을 인식하여야 한다.

그림 2-3 에러 빙산(error ice berg)

이러한 인식하에 미연방항공청(FAA, 2004)은 항공부문의 안전문화의 의미를 항공교통업무의 안전규정에 포함되어 있는 어떤 활동에서 개인적 헌신과 개개인의 책임이라고 정의하면서, 안전문화는 나아가서는 적극적인 보고 문화에 의해 더 강화되는데 적극적인 보고 문화를 가진 조직은 다음 중 하나라고 소개하고 있다.

- 보고시스템이 단순하고 사용자에게 친근하다.
- 관리자가 안전관련 문제발생시 보고를 장려한다.
- 안전보고서를 제출하는 직원에 대한 대우가 정당하다.
- 접수된 각 보고서가 조사되어진다.
- 최초보고자에게 피드백이 제공된다.
- 관리자는 보고서의 제출이 사고 재발방지를 위해 개선조치를 한다.
- 개인정보의 노출방지와 관련하여 신빙성이 유지된다.
- 습득된 교훈이 모든 직원들에게 전파된다.

(2) 성공적인 안전보고의 특성

리즌(1997)은 긍정적인 보고문화를 갖춘 조직을 "구성원들의 실수나 위험에 직면했던 사례들을 보고할 태세가 갖추어진 조직"으로 정의 하였다.

국제민간항공기구 안전관리 매뉴얼 초판(2006)과 우리나라 국토교통부 항공안전관리 매뉴얼(2007)에서는 긍정적인 보고문화(reporting culture)는 "관리자와 실무자는 처벌에 대한 부담 없이 비판적인 안전정보에 대해 자유롭게 공유하고, 이는 종종 공동의 보고문화를 구축한다는 의미이기도 하며, 직원들은 안전에 관련된 사항이나 위해 요소를 제재나 처벌에 대한 공포감 없이 보고할 수 있어야 한다."고 정의하고 있다.

또한, 국제민간항공기구 안전관리 매뉴얼 제2판(2009)에서는 성공적인 안전에 관한 보고 특성으로 정보, 자발적, 책임, 유연성 및 학습 등으로 표 2-6과 같이 5가지 기본 특성을 예시하였다.

표 2-6 효과적인 안전보고의 특성

기본특성	내 용
정보(information)	사람들은 인간과 전체적인 시스템의 안전을 결정하는 전문적이고 유기적인 요소들을 알고 있다.
자발적(willingness)	사람들은 그들의 실수나 경험들을 자진해서 보고 할 것이다.
책임(accountability)	사람들은 필수적인 안전관련 정보를 제공하는데 격려되고 보상된다. 그러나 수용 가능한 행위와 그렇지 않은 행위 사이에는 명확한 차이가 존재한다.
유연성(flexibility)	사람들은 특이한 상황에 처하였을 때 정착되어진 방식에서 직접적인 보고 방식으로 보고를 조정할 수 있다. 이렇게 함으로써 정보가 적절한 의사결정 계층에게 전달되도록 한다.
학습(learning)	사람들은 안전정보 시스템으로부터 결론을 얻기 위한 능숙함과 주요개선의 실행을 위한 의지를 가진다.

(3) 우리나라의 항공안전 보고제도

우리나라는 국가 항공안전시스템의 향상도모를 목적으로 항공안전 보고제도를 운영하고 있다. 설립배경은 1997년 6월 캐나다에서 개최한 제2차 아시아태평양 경제협력체(APEC) 교통장관회의에서 각 회원국들이 항공안전 비밀보고제도를 도입하여 수집한 정보를 공유하기로 한 결의에 따라 관련 국내법규 정비를 마치고 2000년 1월 10일 제3의 기관인 교통안전공단(KOTSA)에서 항공 준 사고 보고제도를 운영하기 시작했다.

그러나 ICAO에서 권고하는 의무보고와 자율보고에 대해 구분 없이 운영됨에 따라, 조사 및 보고에 대한 문제점이 발생하여 국제기준에 부합되도록 하기 위한 목적으로 2009년 6월 9일 관련 항공법규를 개정하여 "항공기 사고/준 사고 보고제도(AAIRS: Aviation Accident&Incident Reporting System)", "항공기 고장 보고제도(ISDR: Internet Service Difficulty Reporting System)", 그리고 "항공안전자율보고제도(KAIRS: Korea Aviation voluntary Incident Reporting System)"로 구분하였다.

항공기 사고/준 사고 보고제도(AAIRS)와 항공기 고장 보고제도(ISDR)는 의무보고제도로 서 정부의 항공당국(국토교통부 항공정책실)이 주관하고 있으며, 항공안전자율보고제도 (KAIRS)는 종전의 "항공안전장애보고제도"에서 "항공안전자율보고제도"로 명칭을 변경하 여 자율보고 형태로 제3의 기관인 교통안전공단에서 운영하고 있다.

표 2-7 국내 항공안전보고제도의 종류

보고종류	운영기관	비고
항공기 사고/준 사고 보고(AAIRS)	국토교통부	의무보고제도
항공기 고장 보고(ISDR)		
항공안전자율보고(KAIRS)	교통안전공단	자율보고제도

출처: 항공정보매뉴얼(교통안전공단, 2011)

1.7.4 공정문화(Just Culture)

항공정비사의 실수는 조종사의 실수와는 달리 바로 결함으로 이어지지 않고, 잠재되어 있다가 어느 순간에 비정상적인 항공기 상태를 유발하는 결함으로 이어지는 경우가 대부분 이기 때문에 보고되지 않은 정비사의 실수 및 아차사고(near miss) 등의 잠재적인 위험요인 들은 사고발생에 결정적인 영향을 미칠 수 있다.

이러한 잠재적인 위험요인들을 제거하기 위해서 안전에 관한 문제는 누구든지 제기할 수 있도록 정책적으로 뒷받침 되어야 한다. 즉, 안전문제를 제기한 사람이 불이익을 받지 않으며, 아차사고 등의 잠재적인 위험요인들을 보고하는 사람은 일정기준을 만족하면 처벌 로부터 면책되고, 비밀이 보장되어야 한다. 이는 건전한 안전문화와 공정문화의 정착을 통해 서 이루어질 수 있다.

(1) 공정문화의 정의

리즌(1997)은 공정문화란 "처벌에 대한 두려움 없이 안전에 관한 중요한 정보는 빠짐없이 보고하는 것이 장려되는 조직"으로 정의하였다. 즉, 구성원들이 안전과 관련된 정보를 제공할 수 있는 환경 또는 그러한 행위에 대한 보상을 받을 수 있는 환경으로서, 허용되는 행동과 허용되지 않는 행동에 대하여 명확히 구분할 수 있어야 한다.

의문적 태도의 증진을 통한 안전사고(safety thinking)방법과 관련이 있는 공정문화는 자만심을 배제하고, 최고가 되겠다는 의지, 그리고 개인의 책무와 조직의 자기규제 간의 안전성을 촉진하는 역할을 하는 것이다.

공정문화는 개인의 태도뿐만 아니라 조직구조와도 관련이 있다. 즉, 개인의 태도와 조직의 스타일에 따라 사고나 준 사고의 직접적 원인이 되는 불안전행위가 일어날 수도 있고 이를 해결 할 수 도 있다.

국제민간항공기구(ICAO)의 안전관리 매뉴얼 초판(2006)과 우리나라 국토교통부의 항공안전관리 매뉴얼(2007)에서는 긍정적인 공정문화는 『처벌을 지양하는 환경은 바람직한 보고문화를 형성하는 기본이며, 전 직원은 작업장에서 받아들여지는 행동과 그렇지 않은 행동을 구분해야 한다. 처벌을 지양하는 환경 일지라도 과실이나 법칙의 위반은 관리자에 의해 마땅히 조치가 취해져야 한다. 공정문화(Just Culture)란 필요 시 형벌 조치가 취해질 수 있으며, 조직 내에 받아들일 수 있는 행동이나 활동이 받아들일 수 없는 부분과 분명하게 구분하려고 노력하는 환경을 말한다.』고 기술하고 있다.

(2) 효율적인 안전보고와 공정문화

안전정책은 효과적인 안전 보고를 장려해야만 하고, 용인되는 행위(주로 의도되지 않은 실수)와 용인되지 않는 행위(부주의, 무모함, 위반 또는 태업과 같은) 사이의 기준선을 명확하게 하여 공평한 보장을 보고자에게 제공해야 한다. 특히, 항공정비 현장에서 잠재위험요소에 대한 정직하고, 신속한 자율적인 보고는 위험요소들이 항공기 결함으로 이어지기 전에 이를 회피하거나 제거함으로써 감항성 있는 항공기를 제공하여 비행안전에 기여할 수 있다.

(3) 불안전한 행위 유형

마르크스(Marx, 2001)는 불안전한 행위를 유발할 수 있는 유형을 다음과 같이 네 가지로 구분하였으며, 이러한 유형의 행위들이 처벌근거는 아니라는 것을 강조하였다.

- **인간의 실수(human error):** 모든 사람이 일반적으로 공감할 수 있는 행위와는 다른 유형의 행위를 하는 것을 말한다. 행위를 하는 과정에서 필연적으로 예상치 못한 결과가 초래되거나, 사람들이 실수라고 보편적으로 인정하는 수준의 행위를 말한다.
- **부주의한 행위(negligent conduct):** 정상적인 관념에서 요구되는 표준 이하의 결과를 초래하는 것이다. 법률적 의미에서 부주의란 민사나 형사상의 문제를 포함한다. 사람이 특정한 행위를 함에 있어서 발휘해야 할 적정 수준의 기량을 발휘하지 못하거나, 주어진 상황을 신중하고 적절히 수행하기 위하여 꼭 해야 하는 것을 빠트린 경우에 적용되는 개념이다. 부주의라는 문제를 제기함에 있어서는 사람의 주의 의무와, 재앙은 반듯이 부주의한 행위로부터 일어난다는 전제조건이 수반되어야 한다. 달리 말하면, 적정하고 주의 깊은 행동 의무가 선행된 자만이 인적 물적 손해를 끼치는 행위를 방지할 수 있다는 것이다.
- **무모한 행위(reckless conduct):** 중과실(gross negligence)의 의미로 부주의보다 한층 더 범죄에 가까운 개념이다. 이것은 나라마다 다양한 정의를 하고 있다. 그러나 무모함이란 정상적인 사람에게 명백한 위험을 가져오는 행위를 말한다.
- **의도적인"고의성"위반(intentional"willful"violation):** 행위로부터 얻어지는 결과를 알 수 있거나 뻔히 보이는데도 불구하고 그것을 하는 것을 말한다.

진짜 나쁜 행동, 그리고 기강 유지에 적절하지 못할 뿐 아니라 유용하지도 않은 불안전한 행위 수준을 구분한다는 것은 매우 어려운 일이다. 그림 2-4는 "허용"과 "나쁜"행동의 경계를 보여주고 있다.

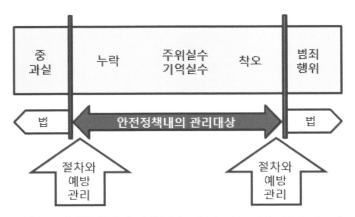

그림 2-4 "나쁜 행동"의 경계(defining the borders of "bad behaviours")

인간의 실수는 안전정책의 일환으로 다루어야 하며, 중과실과 명백한 범죄행위는 법률적으로 다루어야 한다는 것을 보여주고 있으며, 절차와 예방관리(proactive management) 대상의 경계를 구분할 수 있는 보다 명확한 개념을 제공하고 있다.

1.7.5 유연문화(Flexibility Culture)

항공기 정비작업은 계절적인 요인에 따른 성수기와 비성수기, 비계획적인 운항 스케줄, 급작스런 감항성 개선지시 및 불시점검 등으로 인한 비계획적인 작업이 빈발하게 발생함에 따라 정비인력의 수요가 파동성과 불규칙성을 나타내고 있으며, 지난 수년 동안 많은 변화를 겪어왔다.

이전의 항공기 모델에는 없던 소재와 동력장치 그리고 전기전자 시스템을 갖춘 Airbus 380과 같은 초대형 항공기(super-large aircraft)의 출현은 항공정비 시스템의 복잡성이 증가할 것으로 예상된다. 그러므로 급속한 정비환경 변화에 유연하게 대처하기 위한 적절한 진단과 대응은 정비조직의 성패를 좌우한다.

환경에 적응하는 기업이 가장 오래 살아남는다(피터 F, 드러커, 2003, 21세기 지식경영, 이재규 역, 한국경제신문사)는 관점에서 볼 때 항공정비조직의 실패는 정비조직 내의 유연성이 감소하는데서 출발한다. 유연성 감소는 곧 외부변화에 대한 조직의 대응력 저하로 이어지면서 정비실패의 원인으로 작용한다.

(1) 유연성의 정의

인적자원 유연성차원에서 피터(Peter) 등(2005)은 기술·기능적 유연성(skill·functional flexibility)을 근로자가 직무변화에 따라 다른 작업이나 활동을 수행할 수 있는 것으로 정의하였으며, 행동유연성(behavior flexibility)은 근로자가 기꺼이 유연해지려는 마음으로 개념화하였다.

기술 유연성은 새로운 직무를 수행하기 위해 필요한 능력을 근로자들이 얼마나 빠르고 쉽게 습득하는 지와 관련된 것이다.

근로자의 기술 유연성은 필요에 의해 교육 또는 재교육을 실시하거나 새로운 기술이 필요할 것으로 예상될 때 조직에서 관련내용들을 학습하는 것으로 파악된다. 즉, 빠르게 진보하고 있는 항공기술의 변화에 적응하기 위해서 정비사들은 변화된 새로운 기술을 지속적으로 학습하여 감항성 있는 항공기의 유지라는 정비조직의 목적에 공헌하여야 한다.

그러나 인적자원 기술 유연성은 근로자들의 일상적 직무정도의 복잡성을 가진 수준의 다른 직무를 수행하거나 또는 관리나 리더십 행동과 같은 조직적 수준에서의 의무가 주어졌을 때 발생한다.

지속적 학습을 하고 있는 근로자는 스스로 새로운 정보를 검색하고, 학습을 통해 요구되는 성과를 달성하기 위해 노력한다. 따라서 기술유연성은 종업원의 과업과의 연관성에서 범위를 확장하여 모든 활동에서의 기술에 대한 학습능력과 습득된 결과를 의미한다고 할 수 있다.

인적 자원의 행동 유연성은 근로자들이 직무를 선택하는 활동의 연속선상에서 나타난다고 한다. 유연성이 없는 행동은 근로자들이 조직의 상황에서 반복적 행동을 유지하는 것이고, 새로운 상황이 오더라도 동일한 방법만을 사용한다. 대조적으로, 근로자의 행동이 유연성을 가지고 있다는 것은 일반적인 직무 상황에서도 성과를 높이기 위해 새로운 행동방법을 찾는다. 이런 새로운 환경에 반응할 수 있는 행동 유연성을 가지고 있는 근로자는 행동에서의 즉시성과 규정된 패턴에서 벗어난 창의적인 행동을 한다는 것이다.

행동 유연성을 가지고 있는 종업원은 리더십 스킬, 문제 해결 능력과 같은 다양한 능력을 가지고 있으며, 많은 비용을 들이지 않고서도 과업을 쉽게 수행할 수 있다.

불확실성이 높은 환경에서 조직이 생존·발전하기 위해서는 유연성을 확보하는 것이 무엇보다 중요하다. 한 조직이 미래예측을 불허하는 경영환경을 잘 헤쳐 나가려면 지형변화에 따라 방향을 바꾸면서 흐르는 강물처럼 한 순간 눈앞에 펼쳐진 변화된 환경에 유연하게 대처할 수 있어야 한다. 높은 불확실성은 어느 순간에는 위기의 형태로, 어느 순간에는 기회의 형태로 조직과 대면하기 때문에 이러한 상황에 효과적으로 대처할 수 있는 유연한 조직으로 전환하지 않으면 안 된다.

자원기반 관점에서 워너펠트(Wernerfelt, 1984)는 조직에서 자원을 반영구적으로 결합된 유형 및 무형의 자산으로 정의하고, 진입장벽과 유사하게 자원 장벽을 형성하여 특정자원을 보유한 조직은 그렇지 못한 조직들에 비해 상대적인 우위를 확보하게 되고, 이런 자원을 통하여 경쟁우위의 창출 및 유지에 더 많은 기회를 가질 수 있다고 주장하였다. 그러므로 유연성의 부족이라는 위기의 근본원인에 대응하기 위해 조직은 적절한 수준의 여유자원을 보유해야하며, 상시적인 위기모니터링 체제를 구축해야 한다. 과도한 여유자원은 조직의 낭비요인이 될 수 있으나 적절한 여유자원은 외부충격에 대한 완충제이자 창조적 혁신의 촉진제이다.

(2) 유연성과 조직의 성과

그림 2-5와 같이 유연성이 높은 상태에서는 유연성이 감소할수록 성과가 증가하지만 유연성이 일정수준이하로 감소하면 성과는 하락하기 시작한다.

기업은 성과를 높이는 과정에서 유연성의 기반이 되는 조직 내의 각종 여유자원을 제거하게 된다. 그러나 유연성을 과도하게 낮추면 혁신에 필요한 최소한의 여유자원 마저 제거되어 오히려 성과를 위축시키는 결과를 초래하게 된다.

유연성이 높은 상태에서는 유연성의 감소에 따라 위험가능성도 감소하지만, 유연성이 일정수준 이하로 줄어들면 위험가능성이 증가하기 시작한다. 즉, 유연성이 지나치게 높은 상태에서는 제도, 시스템 등에 의한 규율 및 통제가 미흡하여 위험에 과다하게 노출되게 되어 비효율과 낭비요소로 인한 성과의 위축도 위기를 심화 시키게 된다.

유연성이 지나치게 낮은 상태가 되면 조직이 관료화 되어 환경적응력이 감소함으로서 위험가능성도 증대하게 된다.

위험과 성과가 균형을 이루는 구간은 위험의 최소화 지점과 성과의 최대화 지점 사이에 존재하는데 위험수준을 낮추기 위해서는 유연성을 늘려야 하지만, 성과를 제고하기 위해서는 유연성을 제거해야 하므로 위기의 최소화 지점은 성과의 최대화 지점보다 유연성이 높은 지점에 위치하여한다.

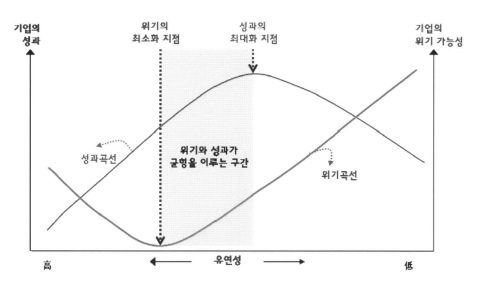

그림 2-5 유연성 관점에서 본 조직의 성공과 위기

(3) 긍정적인 유연문화

안전문화 차원에서 리즌(1997)은 조직의 문화가 종업원들이 직면하고 있는 높은 수준의 위험요소나 잠재적인 위험인자들에 대하여 스스로 인식하기 위하여 기존의 계층적 구조에서 수평적 유형으로 쉽게 변환되는 조직을 긍정적인 유연성 문화를 가진 조직으로 정의하였다. 이러한 유연성 조직은 조직구성원이 각각 신뢰를 가지고 있고, 다른 동료의 아이디어와 업무를 존중하는 것을 기본으로 하며, 동료들의 공헌의 중요성을 표현하고, 지원과 협력하며, 서로 강화시키는 것으로 설명할 수 있다.

정비조직의 운영측면에서 경영성과 제고를 이유로 효율성(efficiency)만을 강조할 경우 감항성 있는 항공기의 제공이라는 효과성(effectiveness)이 간과될 수 있다. 그러므로 정비조직은 정비실패가 항공기 사고로 이어지는 위험을 고려할 경우 다소의 효율성을 희생하더라도 적절한 수준의 유연성을 유지하려는 의도적 노력이 요구되며, 유연성의 적정수준은 정비작업의 특성과 정비조직이 처한 상황을 고려하여 선택하여야 한다.

부르주아(bourgeois, 1981)는 적절한 여유자원은 외부충격에 대한 완충제이면서 창조적 혁신의 촉진제라고 하였다. 즉, 정비조직내의 적절한 수준의 여유인력과 예비부품을 보유하여 유연성을 확보하는 것이 위험관리의 출발점이다. 여유자원을 둔다는 것은 곧 정비효율성을 희생한다는 것과 같은 의미이므로 여유자원 확보로 인한 부정적 영향을 최소화하기 위해서는 적절한 긴장감을 유지함으로써 타성에 빠지는 것을 예방하는 것이 필수적이다.

---

2 국가 항공안전프로그램(Safety Management System)

2.1 국가 항공안전프로그램 개요

국가항공안전프로그램은 전통적인 '사고 사후조치 중심의 안전감독(SSO, State Safety Oversight)'에 '사고 예방관리 기능'을 추가한 국가 차원의 안전관리방식이다.

전통적 안전감독체계는 정부가 운항현장에 체계적인 안전규정을 제공하고 이를 철저하게 지키는지 여부를 확인(또는 점검)하는 것이다. 이에 비해 국가항공안전프로그램은 안전규정의 철저한 준수는 물론, 항공기사고 발생에 영향을 줄 수 있는 위험요인(hazard)까지도 사전에 적극적으로 관리하는 것이다.

　이는 급증하는 항공교통량, 저비용 항공사 출현, 외국항공사 취항 증가, 위험물 운송증가 등 급변하는 운항환경에 정부가 선제적으로 대응하기 위해 개발된 안전관리방식이다.

　ICAO는 2013년에 체계적인 안전관리를 위해 시카고협약 부속서 19 안전관리(Safety Management)가 새롭게 탄생시켰으며, 항공당국의 안전관리 책임 및 운영자의 안전관리시스템의 중요성이 더욱 더 확산되는 계기가 되었다. 부속서 19는 ICAO 체약국의 동의를 거쳐 최종적으로 채택되어 2013.11.14.부로 적용되고 있다.

2.2　국가 항공안전프로그램 관련 국제기준

　앞서 언급하였듯이 국가항공안전프로그램(이하 "SSP"라 한다)은 전통적 안전감독체계의 발전된 형태이다. 따라서 SSP의 올바른 이해를 위해서는 ICAO 국제표준에서 명시하는 안전감독체계(이하 "SSO"라 한다)의 정의 및 구성요소에 대해 먼저 이해하여야 한다.

　최근 ICAO에서 국제기준(Annex 19)으로 채택한 안전감독의 용어정의에 따르면, 국가가 항공 업무를 수행하는 항공종사자 및 서비스 제공자가 안전관련 법·규정 등을 준수하는지 여부를 확인·관리하는 기능이다. 구체적으로 국가의 역할은 표 2-8과 같이 여덟 가지로 세분화 할 수 있으며, 국제기준에서는 이를 안전감독 요소(Critical Element)라고 명시한다.

표 2-8　항공안전 감독요소(ICAO Annex 19 Appendix1)

No	감독요소	주요내용
1	기본법령	국가의 항공수준과 환경에 적합한 항공법령
2	세부규칙	기준, 표준절차, 기술기준 등
3	조직/감독기능	항공당국의 조직 및 재정자원
4	전문인력	안전담당직원에 대한 전문성 및 교육실시
5	기술지침	표준 기술지침서 및 매뉴얼
6	면허/인증	종사자자격증명, 항공사운항증명, 공항운항증명 등
7	안전감독	적절한 안전감독의 실시
8	안전문제해결	안전감독으로 확인 된 위해요소에 대한 해결능력

2.2.1 기본법령

'기본 법(Primary Aviation Legislation)'을 수립하고 관리하는 역할이다. 국가는 자국 항공 산업의 규모. 구조 및 국제민간항공협약(Convention on International Civil Aviation)에 적합하도록 항공안전 관련 기본적인 의무·권리 등을 법으로 규정하고 관리해야 한다. 동 법에는 안전감독 인력이 운항현장을 관리. 감독 할 수 있는 권한도 포함되어야 한다. 우리나라의 경우「항공관련법령」등이 이에 해당된다.

2.2.2 세부규칙

법을 구체적으로 이행하기 위한 '세부규칙(Specific Operating regulations)'을 수립·관리하는 것이다. 「항공관련법」 시행령, 시행규칙, 기타 법령에서 위임한 고시 등이 해당된다.

2.2.3 조직/감독기능

국가가 법에 따라 업무를 수행하기 위한 '감독체계 및 기능(State system and function)'이다. 안전감독을 수행하기 위한 조직과 조직이 활동 할 수 있는 예산을 확보해야 함을 의미한다.

2.2.4 전문인력

안전감독 기능을 적절하게 수행하기 위한 '전문인력 확보(Qualified technical personnel)'이다. 국가가 위의 세 번째 역할을 충실히 수행하여 전문지식 및 경험이 풍부한 인력을 최초에 채용했어도 해당 인력이 변화하는 환경에 적합한 전문성을 확보토록 지속적으로 관리하는 교육·훈련체계가 필요하다.

2.2.5 기술지침

효과적인 감독기능 수행을 위한 '지침 및 주요 안전정보의 제공(Technical guidance, tools and provision of safety-critical information)'이다. 지침은 정부의 안전감독 인력은 물론, 운항현장이 제도를 이행하기 위한 제도이행 가이드라인까지 포함한다. 우리나라의 경우, 공무원을 위한 행정규칙인 '훈령'과 운항현장을 지원키 위한 '제도 이행 안내서' 등이 이에 해당된다. 안전감독 인력을 위한 주요 안전정보는 항공 고시보(NOTAM), 감항성 개선 지시(airworthiness directive) 등이 해당된다.

2.2.6 면허/인증

'안전면허·인증 등 발급(Licensing, certification, authorization and/or approval obligations)' 절차이다. 법령 및 지침에 적합한 요건을 갖춘 운항현장의 서비스 제공자에게 안전면허8) 등을 발급하는 절차를 의미한다. 안전면허의 종류로는 조종사, 관제사 등 개인에게 부여하는 항공종사자 면허와 운항증명(AOC, Air Operators Certificate)·정비조직인증(AMO, Approved Maintenance Organization)·지정전문 교육기관(ATO, Approved Training Organization)·공항운영증명(AC, Airport Certificate) 등이 국제기준으로 수립되어 있다.

2.2.7 안전감독

위와 같이 발급된 안전면허의 요건이 적절히 준수되고 있는지 여부를 '점검·확인(surveillance)'하는 과정이다.

2.2.8 안전문제해결

위의 확인과정에서 발굴된 미흡사항을 해결하기 위해 강제조치를 포함한 적절한 시정조치를 하는 것이다.

---

3 항공안전관리시스템(Safety Management System)

3.1 항공안전관리시스템 개요

항공안전관리시스템은 급변하는 항공 운항환경에서 서비스제공자(SP : Service Provider)가 정부의 항공안전프로그램에 따라 자체적인 안전관리를 위하여 갖추어야 하는 조직(organizational structures), 책임과 의무(accountabilities), 안전정책(policies), 안전관리절차(procedures) 등을 포함하는 안전관리체계를 말한다.

ICAO의 세계항행계획(GANP, Global Air Navigation Plan, Doc 9750-AN/963)에 따르

면, 전 세계 항공산업은 매 15년을 주기로 항공교통의 규모가 2배씩 증가하고 오늘날 경제발 전을 위해 없어서는 안 되는 분야로 성장했다.

운항형태는 운영·관리에 거대한 자본금을 투자하는 대형항공사 운송 중심에서 저비용항공 사 중심으로 전환하고 있고, 위험물 등 운송화물의 다양화, 민족 간 분쟁으로 인한 테러지역 출현 등 새로운 위험요인도 출현하고 있다.

이와 같이 급속하게 변화하는 운항환경에 정부가 실시간으로 대응하는 것이 실질적으로 힘들게 됨에 따라 운항현장을 직접 운영하는 서비스 제공자(항공운송사업자, 항공기정비업 자, 항공교통업무제공자, 공항운영자 등)가 스스로 안전관리를 하는 방식이 필요하게 되었 다. 이에 따라 일부 선진항공사 등을 선두로 스스로 현장의 잠재위험을 관리하게 되었다. 즉, 규정 이행여부를 스스로 진단(internal audit)하고 규정의 범위를 벗어나는 잠재위험 (hazard)도 스스로 발굴·관리하고 안전조치를 취하는 것이 대표적인 활동이다.

결국 이러한 활동을 보편적으로 수행할 필요성이 인정되어 이를 체계적으로 규정화한 것이 안전관리시스템(SMS, Safety Management System)이다.

그림 2-6 전 세계 화물여객 수송량(연간) 및 항공교통량 증가율

3.2 안전관리시스템 구성요건

ICAO는 안전관리시스템을 이행하는데 필요한 최소 구성요건을 크게 4개 항목(component), 12개 세부요소(element)로 체계화하여 국제기준을 표 2-9와 같이 수립하였다.

표 2-9 안전관리시스템 국제기준

No	항목(component)	세부요소(element)
1	Safety policy and objectives	1.1 Management commitment and responsibility 1.2 Safety accountabilities and responsibilities 1.3 Appointment of key safety personnel 1.4 Coordination of emergency response planning 1.5 SMS documentation
2	Safety risk management	2.1 Hazard identification 2.2 Safety risk assessment and mitigation
3	Safety assurance	3.1 Safety performance monitoring and measurement 3.2 The management of change 3.3 Continuous improvement of the SMS
4	Safety promotion	4.1 Training and education 4.2 Safety communication

자료: ICAO Annex 19, Appendix 2

3.2.1 안전정책 및 안전목표(Safety Policy and Objective)

SMS운영자(최고경영자)가 각 기관을 운영함에 있어 안전을 최우선 경영철학으로 삼고 이에 따라 수립하는 조직의 안전정책 및 목표를 의미한다. 안전관리 책임 및 권한의 위임 등 조직 내 업무분장과 조직 외부와의 업무분장 등의 사항도 여기에 포함된다.

이에 따라 국제민간항공기구(ICAO, 2006)에서는 안전관리시스템의 구성요소에 안전정책을 포함시켜 선언문의 형식으로 제정하여 공표할 것을 의무화하고 있다. 그리고 안전정책에는 지속적인 안전도 증진과 안전관리시스템 운영의 책무가 공시되어 있다. 또한 안전관련 보고의 활성화를 위한 직원 독려의 책무와 허용될 수 있는 행위에 관한 명확한 기준 등이 명시되어 있어야 한다.

안전정책과 더불어 안전 목표를 설정해야 하는데, 안전 목표는 안전성과지표와 안전성과 목표로 구성이 되어 있다. 안전성과지표란 안정성과를 측정할 수 있는 수단을 말하며, 안전성과목표는 목표로 하는 안전성과 수준을 말한다. 예를 들어 '100,000시간당 사망사고 0.5건을 5년 안에 30% 감소시킨다.'라는 안전 목표를 수립했다면, 여기서 '100,000시간당 사망사고 0.5건'은 바로 안전성과지표이며, '5년 안에 40% 감소시킨다.'는 바로 안전성과목표라 할 수 있는 것이다. 그러나 독특한 위해요소들을 불러들이는 특수한 운항의 경우, 이와 다른 공개자료 베이스를 이용하는 것이 바람직할지도 모른다. 예컨대, 항공 살포를 위한 운항업무는 대개 시간당 더 많은 수의 비행 편을 요구한다. 이착륙 회수가 커짐으로써 이로 인해 비행에서 가장 중요한 이들 단계에서 사고가 일어날 가능성이 상당히 커진다. 이와 같은 운항업무에 대해서는 비행편의 수를 사용하여 사고건수를 비교하는 것이 더욱 유용할 수도 있다.

3.2.2 안전 위험도 관리(Safety Risk Management)

SMS운영자가 각 기관의 운영 중 노출되는 위험요인(hazard)을 관리하는 체계를 갖출 것을 규정한다. 어떤 위험요인에 노출되어 있고 해당 위험요인이 실질적으로 사고로 이어질 수 있는 확률에 따라 안전조치를 탄력적으로 취할 것을 요구하고 있다.

위험관리란 조직의 생존을 위협하는 위험요소(hazard)와 이에 수반되는 위험(risk)을 식별, 분석, 제거 또는 허용수준까지 경감하는 것을 말한다. 위험요소와 위험의 구분을 살펴보면, 위험요소(hazard)란 위험(risk)을 초래할 수 있는 현존하거나 잠재적인 상태를 말하며, 사고·준사고의 전제 조건을 의미하고, 위험(risk)은 위험요소에 의한 손실이나 부상의 잠재적 가능성을 말한다.

예를 들면, 정비사가 작업을 하다가 작업대에서 떨어져서 부상을 입었다면, 위험요인 (hazard)이 '부적절한 작업대'인 경우 해당 항공사는 관련 안전데이터를 현장으로부터 수집하여 해당 위험요인이 사고에 영향을 줄 수 있는 정도(severity) 및 발생빈도(likelihood, probability) 등을 기준으로 부상당할 위험도(risk)를 산출하고 관련 안전조치의 정도를 결정하는 과정·체계 등을 갖추는 것을 의미한다.

가장 익숙한 위험도 분석 도구(tool)는 표 2-10에서 제시된 '위험평가 매트릭스(risk assessment matrix)'이다. 초록·노랑·주황·빨강 등 색깔 영역별 안전조치의 정도를 차별화하여 인력·예산 등 자원의 효과적 배분을 통해 일정 수준 이상의 안전도를 확보한 상태에서 기업 이윤도 창출하기 위함이 목적이다.

위험도 관리는 이미 발생된 사고(accident)·준사고(serious incident)에 대한 '사후조치'는 물론 안전장애(incident, etc.) 등에서 위험요인을 발굴하여 사고예방을 위한 '사전 안전조치'를 포함해야 한다.

우리나라 "K" 항공사의 안전관리 규정상의 조치기준을 살펴보면, "수용불가"는 단어 그대로 위험수준(risk level)을 하위단계로 낮추는 충분한 경감조치가 행해질 때 까지 운영을 중단하는 것이며, "검토 A"는 경영진의 의견과 승인에 따라 경감조치를 실행해야 하는 수준이고, "검토 B"는 안전관리시스템 실무 운영조직의 검토에 따라 허용이 가능한 수준이며, 마지막 "수용가능"은 허용 가능한 수준이다.

표 2-10 위험지표 매트릭스(risk index matrix)

심각도 / 발생확률	최악의 수준 (A)	위험한 수준(B)	중대한 수준(C)	경미한 수준(D)	사소한 수준(E)
자주 발생(5)	수용 불가 (5A)	수용 불가 (5B)	수용 불가 (5C)	검토 – A (5D)	검토 – A (5E)
가끔 발생(4)	수용 불가 (4A)	수용 불가 (4B)	검토 – A (4C)	검토 – A (4D)	검토 – B (4E)
희박(3)	수용 불가 (3A)	검토 – A (3B)	검토 – A (3C)	검토 – B (3D)	수용 가능 (3E)
매우 희박(2)	검토 – A (2A)	검토 – A (2B)	검토 – B (2C)	수용 가능 (2D)	수용 가능 (2E)
극히 희박(1)	검토 – A (1A)	검토 – B (1B)	수용 가능 (1C)	수용 가능 (1D)	수용 가능 (1E)

3.2.3 안전성과 검증(Safety Assurance)

SMS운영자는 안전목표(safety objective)에 따라 안전성과지표(safety performance indicator)를 선정하고 이에 대한 목표치를 설정하여 이를 지속적으로 모니터링 해야 한다. 안전성과지표는 핵심지표와 일반지표로 나누는 등 필요성에 따라 여러 개를 지정하여 운영할 수 있다. 이 외에도 여러 가지 방식으로 안전성과를 검증 할 수 있다.

구체적으로 항공사의 경우, 안전성과 검증을 위한 도구로 '비행자료분석 프로그램(FDAP, Flight Data Analysis Programme)을 운영 할 수 있다. 항공기 고도·속도·기수 방향·상승/강하율 등 객관적인 전자데이터에 대한 경향 분석을 통해 항공로상 위험요인, 잘못된 조종습관, 기종별 기계·전자적 취약분야 등의 경향성을 모니터링 할 수 있다.

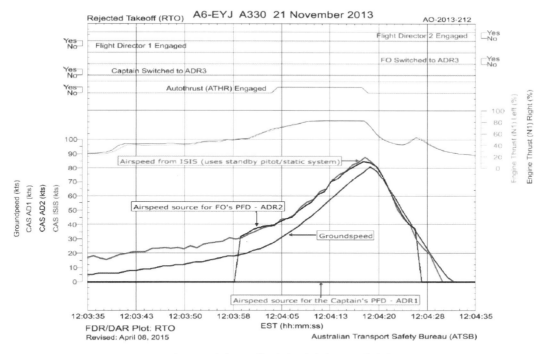

그림 2-7 '이륙중단' 관련 비행자료 분석예시

3.2.4 안전관리 활성화(Safety Promotion)

안전관리시스템의 주요 구성 요소 중 마지막은 안전증진을 위한 활동이다. 안전증진 활동은 조직 구성원에게 교육을 하고 구성원들과 주요 안전정보를 공유하는 것을 말한다. 구성원별 업무에 적합한 안전관리 교육·훈련을 제공하고 주요 안전정보를 최대한 공유하여 시행착오 예방, 안전관리 효율성 향상 등을 위한 활동이다.

3.3 안전관리시스템 운용대상

ICAO 국제기준에서 명시한 SMS 운용대상은 표 2-11과 같다. 이 표에 명시된 SMS 운영대상을 보면 대부분 운송사업(air transport) 등 항공분야 사업면허가 아닌 운항증명(AOC)등과 같은 안전면허 소지자를 SMS 운영대상으로 명시하고 있다. 국제기준에서도 알 수 있듯이 오늘날 SMS는 운항증명(AOC) 등과 같은 '기본 안전면허'에 추가적으로 부과되는 '2차 안전면허'로 해석되는 추세이다.

표 2-11 국제기준에 명시된 SMS 운용대상

No	업종
1	운항증명소지자(certified operator of aeroplane or helicopter)
2	조종훈련용 지정전문기관(approved training organization that is exposed to safety risks related to aircraft operation during the provision of service)
3	정비조직 인증자(approved maintenance organization)
4	항공기제작사(organization for type design/manufacture of aircraft)
5	항공교통관제기관(ATS provider)
6	공항운영증명소지자(operator of a certified aerodrome)
7	국제운항용 자가용항공기(International general aviation – aeroplane)

자료: ICAO Annex 19

그림 2-8 안전면허 체계(항공사 예시)

제3장

인적오류 [Human Error]

항공기 사고의 대부분이 인적오류에 기인하고, 인적오류 중 조종사의 인적오류가 상당한 비율을 차지하고 있음은 잘 알려진 사실이다. 그러나 조종사의 오류를 일으키는 잠재적 요인으로 정비사의 오류로 인한 항공기 결함이 있다는 사실은 그리 알려져 있지 않다.

인적오류들이 사고에 미치는 역할을 설명하기 위한 여러 가지 모델들이 제시되었고, 최근 항공기 정비 및 점검에서 인적오류가 미치는 영향에 대한 관심이 증가하고 있으며, 미국, 영국 및 캐나다를 중심으로 항공정비 분야에 대한 연구가 활발하게 진행되고 있다.

이에 항공정비 현장에서 발생하는 오류를 회피하고 관리하기 위하여 에러모델과 이론을 살펴보고자 한다.

Human Factors in Aviation Operation

1 　인적오류의 개념

　인적요인(Human Factors)을 이해하는 데 있어서, 일반적으로 인적오류(Human Error)'가 인적요인과 동일한 개념으로 잘못 이해되는 경향이 있다. 이러한 경향성은 조종사, 관제사 그리고 정비사 등의 인적오류를 항공사고의 직접적인 원인으로 돌리는 것에서 잘 나타난다. 이러한 개념으로 사고의 원인이 마치 개인의 문제로 귀착되는 것처럼 받아들여질 수 있기 때문에 보다 근본적인 요인들이 감춰질 수 있다.

　인적과오, 인적오류 또는 인간에러는 "미리 부과된 기능을 인간이 다하지 않기 때문에 생기는 것으로 사람에게 내재된 시스템의 기능을 약화시킬 가능성이 있는 것"으로 정의된다. 즉, 어떤 기계, 시스템 등에 의해 기대되는 기능을 발휘하지 못하고 부적절하게 반응하여 효율성, 안전성 및 성과 등을 감소시키는 인간의 결정이나 행동으로서 부과된 기능을 다하지 못한다는 것에는 다음과 같은 사항들이 포함된다.

- 부과된 기능을 하지 않는다.
- 부과된 기능을 제대로 못하고 있다.
- 부과된 기능을 잘못된 순서로 한다.
- 부과되지 않은 기능을 한다.
- 부과된 기능을 시간 내에 하지 못한다.

　또한 인적오류라는 용어의 사용은, 시스템의 어느 곳에 문제가 있었는지를 말해 주기는 하지만, 그러한 문제가 왜 발생하였는지를 알려 주지 못한다. 따라서 사고방지에 근본적인 도움이 되지 못한다. 그러나 어떤 사고든 심층적으로 분석해 보면, 인적오류는 가장 최종 단계의 원인에 불과할 뿐이고, 그 배경에는 인간을 둘러싼 환경, 조직, 문화 등 보다 근본적인 원인들이 잠재되어 있다는 것을 알 수 있다.

　항공사고 발생에 관한 여러 모델에서도 인간의 행동적 실수에는 사회적 환경, 조직 등 보다 근본적 요소들이 영향을 미치고 있다고 많은 학자들이 주장하고 있다. 따라서 인적요인 을 개인의 실수나 인간의 한계만을 고려한 협의의 접근으로는 항공사고의 발생을 줄이는

데 한계가 있기 때문에, 인간 행동의 배경이 되는 사회적 환경 및 조직의 문제까지를 고려한 포괄적 인식과 다양한 접근이 필요하다.

특히 항공정비에서 만들어진 오류가 또 다른 부정적인 요인과 결합하게 되면 엄청난 문제를 유발할 수 있다. 즉, 단순히 하나의 요인에 의해 사고가 발생하는 경우는 드물고 대부분 다양한 요인이 복합되어 사

그림 3-1 안전에 대한 인식은 인적오류의 위험을 예측하고 완화시킬 수 있다.

고가 발생한다. 오류를 회피하기 위한 훈련, 위험평가, 안전점검 등은 제한되어서는 안 되며, 오히려 항공정비사의 선발 단계에서 직무적성에 적합한 작업자를 선발하여 적재적소에 배치하고, 시스템 이해를 위한 올바른 훈련을 실시하여야 한다. 아울러, 시스템과 관련한 모든 개인이 오류를 일으키지 않도록 동기부여와 조직문화를 수립하여야하며, 직무분석을 통해 오류발생을 막고 위협적 요인이 확인된 오류를 방지하기 위한 효과적인 시스템을 수립하는 시스템의 인간공학적 설계가 필요하다. 그러나 어떤 경우에도 오류관리에 있어 가장 중요한 사실은 수정 및 관리가능한 직접적인 원인에 초점을 두어 관리하는 것이다.[그림 3-1]

1.1 오류의 유형(Types of Errors)

오류의 유형은 의도하지 않은 오류와 의도적인 오류로 분류한다.

1.1.1 의도하지 않은 오류(Unintentional Error)

의도하지 않은 오류는 고의가 아닌 정확성으로부터의 일탈이다. 이는 어설픈 추리, 경솔함, 부족한 지식으로 인한 행동, 의견, 판단 등의 실수들이 포함된다.

예를 들어 항공정비사가 작업카드(job card)에 명시된 토크 값을 읽으면서 무심코 26을 62로 바꾸어서 토크를 수행하는 경우가 있다. 정비사는 이러한 실수가 만들어지는 것을 알아채지 못하고 무심코 토크를 수행한다. 의도하지 않은 실수(mistake) 중의 또 다른 예로는 특정한 수리나 직무를 수행하는데 잘못된 작업카드를 가지고 작업을 수행하는 경우이다. 즉, 실수라 할지라도 의도한 실수는 아니라는 것이다.

1.1.2 의도적인 오류(Intentional Error)

　항공정비에서 의도적인 오류는 위반으로 고려되어져야 한다. 알면서 의도적으로 잘못된 방법을 선택했다면 그것은 안전한 작업방법, 절차, 기준 또는 규정에서 벗어난 위반이다.

1.2 오류의 종류(Kinds of Errors)

1.2.1 활동적 오류와 잠재적 오류

　오류는 활동적인 오류(active error)와 잠재적인 오류(latent error)로 구분할 수 있다. 활동적인 오류는 오류가 발생하면 눈에 띠는 명백한 사건으로 나타나는 특정한 개인의 활동이라면 잠재적인 오류는 누군가에게 영향을 미칠 때까지 잠복해있거나 발견되지 않는 오류로서 조직의 문제로 볼 수 있다. 예를 들어 항공정비사가 부러진 사다리를 이용하여 작업하다가 떨어져서 부상을 당한 경우를 들 수 있다. 여기서 활동적인 오류는 정비사가 사다리에서 떨어진 것이며, 잠재적인 오류는 부러진 사다리로서 누군가가 교체했어야 한다는 것이다.

1.2.2 가변적 오류와 고정적인 오류

　Reason 교수의 저서 "Human Error"에서는 인간의 오류를 가변적 오류(Variable Error)와 고정적 오류(Constant Error)로 분류하였다.

　2명의 사격수가 6발씩 총을 쐈을 때 그림 3-2 표적지 (A)는 탄착점이 표적지를 중심으로 무작위하게 분산되어있지만 표적지 (B)는 탄착점이 표적지 중심에서는 벗어났지만 일정하고 체계적인 패턴을 보이고 있다. 여기서 표적지 (A)의 형태를 가변적 오류라고 하며, 표적지 (B)의 형태를 고정적 오류라고 한다.

　여기서 고정적 오류는 총의 가늠자 조정 등을 통하여 오류 수정이 쉬운 반면 가변적 오류는 변수가 다양하므로 예측하기도 어려울 뿐만 아니라 수정하기도 쉽지 않다는 것이다. 즉, 수행하는 작업의 본질과 작업환경, 인적수행능력을 좌우하는 메커니즘 및 개개인의 본질을 충분히 이해한다면 오류를 예측할 수 있다는 것이다.

　일반적으로 조립 작업을 수행할 때 분해 작업 보다 더 많은 실수가 유발될 수 있으며, 오전 10시에 작업하는 것 보다 오전 3시에 작업할 경우 실수가 더 많이 발생할 수 있다고 예측할 수 있다. 이러한 예측은 더 많은 정보로 이러한 예측을 세분화 할 수는 있지만 예측이 불가한 임의의 오류 또는 요소가 항상 존재한다는 것을 명심하여야 한다.

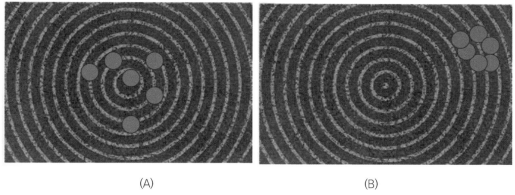

(A)   (B)

그림 3-2 가변적 오류와 고정적 오류

2 | 에러모델과 이론(Error models and theories)

인적요소는 작업장 내 사고 원인 중 가장 중요한 구성요소이다. 실제 관련 정도에 대한 평가는 현저히 다르지만, 작업-관련 치명상의 원인에 대한 1980년대 초의 연구에 따르면, 치명적인 사고 중 행동요인이 90% 이상 관련되어 있다고 한다. 이와 같은 자료측면에서 볼 때, 사고에 있어서 인적요인의 역할에 대해 이해하는 것이 중요하다.

종래의 사고 원인의 모델들은 인적요인에 표면적인 역점을 두었다. 인적요인들이 포함된 경우에는, 그 요인들은 사고로 발전하는 사건들의 직접적인 절차상에서 발생하는 실수와 연계된 것으로 이해되었다. 인적요인들이 사고에 어떻게, 왜, 그리고 언제 관련되는지에 대해 충분히 이해한다면, 인적요인의 역할에 대한 예측을 할 수 있는 능력이 향상되며, 사고 예방에 도움이 된다.

인적요인들이 사고에 미치는 역할을 설명하기 위한 여러 가지 모델들이 제시되었고, 최근 항공기 정비 및 점검에서 인적요인이 미치는 영향에 대한 관심이 증가하고 있으며, 미국, 영국 및 캐나다를 중심으로 항공정비 분야에 대한 연구가 활발하게 진행되고 있다.

이에 에러모델과 이론을 살펴보고, 항공정비 현장에서 발생하는 오류를 회피하고 관리하는 방법에 대하여 살펴보고자 한다.

2.1 SHELL 모델

에드워드(Edward, 1972)는 조종사와 항공기 사이에 상호 작용하는 개별적이거나 집단적인 요소를 체계적으로 보여주는 SHEL 모델이라는 다이아그램을 고안하였으며, 호킨스(Hawkins, 1975)는 에드워드가 고안한 SHEL모델을 수정하여 새로운 SHELL모델을 그림 3-3과 같이 제시하였다. 이는 많은 항공기 사고에서 밝혀진 원인을 뒷받침할 수 있는 이론적 근거를 제공하는 유용한 수단이 되었으며, 국제민간항공기구(ICAO)에서 추진하는 인적 요인에 대한 이론적 모태가 되기도 하였다.

그림 3-3과 같이 SHELL 모델의 중심에는 라이브웨어(Liveware)가 있는데 이는 항공운항의 경우에는 조종사가 되며, 항공교통관제의 경우에는 관제사가 되고, 항공기 정비의 경우에는 정비사가 된다. 본 장에서는 항공정비사를 중심으로 고찰해보고자 한다.

'S'는 소프트웨어(Software)의 약자로 항공기 정비에 관련된 법, 규정, 절차, 각종 매뉴얼, 작업 카드(job card), 점검표(check list) 및 교육훈련 등을 의미한다. 즉, 중앙의 항공정비사와 소프트웨어의 관계를 의미한다. 'E'는 환경(Environment)으로서 정비작업과 관련된 주변 환경으로서 날씨, 기온 등은 물론 작업장 내 조명, 습도, 온도, 소음 등 물리적인 환경들도 포함된다. 'H'는 하드웨어(Hardware)로서 항공기 정비를 위한 격납고를 비롯한 각종 시설, 장비 및 공구 등의 설계 적절성 및 인체 적합성 등을 의미한다. 아래쪽의 'L'은 함께 작업을 수행하는 동료 정비사를 비롯하여 조종사 및 지상 조업자등 항공기 정비업무와 직·간접적으로 관련되는 사람들과의 성격, 의사소통, 리더십, 팀워크 및 대인관계 등을 의미한다.

Software	법, 규정, 절차, 각종 매뉴얼 등
Hardware	항공기 정비를 위한 각종 시설, 장비, 공구 등
Environment	날씨, 기온 등은 물론 작업장 조명, 습도, 온도, 소음 등
Liveware	항공기 정비작업자
Liveware	항공정비 업무와 직·간접적으로 관련되는 사람

그림 3-3 SHELL 모델(SHELL Model)

이와 같이 항공정비사를 중심으로 한 주변의 모든 요소들은 항공정비와 직접적인 관련성을 가지고 있으므로 정비업무의 능률성과 효용성 및 안전성 확보를 위하여 항공정비사들은 업무에서 이들의 상호 연관성을 항상 최적의 상태로 유지한 가운데 업무를 수행하여야 한다는 것과 이러한 요소들의 통합이 인적요인의 이론적인 배경이다.

호킨스는 더 나아가 조종사가 속한 사회의 문화적 배경(C: Culture)을 포함시켜 SCHELL 모델을 개발하였으나, 이것보다는 해크먼(Hackman)과 존스턴(Johnston)이 개발한 SCHELL 모델이 더욱 효용성을 인정받고 있다. 이 모델에서 C란 승무원자원관리(Crew Resource Management: CRM)을 지칭하는 것으로 인적요인에 의한 항공기 사고를 예방하는 중요한 수단으로 등장하고 있다.

2.2 스위스 치즈 모델(The Swiss Cheese Model)

영국의 심리학자 제임스 리즌(James Reason)은 치즈의 숙성과정에서 구멍이 숭숭 뚫린 특징에서 이름을 따서 그림 3-4와 같이 스위스 치즈모델이라는 이론을 만들었다.

사고의 원인과 결과에 관한 많은 이론들이 있지만 항공사고의 원인분석에 사용되는 프로그램들의 근간이 되는 모델 중의 하나이다.

사고의 원인으로는 크게 처음 직접적인 원인으로 보여 지는 외부요인, 사고를 낸 당사자나 사고발생 시 함께 있던 사람들의 불안전한 행위, 불안전한 행위를 유발하는 조건, 감독의 불안전, 그리고 조직의 시스템과 프로세스가 잘 못되어 생기는 실수로 분류하고, 실제 직접적인 원인을 제외하고는 스위스 치즈의 구멍처럼 늘 사고가 날 수 있는 잠재적 결함이 도사리고 있다가 이 결함들이 동시에 나타날 때 대형사고가 발생하게 된다는 이론이다.

항공 시스템은 모든 부분(일선의 현장, 관리자급, 상위 경영층 등)에서 적절하지 못한 활동이나 잘못된 의사결정을 막기 위해 다양한 보호막을 설치한다. 이 모델은 관리에 대한 의사결정 등 조직적인 요인이 사고를 유발하는 잠재적 실패 상황을 야기하더라도 시스템의 보호막에 일조한다는 것을 보여주고 있다.

바람직하지 않은 영향을 일으키는 오류나 위반은 안전하지 못한 행위로 보이며, 일반적으로 일선의 실무자(조종사, 관제사, 정비사 등)와 관련되어 있다. 이러한 불안전한 행위는 항공 시스템을 보호하기 위해 회사 경영진(management)이나 규제 당국에 의해 설치된 다양한 보호막을 관통하여 급기야 사고를 일으킬 수 있다. 평범한 오류나 규정된 절차와 방책을 고의적으로 위반하는 것은 이러한 불안전한 행동으로 나타나게 된다.

이 모델은 개인과 팀의 업무에 영향을 주는 환경에서 오류와 위반을 야기하는 상황이 많이 존재함을 시사하고 있다.

이러한 불안전한 행위는 잠재적 불안전 요인을 내포하는 운영환경과 관련되어 있다. 잠재적 요인은 사고 전에 취해진 행동이나 의사결정의 결과로 나타나며, 이러한 결과는 오랫동안 잠적 상태로 남아있을 수 있다. 이러한 잠재적 요인은 일반적으로 첫 번째 단계에서 실패로 감지되지 않기 때문에 개별적으로도 특별한 위험을 발산하지 않는다.

잠재적 불안전 요인은 일단 시스템의 보호막이 와해되기 시작해야만 분명하게 대두되어 나타난다. 이러한 상황은 사고가 발생하기 훨씬 이전부터 존재하고 있었을 지도 모르며, 대개는 사고로부터 시간과 공간적으로 격리된 의사 결정권자, 규제자, 또는 그 외의 사람들로부터 형성된 것이다.

일선의 현장 실무자들은 부실한 장비와 업무 분장, 상충하는 목표(정시 서비스와 안전), 결점이 많은 조직(조직 내의 빈약한 의사소통), 또는 부적절한 관리 결정(정비 연기)으로 인한 시스템의 결함을 내재하고 있을 수 있다. 효과적인 안전 관리를 위해서는 불안전한 행위를 개인적으로 최소화하려는 노력보다 시스템에 근간을 두어 잠재적 불안전 요인을 발굴하고 완화시키는 노력이 필요하다. 불안전한 행위는 안전문제의 원인이기보다 증상일 뿐이다.

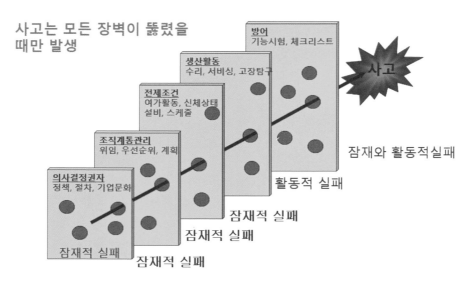

그림 3-4 Reason의 사고원인의 모델

심지어 최고의 조직에서조차도, 잠재적 불안전 요인의 대부분은 의사결정권자들로부터 시작된다. 조직의 의사결정권자들은 보통의 인간과 같이 선입견을 가지며 지극히 현실적인 시간, 예산, 정치 등의 제한을 받기 때문이다. 이들이 내리는 불안전한 결정의 일부는 사전에 저지하기가 어렵기 때문에 이러한 결정을 탐지하고 바람직하지 못한 영향을 경감하는 단계별 조치가 취해져야 한다.

2.3   더티 도즌(The "Dirty Dozen")

1980년대 후반과 1990년대 초반에 대다수 정비와 관련된 항공사고와 준 사고가 집중됨에 따라 캐나다 감항당국(Transport Canada)에서는 효율적이고 안전한 작업수행을 저해하는 정비오류를 유발할 수 있는 12개의 인적요인들을 밝혀냈다. 더티 도즌(dirty dozen)의 12가지 요인은 항공정비 분야의 인적오류를 논함에 있어 항공 산업에서 아주 유용하게 활용할 수 있는 도구이다.

더티 도즌의 인적요인들의 내용을 이해하는 것도 중요하지만 더티 도즌에 의해 만들어지는 오류들을 어떻게 회피하거나 제거할 것인지를 아는 것이 더욱 중요하다. 이를 통해, 항공정비사는 오류와 사건을 일으킬 수 있는 조직, 작업그룹 및 개인적인 요인들 간의 상호작용에 대한 이해를 통하여 미래에 발생할 수 있는 사건, 사고들을 사전에 예방하고 관리하는 방법을 터득할 수 있는 것이다.

2.3.1   의사소통의 결여(Lack of Communication)

의사소통의 결여는 그림 3-5와 같이 부적절한 정비결함을 유발할 수 있는 핵심적인 인적요인 중 하나이다. 의사소통은 항공정비사와 주변의 많은 사람들(관리자, 조종사, 부품 공급자, 항공기 서비스제공자)간에 일어난다. 서로 대화를 하다보면 오해와 누락이 발생하는 것은 당연하다고 할 수 있지만, 그러나 정비사들 간의 의사소통의 부재는 정비오류를 발생시켜서 대형 항공사고를 초래할 수 있으므로 항공정비사들 간의 의사소통은 대단히 중요하다고 할 수 있다. 이러한 의사소통은 한명이상 여러 명의 정비사가 항공기에서 작업을 수행할 경우에 특별하게 해당된다. 그것은 어떠한 단계도 생략하지 않고 모든 작업을 마칠 수 있도록 정확하고 완벽한 정보교환이 관건이다. 직무에 관련된 지식과 이론은 대충 알아서는 안되며, 명확하게 이해하여야 한다. 또한, 정비절차의 각 단계는 마치 한 명이 작업한 것처럼

공인된 지침에 따라 실행되어야 한다.

　의사소통이 부족하여 문제를 유발하는 공통적인 시나리오는 교대근무 중에 발생한다. 근무교대로 인해 정비작업이 완료되지 않았을 경우에는 근무시간 중 수행한 정비작업에 대한 전반적인 현황과 완료 시키지 못하고 인계하는 정비작업 사항을 다음 교대 근무자에게 인계하여야 한다. 이러한 인수인계는 문서로 이루어져야 한다. 또한, 중단되었던 정비작업을 다시 수행하게 되는 교대 근무자는 정비작업을 착수하기 전에 인수한 작업공정의 한 단계 앞에 이미 완료된 공정이 정확히 수행되었는지 반드시 점검하여야 한다.

　작업의 인수자와 인계자사이에서 구두 또는 문서에 의한 의사소통 없이 작업을 지속하는 것을 방지하는 것이 매우 중요하다. 작업은 항상 인가된 문서에 의한 절차에 따라서 수행되어져야 하며, 한 단계의 작업이 수행되면 서명하고, 확인검사가 완료된 후에 다음단계의 작업을 수행하여야 한다. 결론적으로 정비사들은 효율적인 의사소통을 통하여 안전한 항공기 운영에 초점을 둔 보다 훌륭한 시스템의 일부분으로서 역할을 다 하여야 한다.

　특히, 다양한 직무와 특기가 어우러져 분할작업(divisible task)으로 수행하는 항공기 정비 현장에 있어서 의사소통의 장애는 안전사고의 위험성을 내포하고 있음을 감안하여 좀 더 성숙된 구성원간의 조화와 협력이 요구된다.

　이에 따라 작업장 리더는 전체적인 작업현황을 모니터 하여 분할작업에서 발생할 수 있는 의사소통의 장애요인을 제거하는 노력이 필요하다. 즉, 상호간의 피드-백을 통하여 작업지시가 정확하게 전달되었는지 혹은 받았는지를 확인해야 한다.

그림 3-5　의사소통의 결여 포스터

2.3.2 자만심(Complacency)

자만심은 그림 3-6과 같이 위험에 대한 인식 상실에 의해 수반되는 자기만족으로서, 자기의 경험과 능력을 과신하거나 "이 정도는 문제없을 것이다" 혹은 "이정도면 가능할 것이다"라는 자기중심의 판단에 의해 실수를 범하며 규정을 위반하는 것이다. 그러므로 자만심은 전형적으로 경력이 쌓이면서 생기는 항공정비 인적요인 중의 하나이다. 정비사는 자기의 지식과 경험을 과신하여 자기 만족감과 잘못된 자신감을 불러일으킬 수 있다.

자만심이 생기게 되면 이전과 달리 상당 시간을 별 생각 없이 업무를 수행하게 되고, 이후에도 아무 생각 없이 업무를 수행하므로 조심성이 결여되며, 안전에 대한 주의가 줄어들게 되고, 업무에서 중요한 요소를 빠뜨릴 위험성이 증대된다. 특히, 반복되는 업무 특히 검사항목 같은 경우에는 정비사들이 결함이 발견되지 않는 검사 직무를 수없이 수행하다보면 검사항목을 빼먹거나 건너뛸 수도 있다.

즉, 중요하지 않은 검사항목이라고 자위적으로 해석하는 것이다. 하지만, 드물지언정 결함은 존재하고 있을지도 모르기 때문에 발견되지도 않고, 수정되지 않은 결함은 사건이나 사고를 유발할 수 있다. 또한, 반복적으로 수행되는 일상적인 직무는 정비사로 하여금 요구되는 직무를 대충해도 된다는 마음을 갖게 한다. 정비사가 작업문서 없이 자위적으로 작업을 수행하거나 작업을 수행하지도 않았으면서 작업문서에 서명하는 것은 자만심이 존재한다는 신호이다. 모든 정비검사와 수리는 문서화 되어 승인된 정비절차에 따라야 한다. 적절한 문서업무를 수행하는 것은 작업항목을 주목하게 되고, 작업의 중요성을 깨닫게 한다.

그림 3-6 자만심 포스터

자만심에 대처하기 위해서는 정비사는 처음에 검사한 항목에서 결함을 찾겠다는 각오를 다지는 자아훈련을 하여야 한다. 정비사는 수행하고 있는 직무에 정신을 집중하여야 한다. 모든 검사항목은 동일한 중요도로 취급하여야 하며, 검사가 되지 않은 항목의 경우에는 절대 허용해서는 안 된다. 또한, 정비사는 수행하지 않은 작업에 대해서는 절대로 서명해서는 안 되며, 문서에 서명하기 전에는 반드시 항목을 읽어보고, 작업이 제대로 수행되었는지를 확인하여야 한다.

2.3.3 지식의 결여(Lack of Knowledge)

그림 3-7과 같이 항공기 정비를 수행할 때 지식의 결여는 비극적인 재앙을 불러올 수 있는 불완전한 수리를 초래할 수 있다. 감항성 있는 정비를 수행하기 위해서는 항공기 기종간의 기술적인 차이에 대한 지식을 가져야 하며, 단일기종이라도 최신의 기술과 절차로 항상 갱신하여야 한다.

모든 정비는 반드시 승인된 지침에 따라 명시된 기준으로 수행되어져야 한다. 이러한 지침들은 공학과 항공기 장비의 운영에서 얻어진 지식을 기반으로 한다. 정비사는 최신자료를 사용하여야 하며, 절차에 명시된 대로 각 단계를 따라야 한다. 정비사는 또한, 기종에 따라 설계와 정비절차가 다르다는 것을 인식하여야 하며, 다양한 유형의 기종교육을 통해 지식을 습득하는 것이 중요하다.

그림 3-7 지식의 결여 포스터

또한, 정비업무와 관련된 국내법 및 국제법 규정절차에 관한 지식이 부족할 경우에는 지시, 절차 등을 잘못 적용하여 위법행위를 발생시킬 수도 있다.

작업하면서 불확실한 경우에는 해당 기종의 경험을 가진 정비사와 의논하여야 한다. 의논할 만 한 정비사가 마땅하지 않거나 의논결과 절차와 맞지 않는다면 현지에 상주하고 있는 제작사의 기술고문에게 의뢰하여야 한다. 정비진행을 미루는 것은 부적절하게 작업하여 사고를 일으키는 것보다는 훨씬 낫다.

2.3.4 주의산만(Distraction)

항공기에서 정비를 수행하면서 그림 3-8과 같이 주의가 산만한 것은 작업진행에 혼란을 줄 수 있다. 작업을 다시 시작할 경우에는 주의가 필요한 세세한 부분을 빠트릴 수 있으며, 이러한 정비관련 오류의 15%가 주의산만에 의해 발생하는 것으로 추정하고 있다.

주의산만은 사실상 심리적이거나 물리적인 것으로서 항공기나 격납고 안에서 작업할 때 일어날 수 있다. 또한, 독립된 작업환경을 가진 정비사의 마음가짐에서 일어날 수 있다.

휴대전화 통화나 새로운 항공기를 격납고에 밀어 넣는 단순한 일들이 정비사가 직무에 집중하는 것을 방해할 수 있다. 작업이 수행되는 동안에 정비사의 주의를 흐트러뜨리는 드러나지 않는 문제들로서 괴로운 가정환경이나 재정적인 문제 또는 다른 개인적인 문제들은 효율적이지 못한 정비성과를 만들게 한다.

그림 3-8 주의산만 포스터

작업자의 배경에 상관없이, 다양한 주의산만은 항공기를 정비하는 과정 중에 발생할 수 있다. 정비사는 특정한 작업을 수행하다가 다른 작업으로 주의를 전환할 때 인식하여야 하며, 지속적으로 정확하게 작업이 수행될 수 있도록 하여야 한다. 좋은 습관은 하나가 산만할 때 작업과정의 세 단계 전으로 돌아가서 그 지점에서 작업을 다시 시작하는 것이다. 상세하게 단계별로 작성된 절차의 사용과 단계별로 작업이 완료될 때마다 서명하는 것도 도움을 준다.

　정비사가 산만함으로 인하여 작업에서 이탈할 때 누군가에 의해서 작업이 재개될 수 있으므로 미결된 작업에 대해서는 표시(marking)하거나 꼬리표(tag)를 붙여야 한다. 장착이 완료되지 않은 경우에는 모든 커넥터(connector)를 분리하고 눈에 잘 보이게 놓아두어야 한다. 커넥터가 연결되어 있으면 작업이 완료되었다고 오해할 수도 있기 때문이다. 마찬가지로, 정비절차의 단계가 완료되면 즉시 와이어(wire)를 고정하거나 필요시에는 파스너(fastener)에 토크를 수행한다. 이러한 마무리 작업들을 절차에 반영하여 나타나게 할 수 있다.

2.3.5　팀워크의 결여(Lack of Team Work)

　팀워크는 공동의 목표를 성취하기 위해 힘을 합쳐서 일하는(working together)것으로 정의할 수 있다. 그림 3-9와 같이 팀워크의 결여는 항공정비오류에 영향을 미칠 수 있다. 항공기 정비는 매우 복잡하고, 협력이 요구되는 특수한 업무이므로 작업 팀은 팀원 간의 의사소통 기법과 서로의 영향을 고려하여 반응 하여야 하며, 상호정보를 공유하여야 성과에 도달할 수 있다. 특히, 팀 구성원들의 전문지식과 리더를 중심으로 한 적극적인 협조가 되지 않으면, 생산성의 저하는 물론 상해를 유발할 수도 있다.

　정비사간에 지식을 공유하고, 정비의 기능을 조정하며, 교대근무 시 작업의 인수인계 등을 비롯하여 고장탐구를 위한 운항승무원과의 시험비행 등은 바람직한 팀워크를 통해 훌륭한 결과를 얻을 수 있다. 작업장에서 안전을 개선하기 위해서는 행동에 있어서 모든 사람의 이해와 동의가 된 팀워크가 필요하다. 착륙장치(landing gear)를 작동하거나 다른 작동점검 등은 팀의 모든 구성원이 함께 일하는 것이다. 다양한 정비사들은 하나의 결과를 보장하기 위한 노력에 기여한다. 그들은 의사소통하고 그들이 업무를 수행함에 있어 또 다른 것들을 살펴본다. 의견일치는 항목이 감항성이 있는지 없는지를 형성한다.

항공기를 좌측으로 유도하여야 하는 것이 맞지 않나?

그림 3-9 팀워크의 결여 포스터

정비사는 근본적으로 감항성과 관련된 항공기의 물리적 특성을 다루며, 나머지 다른 사람들은 자신의 역할과 팀으로서 전반적인 회사의 직능을 수행한다. 팀은 조직의 모든 사람들이 공동의 목표를 향해 얼마나 잘하느냐에 따라 목표를 달성하거나 잃기도 한다. 정비 분야에서 팀워크의 결여는 모든 업무를 보다 어렵게 만들며, 항공기의 감항성에 영향을 주는 오류를 발생시킬 수 있다. 이러한 관점에서 자격, 능력, 직급, 나이 및 성격유형 등을 고려하여 작업조를 편성하여야 하며, 작업착수 전에는 명확한 의사소통을 통하여 잠재된 위협요인들이 어떤 것들이 있는지 발췌하고, 선임자는 작업조원 상호간에 위협요인들을 확실하게 인식하고 있는지 확인하여야 한다.

정비사 개개인의 정비기술 및 기능도 중요하지만 훌륭한 팀워크는 개인의 실수를 보강하거나 상쇄시킬 수 있으며, 시너지 효과에 의해 생산성의 향상도 기대할 수 있다는 것을 명심하여야겠다.

2.3.6 피로(Fatigue)

그림 3-10과 같이 피로는 사고를 초래하는 정비오류에 기여하는 주요한 인적요인이다. 피로는 심리적이거나 물리적으로 나타날 수 있다. 또한 감정적 피로도 존재하는데 정신적으로나 신체적 활동에 영향을 준다.

연장 교대근무가 끝나서 기쁘군!

그림 3-10 피로 포스터

사람이 인지능력, 의사결정, 반응속도, 협동, 속도, 체력 및 균형이 저하되거나 장애가 발생할 때 이러한 현상을 피로라고 말한다. 피로는 민첩성을 감소시키며, 때로는 수행하고 있는 직무에 집중하고 주의를 끌 수 있는 개인의 능력을 감소시킨다. 피로의 증상은 단기기억에 문제를 일으켜서 처해진 상황을 인식하지 못하여 중요한 문제는 간과하고 중요하지 않은 문제에 집착하게 한다.

피로한 사람은 쉽게 주의가 산만해지거나 주의를 돌리는 것이 거의 불가능하며, 비정상적인 기분의 두드러진 변화를 경험할 수도 있다. 피로는 실수를 증가시키고, 잘못된 판단과 결정 또는 아예 결정을 내리지 못하는 결과를 초래할 수 있다. 피로한 사람은 자기를 비하할 수도 있다.

권태(tiredness)는 피로의 증상이다. 하지만, 때로는 피곤한 사람이 또렷한 정신으로 업무에 빠져드는 기분을 느낄 때도 있다. 피로의 주된 원인은 수면부족으로서 약물이나 알코올의 도움 없이 충분한 숙면을 취하는 것은 피로를 방지하기 위해서 인간에게는 매우 필수적이다.

피로는 또한 스트레스와 과도한 업무로 인하여 생길 수 있다. 또한, 사람의 정신과 신체 상태는 자연적으로 그날의 다양한 행동의 단계에 따라 순환한다. 즉, 사람은 아침에 일어나면 체온이나 혈압이 상승해 활동할 수 있는 반면 저녁부터 밤까지는 체온이나 혈압이 낮아져 휴식하는 체제가 된다.

이러한 생체리듬을 그림 3-11과 같이 서커디안 리듬(circadian rhythm)이라고 한다. 서커디안 리듬을 거스르는 행위는 사람을 힘들게 할 수 있다. 사람은 극단의 상태에 이르기 전까지는 자신의 피로감을 느끼지 못할 지도 모른다. 이는 다른 사람이나 직무수행 결과를 통해 알게 되는데, 사람의 생명이 달린 높은 수준의 숙련이 요구되는 항공정비에서는 각별히 위험하다. 특히, 피로한 상태에서 혼자 작업하는 것은 더욱 위험하다.

피로의 가장 좋은 해결책은 규칙적으로 충분한 수면을 취하는 것이다. 정비사는 수면의 양과 질을 인식하고 있어야 한다. 부족한 수면으로 인하여 발생되는 정비 작업 중의 오류는 위험이나 작업 중단을 불러오는 것은 당연하다. 피로에 대한 처방들이 나와 있는데 효과성 측면에서 수명을 단축시킬 수도 있고, 어떤 처방은 피로를 더욱 악화시킬지도 모른다.

가장 흔한 피로에 대한 처방으로서 카페인이 있으며, 부비강염 약인 슈도에페드린 (Pseudoephedrine)과 암페타민(amphetamines)도 사용된다. 일시적으로 반사 신경과 사고를 촉진하여 단기적인 효과를 볼 수 있지만, 피로는 계속 남아있게 되며, 과다한 복용은 부정적인영향을 미칠 수 있다.

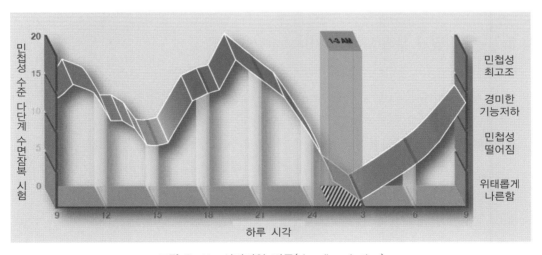

그림 3-11 서커디안 리듬(circadian rhythm)

피로에 의해 발생되는 문제들을 완화하기 위한 대책은 스스로 또는 다른 사람을 통해 피로의 증상을 찾는 것이다. 검사원의 확인이 필요하지 않은 작업이라도 스스로 자기작업을 점검하여야 하며, 서커디안 리듬이 바닥인 상태에서는 복잡한 업무는 피해야 한다. 매일 규칙적인 수면과 운동을 실시하여야 하며, 피로를 회피하기 위하여 8~9시간의 수면을 취하는 것이 바람직하다.

항공사 특성상 주로 낮에 항공기가 운영되므로 항공정비사는 대부분 야간에 정비작업을 수행하기 때문에 교대근무가 요구된다. 전술한 바와 같이, 다른 작업자와 교대근무 중에는 의사소통의 결여로 인한 오류를 일으킬 수 있는 문제를 안고 있으며, 나 홀로 교대근무 역시 작업능력을 저하시키는 피로의 원인이 되며, 또한 오류를 만들어낸다.

교대근무자는 본의 아니게 서커디안 리듬이 낮을 때 일할 수밖에 없으며, 또한 일하지 않을 때 수면을 취하기는 더욱 어렵다. 더욱이 정기적인 야간근무는 사람의 몸을 환경적으로 더욱 예민하게 만들어서 작업성과, 근무의욕 및 안전성을 저하시킬 뿐만 아니라 신체적인 건강에도 영향을 미친다.

이러한 모든 것들은 정비업무의 질을 떨어뜨리는 위험한 상황을 초래할 수 있다. 항공분야에서 정비사들의 교대근무는 당연한 것이며, 피로방지는 직무의 일부분이라는 것을 인식하여야 한다. 또한, 관리자 및 작업자 모두 교대근무형태에서 나타나는 문제점들을 올바로 인식하고 최소한의 수면관리라도 적절하게 이행한다면 피로로 인한 인적오류를 줄일 수 있을 것이다.

2.3.7 제 자원의 부족(Lack of Resources)

항공정비는 항공기 운항을 지속하기 위하여 적정한 도구와 부품을 필요로 한다. 그림 3-12와 같이 제자원의 부족은 부품 등을 비롯한 제자원의 수급과 지원이 원활하지 못해서 작업자로 하여금 직무를 제대로 수행할 수 없도록 만드는 것이다.

품질이 낮은 부품 또한 완벽한 정비업무 수행에 저해요인이 된다. 정비작업을 안전하게 수행하는데 필요한 특정자원의 부족은 치명적이든 치명적이지 않던 간에 모든 사고의 원인이 된다. 예를 들어 평상시에는 기능적으로 불필요한 시스템이라고 생각하고 항공기를 운항시켰을 경우에 비상시에는 큰 문제를 발생시킬 수 있다.

부품은 적절하게 작업하기 위해 필요한 자원일 뿐만 아니라 자주 교환되는 부품들도 중요한 문제가 된다. 항공정비사들은 검사의 초기단계에서 부품이 필요할 수도 있는 의심되는 부분이나 작업을 점검함으로써 사전대책을 세울 수 있다.

지상대기 항공기(Aircraft on ground: AOG)는 부품 등이 없어서 항공기 운항이 중단되어 있는 심각한 문제를 나타내는 항공정비용어이다. 일반적으로, 항공기의 운항지연 및 취소를 방지하기 위하여 신속한 부품의 확보가 요구된다.

AOG가 발생하였을 때에는 항공기를 운항에 투입하기 위하여 필요한 모든 항공자재나 예비부품을 긴급으로 지원해야 한다. AOG 공급자들은 유자격자를 통하여 항공기가 운항할 수 있는 상태로 수리하기 위한 부품들을 확인하여 신속하게 보내준다. AOG는 또한 외지에서 서비스에 투입되지 못하고 있는 항공기에 대한 부품이나 자재를 긴급하게 수송하는 것으로도 설명된다.

항공기가 AOG 상태이고 필요한 자재를 구할 수 없을 경우가 발생한다면, 사람이 부품을 가지고 항공기가 정치되어 있는 곳으로 운전하고, 비행하고, 항해해야만 했을 것이다. 그러나 일반적인 문제는 조직 내의 AOG 데스크 그 다음에는 제작사의 AOG 데스크로 최종적으로는 경쟁 항공사의 AOG 데스크를 통해 단계적으로 확대된다. 모든 대형항공사는 구매, 위험물 운송 및 부품제조와 획득과정을 훈련받은 인원들로 구성된 연중무휴 24시간 운영되는 AOG 데스크를 가지고 있다.

조직 내에서 정비사가 작업에 적합한 도구(tool)를 가지고 작업하는 것은 부품이 필요할 때 적절한 부품을 갖고 있는 만큼이나 중요하다. 적합한 도구를 가지고 있다는 것은 임의적으로 아무렇게나 사용해도 된다는 의미가 아니다. 예를 들어 항공기를 운항에 투입하기 전에 무게평형 작업이 요구되는 새로운 인테리어 항공기를 받아서 항공기 운항투입 계획 이틀 전에 잭(jack)과 항공기 사이에 전자식 로드 셀(electronic load cells)을 적절한 위치에 놓지 않고, 항공기 무게를 측정한 사례를 들 수 있다. 장비를 적절한 위치에 놓지 않아, 로드 셀의 하나가 미끄러지면서 잭 포인트(jack point)가 항공기 스파(spar)에 손상을 입혀서 과도한 처리비용이 발생한 경우이다.

좌측 스키드의 재고가 없어서 이렇게 밖에는 할 수 없을 것 같다.

그림 3-12 제자원의 부족 포스터

작업을 수행하는데 있어서 올바른 도구의 사용은 항상 필요하다. 도구가 파손되었거나, 교정이 되어있지 않거나, 누락되어 있다면 가능한 빨리 필요한 수리, 교정 및 원상복구 등의 조치를 취하여야 한다.

기술문서(technical documentation)는 항공정비에서 문제를 일으킬 수 있는 또 다른 중요한 자원이다. 작업에 활용하거나 고장탐구와 수리방법 등을 찾으려고 하면, 매뉴얼이나 다이어그램 등을 이용할 수 없어 찾을 수가 없는 경우가 있다.

정보를 이용할 수 없는 경우에는 감독자에게 요청하거나, 제작사 기술고문 또는 해당 항공기 제작사의 기술도서 발행부서에 얘기해야 한다. 대부분의 매뉴얼은 지속적으로 개정되고 있는데 조직이 매뉴얼 개정을 확인하지 않는다면, 더 이상 문서의 수정이 이루어지지 않는다. 발행부서와 제작사의 기술지원 같은 자원은 이용가능 하여야 하며, 문제를 무시하기 보다는 해결하여야만 한다.

정비부서의 또 다른 소중한 자원은 운항승무원들을 신뢰하는 것이다. 조직은 운항승무원과 정비사간의 개방적인 의사소통을 장려해야만 한다. 결함이 있는 부품 또는 문제를 다룰 때 운항승무원으로부터 유용한 정보를 받을 수 있기 때문이다.

작업을 수행하는 동안 적절한 자원들이 사용가능할 때, 작업이 보다 효율적으로 수행되고, 작업이 처음부터 정확하게 이루어짐에 따라 정비의 향상을 기대할 수 있다. 조직은 이용가능한 모든 자원을 사용할 수 있도록 학습시켜야 하며, 적절한 자원을 이용할 수 없다면, 적기에 사용할 수 있도록 만들어야 한다. 이러한 노력들은 결국에는 시간과 돈을 절약하고, 감항성이 있는 항공기를 만들어내는 조직이 되게 한다.

2.3.8 시간압박(Time Pressure)

시간압박은 과중한 작업량, 서로 다른 작업 간 여유 시간이 없이 계속성과 연속성의 단절, 감독자의 지나친 간섭, 고도의 기준을 요하는 작업이면서도 충분한 시간이 주어지지 않는 것 등을 말한다.

그림 3-13과 같이 항공정비작업은 실수나 사소한 결함을 허용하지 않으면서 신속하게 작업을 수행해야하는 지속적인 압박을 받는 환경에서 이루어진다. 불행하게도 이러한 작업 압박의 유형은 작업을 올바르게 수행하려는 정비 작업자의 능력에 영향을 줄 수 있다. 항공사는 엄격한 재무구조를 가지고 있을 뿐만 아니라 꽉 찬 운항스케줄로 인하여 정비사로 하여금 항공기 운항 스케줄에 맞추기 위하여 항공기의 결함을 빠르게 확인하고 수리해야 한다는

압박감을 갖게 한다. 가장 중요한 것은 항공기 정비는 항공을 교통수단으로 이용하는 모든 사람들의 총체적인 안전을 책임진다는 것이다.

조직은 항공기 정비사들에게 시간압박을 주고 있다는 것을 인식하고 정비사들이 서두르지 않고 궁극적인 목표인 안전한 방법으로 정확하게 적시에 작업이 완료될 수 있도록 모든 작업시간을 정비사에게 맡겨야 한다. 시간을 이유로 품질과 안전을 희생하는 것을 용납해서는 안 된다. 또한, 항공정비사들은 시간압박이 판단을 흐리게 하고, 불필요한 실수를 만드는 원인이 된다는 것을 스스로 인식하는 것이 필요하다.

자발적인 압박(self-induced pressures)은 자기 일이 아닌 경우에도 주인의식을 갖는 것이다. 자발적인 압박을 대처하기 위한 노력의 일환으로 정비사들은 수리를 하는데 시간적인 제약으로 중압감을 느낀다면 도움을 요청해야만 한다. 또 다른 방법은 누군가가 올바르게 모든 정비작업이 완성되는지를 전적으로 보증할 수 있도록 수리를 점검해야한다는 것이다.

끝으로 수리하는데 안전을 위협할 수 있는 시간적인 제약이 주어진다면 조직의 경영층에 건의하여 다른 방법을 모색하기 위한 공개적인 논의를 하도록 하여야 한다.

서두르지 않으면 또 늦을 것 같아요!

그림 3-13 시간압박 포스터

2.3.9 자기주장의 결여(Lack of Assertiveness)

자기주장의 결여는 그림 3-14와 같이 자기의 생각, 의견 등을 굳세게 내세우지 못하는 것이다. 즉, 자기주장(assertiveness)은 자신의 감정, 의견, 신념 및 긍정적인 요구사항을 표현하는 능력으로서 공격적인(aggressive)것과는 다르다. 항공정비사는 항공정비를 수행할 때에는 때로는 단호하게 행동하는 것이 중요하다. 단호하지 못한 행동은 궁극적으로 자신의 삶을 남에게 맡기는 것이다.

항공기 결함을 인지한 정비사와 정시운항을 고집하는 권위적인 관리, 감독자들 사이에서 갈등이 유발될 경우에는 정비사의 주장들이 받아들여지지 않아 조직원들을 우유부단한 성격으로 변화시켜서 오류를 범하게 되어 사고를 유발시킬 수 있다. 특히, 팀을 이루어 항공기 정비작업 수행 시 동료 혹은 선, 후배 정비사들의 실수를 유발할 수 있는 행동에 대하여 절차에 근거한 자기주장을 통하여 문제들을 지적해주고, 이러한 주장들이 적절하다면 체면에 집착하지 말고 이를 받아들이는 솔직함이 사고를 사전에 예방할 수 있다.

다음의 예시들은 자기주장의 결여를 어떻게 대처할 수 있는지를 보여주고 있다.

1. 문제의 상황을 상사와 감독자에게 직접 전달하라.

   예) "반장님, 수리해야 될게 계속 밀려드는데 어떻게 해야 할지 걱정입니다."

2. 결과가 어떻게 될지 설명하라.

   예) "우리가 만약 계속한다면, 그 결과는 부품이 조만간에 파손될 것입니다."

3. 문제해결 방안을 제시하라.

   예) "우리는 다른 방법을 강구하지 않으면 이 방법으로 계속할 수밖에 없습니다."

4. 항상 피드백을 요청하고, 다른 의견을 받아들여라.

   예) "반장님은 어떻게 생각하십니까?"

동료나 관리자에 자기주장을 펼 때는 한 번에 여러 문제를 가지고 논쟁하지 말고, 한 번에 한 가지 문제에 대해서만 다루어야 한다. 그것은 또한 주장을 뒷받침 할 수 있는 문서와 사실이 매우 중요하다.

그림 3-14 자기주장의 결여 포스터

잘못된 것이라고 생각하는 것을 당당하게 말하지 못하는 자기주장의 결여는 치명적인 사고를 불러왔다. 이는 동료 간에 훌륭한 소통을 촉진하고, 감독자 및 관리자와의 개방적인 관계를 가짐으로써 쉽게 바뀌어 질 수 있다. 정비 관리자들은 관리하고 있는 사람들의 행동유형에 친근해져야 하며, 그들의 재능, 경험 및 지혜를 활용하는 것을 체득하여야 한다.

직원들이 행동유형을 깨닫고, 자기 자신의 행동을 이해함으로써, 그들은 무의식적으로 자신의 문제가 무엇이고 어떻게 적응해나가야 하는지를 알게 된다. 단호한 행동은 개별로 자연스럽게 능숙할 수는 없지만, 효과를 달성하기 위한 중요한 기술(skill)이다. 항공정비사들은 감독자와 관리자가 정비사들의 원활한 직무수행을 지원할 수 있도록 일종의 피드백을 해주어야 한다.

2.3.10 스트레스(Stress)

그림 3-15와 같이 항공정비직무는 여러 가지 요인들로 인해 스트레스를 많이 받는다. 항공기는 실용적면서 항공사의 수익을 창출하기 위하여 비행하여야만 하는데, 이는 비행지연과 취소를 피하기 위해 짧은 시간 안에 정비가 행해져야만 한다는 것을 의미한다.

특히, 항공정비 작업에서의 스트레스는 처음 수행하는 작업, 매우 어려운 정비작업, 작업 완료 시간을 예측하기 어려운데 가까운 시간에 비행이 계획되어 있는 경우, 조직과 조화를 이루지 못하는 경우, 본인의 건강 상태가 좋지 않은 경우 등에 발생한다.

또한, 급변하는 신기술들을 따라가기 위해서 최신의 장비에 대한 지속적인 훈련을 받아야만 하는 것도 스트레스를 가중 시킬 수 있다.

우린 최상의 항공기를 잃었다! 임금은 어떻게 지불될까? 소송을 걸면?

그림 3-15 스트레스 포스터

또 다른 스트레스 요인들로는 야간근무, 비좁은 공간에서의 작업, 정확한 수리를 위한 자원의 부족 및 긴 근무시간 등이 있다. 그러나 항공정비의 결정적인 스트레스는 정비작업이 정확하게 수행되지 않으면 비극적인 결과를 낳을 수 있다는 것을 안다는 것이다.

사람들은 다양한 방법으로 스트레스에 대처한다. 전문가들은 제일 먼저 스트레스 유발요인들과 스트레스에 노출된 후 나타나는 증상을 확인하라고 말한다. 기타사항으로는 적절한 휴식과 운동, 건강한 식단, 제한적인 음주 및 금연 등과 같은 건강한 라이프스타일을 개발하고 유지할 것을 권고하고 있다.

2.3.11 인식의 결여(Lack of Awareness)

그림 3-16과 같이 인식의 결여는 모든 행동의 결과를 인지하는 것을 실패하거나 통찰력이 부족한 것으로 정의된다. 항공정비에서는 반복적으로 동일한 정비작업을 수행하는 것은 드문 일이 아니다. 동일한 작업을 여러 번 반복하고 나면, 정비사들은 주의집중이 떨어져서 자기가 하고 있는 일과 주변에 대한 인식이 떨어지게 된다. 그러므로 매번 작업을 완료할 때 마다 처음 작업하는 것처럼 마음가짐을 가져야 한다.

모든 규정에서는 "접근하기 쉬운 곳에 설치하라"고 되어 있다.

그림 3-16 인식의 결여 포스터

2.3.12 관행(Norm)

그림 3-17과 같이 관행은 오랜 전부터 해오는 대로 관례에 따라서 일반적으로 행하는

일의 방식으로서 대부분 조직에 의해 따르거나 묵인되는 불문율 같은 것이다.

부정적인 관행은 확립된 안전기준을 떨어뜨려서 사고를 유발시킬 수 있다. 관행은 통상적으로 애매모호한 해결책을 가진 문제들을 해결하기 위해 발전되었다.

애매모호한 상황에 직면했을 때, 개인은 자신의 반응을 형성하기 위해 주변의 다른 사람의 행동을 따라하게 된다. 이러한 과정이 계속되면 집단적인 관행이 생겨나고 고착되게 된다. 새로운 신입자는 아주 드물게 고착된 집단관행을 따르지 않으려고 시도하지만 대부분 잘못된 관행을 답습하게 된다.

일부 관행들은 비생산적이거나 집단의 생산성을 저하시킬 정도로 불안하다. 항공 정비작업을 기억에 의존해서 작업하거나 절차를 따르지 않고, 손쉬운 방법으로 작업하는 행위 등은 불안전한 관행의 사례들이다.

신입자들은 오래된 그룹의 멤버들보다 이러한 불안전한 관행을 더 잘 식별할 수 있다. 다른 한편, 신입자들의 신뢰성은 자신의 집단에 동화되는 것에 좌우된다. 신입자의 동화는 집단관행의 묵인에 따라 달라진다. 모두는 불건전한 관행에 대하여 신입자들의 통찰력을 인식하고, 관행을 바꾸는 것에 대해 긍정적인 태도를 가져야 한다. 신입자들이 집단구조에 동화되었을 때, 마침내 그들은 다른 사람들과 신뢰를 구축 할 수 있다.

이러한 과정 속에서 신입자들은 집단 내에서 변화를 시도할 수도 있지만 유감스럽게도, 이러한 행동을 취하는 것은 어려우며, 신입자의 믿음은 집단의 인지에 크게 의존하게 된다. 관행들은 항공정비의 더티 도즌(dirty dozen)중의 하나로 확인되어져 왔으며, 일화적인 증거의 대다수는 현장(line)에서 불안전한 관행들이 벌어지고 있다는 것이다.

정비교범을 신경 쓰지 마라! 여기서는 이게 제일 빠른 방법이다.

그림 3-17 관행 포스터

불안전한 관행들의 영향은 회의 시간을 수용하는 것을 결정하는 것과 같은 상대적으로 가벼운 것에서부터 불완전한 정비작업을 서명하는 것과 같은 본질적으로 불안전한 것에까지 다양하다.

어떤 행동들은 표준작업절차(SOP)에 관계없이 집단에 의해서 수용되어 관행이 될 수 있다. 그러므로 감독자는 모든 사람이 동일한 표준을 준수하는지 확인하고 불안전한 관행을 용납해서는 안 된다. 또한, 항공정비사들은 일상적으로 따라하는 불안전한 관행보다는 절차에 따라 작업하는 자신을 자랑스럽게 여겨야 할 것이다.

2.4 페어모델(The PEAR Model)

PEAR 모델은 SHELL 모델과 일치하는 모델로서 정비부문에 특화 시켜서 정비인적요인들을 기억하기 쉽게 매독스 박사와(Dr. Michael Maddox)와 존슨 박사(Dr. Bill Johnson)에 의해 개발된 모델이다.

그림 3-18과 같이 PEAR의 P는 People, 작업을 수행하는 작업자를 의미하며, E는 Environment로서 작업환경, A는 Actions, 작업자의 행동, R은 Resources로서 작업에 필요한 자원들을 의미한다.

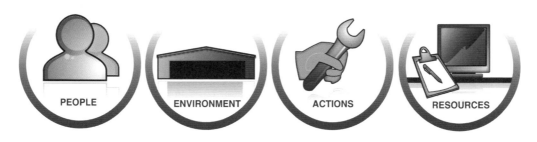

그림 3-18 페어(PEAR) 모델.

2.4.1 People(작업자)

항공정비에서의 인적요인 프로그램은 그림 3-19와 같이 작업자의 신체적, 생리학적, 심리학적, 심리 사회학적인 면에 초점을 맞추고 있다. 즉, 개인 별 신체적 한계, 정신 상태, 인지 능력 및 기타 타인과의 상호작용에 영향을 주는 조건 등이 고려된다. 대부분의 인적요인

프로그램의 경우 현재의 인원을 중심으로 설계되어 있으며 모든 작업자에게 동일한 수준의 체력, 신체 사이즈, 인내력, 경험, 동기나 기준을 적용시키는 것은 불가능 하다. 신체 사이즈, 체력, 연령, 시력 등 개개인의 신체적 특징을 고려하여 그에 적합한 업무가 주어져야 하며 좋은 인적요인 프로그램에서는 이러한 인간의 한계 및 제약조건을 고려하여 각 작업자 별 업무가 계획된다.

인적요인을 업무계획에 적용시킬 때 간과해서는 안 될 부분은 바로 정기적인 휴식이다. 작업자는 다양한 작업 조건 속 에서 신체적, 정신적 피로를 느낀다. 적당한 휴식시간은 업무 로부터의 긴장감을 완화시켜 능력 대비 지나친 부하가 걸리지 않도록 도와준다.

작업환경(PEAR의 두 번째 요소)와도 결부되는 작업자(특히 고령 작업자)에 대한 고려사항 은 작업장의 적절한 조명시설이다. 매년 청력 측정 및 시력 측정을 실시함으로써 최적의 신체적 성능을 유지하고 있음을 재확인해야 한다.

개인에게 세심한 주의를 기울여야 할 부분은 신체적 능력뿐만이 아니다. 성공적인 인적요 인 프로그램은 개개인의 생리학적, 심리학적인 측면까지 고려한다.

기업은 직원의 신체적, 정신적 건강을 증진시키는 데 최선을 다해야 하며, 이를 위해 건강 관련 교육프로그램을 제공하는 것도 한 가지 좋은 방법이 될 수 있다. 몇몇 기업들은 건강식, 건강음료를 직원들에게 제공함으로써 병가 횟수 감소 및 생산성 제고의 일석이조의 효과를 얻었다. 또한 흡연이나 음주 등 약물의존과 관련된 건강 프로그램을 통해서도 직원의 건강증 진을 도모하고 있다.

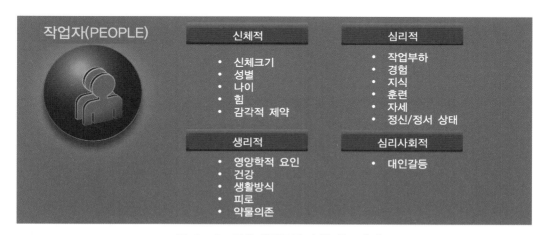

그림 3-19 작업자(직무를 수행하는 사람)

People(작업자) 관련 또 다른 사항은 팀워크와 의사소통이다. 안전하고 효율적인 기업은 작업자, 감독자, 경영자 간 의사소통과 협력을 극대화하는 데 주력한다. 예를 들어, 시스템 개선이나 낭비제거, 지속적인 안전보장에 대한 좋은 방법을 생각해 낸 작업자에게 적절한 보상 조치를 해줌으로써 안전에 대한 활발한 의사소통 문화를 조성할 수 있다.

2.4.2 Environment(물리적, 조직적 환경)

항공 정비의 환경에는 계류장, 격납고, 수리 작업장과 같은 물리적 환경과 기업 내 조직적 환경으로 나누어지며, 인적요인 프로그램은 두 가지 환경 모두가 고려되어야 한다.

첫 번째로 언급할 것은 온도, 습도, 조도, 소음관리, 청결도, 작업장 설계와 같은 물리적 환경이며 이는 뚜렷이 구분될 수 있다. 먼저 기업은 물리적 환경의 상태를 잘 파악해야 한다. 따라서 그들이 물리적 환경에 잘 적응할 수 있도록 지원하거나 필요 시 구성원 모두의 협조를 통해 그들에 맞게 작업장 환경을 바꾸어야 한다. 이동식 냉 난방기, 조명, 의복, 작업장 및 업무계획의 경우 PEAR의 마지막 요소인 resource(자원)와도 직결된다.

두 번째로, 무형적인 환경으로 조직을 들 수 있다. 조직 환경의 중요한 전형적 구성 요소로는 협동심, 의사소통, 공유가치, 상호존중, 기업문화를 들 수 있다. 조직 환경의 발전은 리더십, 조직원간 활발한 의사소통 그리고 기업의 안전, 이익 등과 관련된 공유목표를 통해 이뤄진다. 가장 바람직한 조직 환경의 모습은 기업이 구성원들을 지도하고 지원하여 조직 내 안전문화를 육성하는 것이다.

이 짧은 글에서 조직 환경에 대한 뚜렷한 해결책을 제시할 수는 없지만 PEAR 모델의 다른 요소도 그렇듯이, environment(환경) 요소 하나하나가 인적요인의 결정적 요소가 될 수 있음을 잊지 말아야 한다.

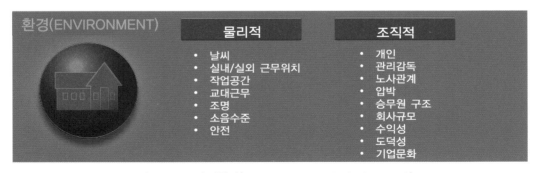

그림 3-20 작업환경(environment in which they work)

2.4.3 Actions(행동)

성공적인 인적요인 프로그램은 효율적이고 안전하게 작업을 완수하기 위해 행해지는 모든 작업자의 행동을 세밀하게 분석한다. 이러한 소위, 작업 분석(JTA: Job Task Analysis)은 작업수행에 필요한 지식, 기술 및 자세를 파악하기 위한 전형적인 인적요인 연구방법이다.

이를 통해 한 작업에 필요한 지침서, 도구, 기타 제 자원을 파악할 수 있으며, 모든 작업자가 적절한 교육을 이수하였는지, 각 작업장이 작업에 필요한 시설 및 기타 자원을 구비하였는지의 여부도 검증할 수 있다. 실제로 많은 감항당국들이 항공사의 기본 정비 매뉴얼 및 교육계획의 기초로서 작업분석을 요구하고 있다.

작업카드(job card) 및 기술도서와 관련된 다양한 인적요인 사항도 actions의 범위에 해당된다. 자신이 취해야 할 action에 대한 명료한 이해와 관련 자료를 통해 작업자는 자신이 가지고 있는 지침서와 점검표(checklist)가 정확하고 유용한 것임을 재확인 할 수 있다.

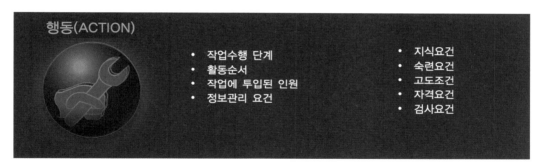

그림 3-21 작업자 행동(Actions they perform)

2.4.4 Resources(자원)

PEAR 모델의 마지막 요소는 그림 3-22와 같이 resources, 즉 자원이다. 자원은 앞에서 다룬 다른 PEAR 요소와 독립적으로 구분시키기 어렵다. 일반적으로 people(작업자), environment(환경), actions(행동)이 곧 resources(자원)를 결정한다.

승강기, 공구, 시험 장비장치, 컴퓨터, 기술도서 등과 같이 대부분은 유형적 자원이지만 작업자의 인원 및 자질, 할당된 작업시간 그리고 작업자, 감독자, 관련 제작사 간 커뮤니케이션 활성화 정도 등과 같이 무형적 자원도 고려해야 한다.

자원은 다양한 관점에서 검토되어야 한다. 즉, 보호복, 휴대폰, 리벳과 같이 작업자가 작업을 수행하는데 필요한 모든 것이 자원이 될 수 있다. PEAR 모델에서 자원의 중요성은 현재

파악된 자원 외에 안전 문화를 증진시키는 데 필요한 또 다른 자원이 있는지 확인하는데 있다.

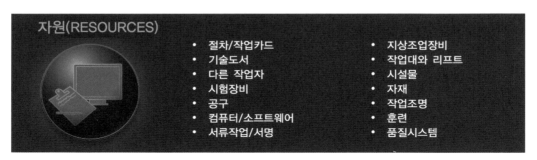

그림 3-22 작업에 필요한 자원(resources necessary to complete the job)

3 항공정비인적오류관리

항공정비 분야에서의 오류란 정비사, 엔지니어, 검사원 등에 의해서 항공기에 문제를 유발하는 실수를 의미한다.

항공기 부품 등의 장착실수, 엔진 윤활유를 비롯한 유압유 및 연료 등의 보급실수, 동체의 표피 및 엔진 덮개(cowl) 등의 수리실수, 고장탐구와 검사 및 시험실수, 이물질의 유입에 따른 FOD(Foreign Object Damage)를 발생시키는 실수, 장비손상을 유발하는 실수, 인명손상을 일으키는 실수 등으로 구분할 수 있다.

결국, 단순하게 잘못된 정비행위만이 인적실수의 원인이 아니라는 인식을 가져야 한다. 사람이 설계, 조립, 조작, 정비를 하고 위험요인이 잠재된 기술을 관리하고 있기 때문에, 결정하고 처리하는 과정에서 원하지 않아도 어떤 방식으로든 사고에 기여하게 된다.

여기서, 다양한 인적실수(human error)의 유형을 알고 관리방법을 익힐 필요성이 대두되는 것이다. 통상적으로 인적실수라는 이름으로 서로 다른 실수를 동일하게 표현하고 있지만, 실수는 유형별로 발생구조가 다르고, 항공기 시스템과 같이 복잡한 기능을 갖고 있는 경우는 관리방법 또한 달라야 하므로 에러(error)를 유형별로 구분하는 것이 매우 중요하다.

그러나 어떤 경우에도 에러관리에 있어 가장 중요한 사실은 수정 및 관리 가능한 직접적인 원인에 초점을 두어 관리하는 것이다.

3.1 행위와 의도성에 기반한 오류유형

리즌(Reason, 1990)은 오류의 성격을 고려할 때 '의도성'의 개념을 강조하면서 다음과 같은 질문에 대한 답을 기반으로 한 오류분류를 제안하였다.

- 어떤 의도에 의해 지시 된 행동이 있었는가?
- 작업이 계획대로 진행 되었는가?
- 원하는 목표를 달성하였는가?

실수의 유형에는 기본적으로 그림 3-23과 같이 의도성 여부로 분류하기도 하지만 행위 중에서 발생하는 실수의 유형으로는 다음과 같이 3가지로 분류할 수 있다.

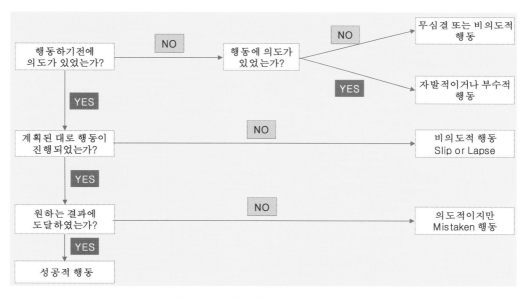

그림 3-23 의도성에 기반한 에러 유형

3.1.1 주의분산(Slip)

상황(목표)해석은 제대로 하였으나, 의도와는 다른 행동을 하는 경우로서 실행의 오류 (error of commission)라고도 부른다.

주의분산은 내적인 사고과정에 의한 것일 수도 있고, 외부적 요인에 의한 것일 수도 있다. 이런 오류는 펌프 장착방법을 잘 알고 있는 정비사가 렌치를 너무 세게 돌려 피-팅(fitting)을 부러뜨리는 것과 같이 작업자가 충분한 기술과 수행능력, 경험을 가지고 있는 상태에서 발생하며, 이전에 같은 수행에서 많은 성공 경험을 갖고 있는 경우가 많다. 따라서 매우 숙련된 사람조차도 이런 종류의 오류의 취약할 수 있다.

3.1.2 기억실수(Lapse)

여러 과정이 연계적으로 일어나는 행동을 잊어버리고 안 하는 경우로서 태만의 오류(error of omission)라고도 부른다.

정비사가 5개의 볼트 중에 3개를 토-큐하고 다른 작업에 지원 나갔다가 돌아왔을 때, 나머지 2개의 볼트는 토-큐가 되지 않았다는 사실을 깜박하고 다음 작업으로 넘어 가는 것과 같이 계획 수립과 실행단계 사이에 일어나는데, 수행할 사항에 대해서 머릿속에 저장하는 과정에서 계획과 수행 사이의 시간간격이 크거나, 무엇을 해야 하는지 잊어버리는 것, 심지어는 계획의 전반적인 내용을 모두 잊어버리는 현상까지 나타날 수 있다.

3.1.3. 착오(Mistake)

잘못된 의도 및 계획으로 인하여 상황해석을 잘 못하거나 틀린 목표를 착각하여 행하는 경우로서 경험이나 지식의 부족으로 인해 잘못된 계획을 세우는 것이다. 이런 종류의 오류는 역량증진, 품질관리, 철저한 관리감독, 팀원들이 서로 관찰하고 도전하는 팀 분위기 등에 의해 최소화될 수 있다.

오류는 그림 3-24의 어느 단계에서도 발생할 수 있다. 오류를 초래하게 한 근본 원인과 오류를 효과적으로 줄이는 방법은 어느 단계에서 오류가 발생하였는가에 따라 달라진다. 예를 들어, 정보인식 단계에서 발생하는 오류는 작업장의 불합리한 조명시설, 지나친 소음, 인쇄상태 불량 등이 원인이 될 수 있다. 정보처리 및 결정단계에서의 오류는 피로, 훈련부족, 시간제약 등이 원인이 된다고 볼 수 있다. 실행단계에서 발생하는 오류는 불충분한 공구/장비의 설계, 부적절한 절차, 연속성 단절 및 작업장의 환경조건 등이 원인이 될 수 있다.

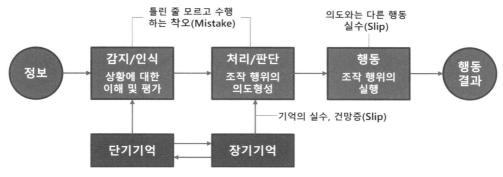

그림 3-24 행위에 기반한 실수 유형

3.2 일반적인 정비오류 사례

가장 빈번하게 발생하는 정비 사고를 유발하는 요인들을 찾아내기 위한 노력의 일환으로 리즌(Reason)은 대형 항공사에서 3년 동안의 정비 불량 122건을 분석한 결과를 다음과 같이 분류하여 발표하였다.

- 행위 누락(56%)
- 부정확한 장착(30%)
- 잘못된 부품의 사용(8%)
- 기타(6%)

가장 비율이 높은 행위 누락을 다시 분석하여 다음과 같이 분류하고 있다.

- (부품 등을) 조이지 않았거나 불완전하게 조임(22%)
- 잠금(Lock) 상태를 풀지 않았거나 핀을 제거하지 않음(13%)
- 필터 및 브리더 캡(Breather Cap)이 풀려 있거나 장착되지 않음(11%)
- 부품류가 풀려 있거나 분리된 채로 있음(10%)
- 와셔(Washer) 또는 스페이스(Space) 등을 장착하지 않음(10%)
- 공구 또는 잉여자재 등을 치우지 않음(10%)
- 윤활 부족(7%)
- 패널(Panel)이 장착되지 않음(3%)
- 기타(11%)

물론, 이 분석 결과로 오류를 범한 이유를 나타낼 수는 없다. 그러나 항공기 정비 업무에서 오류를 범하기 쉬운 부분이 어디인지를 보여주고 있다. 특히 비정상적 행위가 분해과정에서 보다 조립과정에서 많이 발생하고 있음을 알 수 있다.

그림 3-25와 같은 볼트와 너트를 생각해 보자. 주어진 작업은 너트들을 모두 장탈한 후 미리 정해진 순서에 따라 다시 조립하는 것이고, 이때 분해하는 방법은 오직 한 가지 방법밖에 없는 반면 다시 조립하는 데는 무려 40,000가지 이상의 잘못된 방법이 있을 수 있다.

그림 3-25 리즌의 볼트와 너트 예

3.2.1 항공기 정비인적오류(UK CAA 1992)

영국 민간 항공국(CAA)은 항공정비운영 측면에서 정비에 대한 심층적인 연구를 실시하였으며, 대표적인 정비오류들을 다음과 같이 발표하였다.

그림 3-26 항공기 착륙장치의 고정 핀(lock pins)

- 부품(components)의 부정확한 장착
- 잘못된 부분품(parts)의 조립
- 전기적인 배선의 불일치
- 항공기에 물건들이 방치됨
- 불충분한 윤활(Inadequate lubrication)
- 점검창(access panels)/페어링(fairings)/엔진덮개 (cowling)등을 단단히 잠그지 않음
- 연료/오일 마개와 연료 패널(panel)들을 잠그지 않음
- 출발 전에 기어 핀(gear pins)을 장탈하지 않음 [그림 3-26]

3.2.2 정비사고 유발요인 Top 10(UK Flight Safety Committee 2004)

- 발행된 기술 자료나 지시를 따르지 않음
- 기술 자료에 언급되지 않은 인가되지 않은 절차를 사용 함
- 감독자가 기술 자료를 사용하지 않거나 기술지시를 따르지 않는 것을 허용 함
- 정비기록, 작업패키지의 적절한 문서유지 관리를 하지 않음
- 자세한 내용은 집중하지 않음/자만심
- 항공기/엔진에 하드웨어(hardware)가 부적절하게 장착 됨
- 항공기에 인가되지 않은 개조 수행
- 작업 종료 후 공구 재고조사(tool inventory)를 수행하지 않음
- 훈련되지 않거나, 자격이 없는 사람이 작업을 수행 함
- 작업을 수행하는 동안 지상 지원 장비(ground support equipment)가 부적절하게 배치 됨.

3.3 실수와 위반(Errors and Violations)

전술한 바와 같이 실수(error)는 "기대된 행위(행동)에서 본의 아니게 벗어나는 인간행위(행동)"이며, 위반(violation)은 "기대된 행위(행동)에서 의도적으로 벗어나는 인간행위(행동)"으로 정의된다. 즉, 실수는 고의가 아니며, 주로 정보와 관련되어 발생하는데, 사무실, 작업장의 정보가 부정확하거나 불완전한 경우로서 실수 발생 가능성은 관련 정보를 개선함으로써 줄어들 수 있다.

반면에 위반은 안전한 운용 절차, 권고되고 있는 관행, 규칙 또는 기준에서 벗어난 것들을 의미한다. 차량을 운전할 때 현재 속도나 해당 지역의 제한 속도를 알지 못하고 과속하는 경우가 있듯이 위반도 의도하지 않은 상태에서 일어날 수는 있지만, 위반사항의 대부분은 의도적인 것으로 본다.

사람들은 일반적으로 순응하는 행동을 취하지 않지만, 대개의 경우 그 결과는 그리 나쁘게 나타나지는 않는다. 어떤 위반은 실수일수도 있기 때문에 실수와 위반을 극명하게 구분하기란 불가능한 면도 있지만, 불안전한 행위의 차이는 표 3-1과 같이 정리할 수 있다.

표 3-1 실수와 위반의 차이점

실 수	위 반
• 고의가 아님 • 주로 정보와 관련되어 발생. 사무실, 작업장의 정보가 부정확하거나 불완전한 경우. • Error 발생 가능성은 관련 정보를 개선함으로서 줄어들 수 있다. • 작업자의 노동기간 전반에 걸쳐, Error의 경향은 연령, 성별 등 인구 통계적 요인에 따라 좌우되지 않는다.	• 의도적인 행위 • 주로 어떤 동기를 갖고 발생하며, 신념, 자세, 조직 문화 및 사회적 규범에 의해 결정된다. • 위반은 신념, 자세, 사회적 규범 및 조직적 문화를 변경함으로서 경감할 수 있다. • 위반은 주로 연령, 성별과 관련이 있다. 젊은층의 남성에 비해 노년층의 여성이 일반적으로 위반하지 않는다.

3.3.1 위반의 특성

위반은 작업을 제시간에 맞추려고 노력하는 직원에 의해 선의적으로 발생되기도 하고, 작업을 축소하거나 편안함을 추구하는 직원에 의해서 악의적으로 발생되기도 한다. 즉, 표 3-1과 같이 의도적인 행위로서 주로 어떤 동기를 갖고 발생하며, 신념, 자세, 조직문화 및 사회적 규범에 의해 결정된다. 위반은 신념, 자세, 사회적 규범 및 조직적 문화를 변경함으로써 경감할 수 있다. 또한, 위반은 주로 연령, 성별과 관련이 있다. 저 연령층의 남성은 위반하며, 노년층의 여성은 일반적으로 위반하지 않는 경향이 있다.

3.3.2 위반의 유형

위반의 유형으로는 습관적(routine), 상황적(situational) 및 예외적(exceptional)으로 구분할 수 있다.

(1) 습관적(Routine)

습관적인 위반은 일상적으로 행해지는 위반으로서 개인이 최소의 노력으로 일을 해결하기 위해 규정과 절차를 규칙적으로 무시하는 행위이다.

이러한 규정을 위반하는 것은 규정을 준수해도 거의 보상받지 못하거나 규정을 위반해도 처벌받지 않는 집단적인 관행에서 비롯된다. 주로 숙달된 기능을 전제로 하며, 결국은 습관적인 행동이 된다. 즉, 규정을 준수해도 거의 보상받지 못하거나 규정을 위반해도 처벌받지 않는 경우라 할 수 있다.

(2) 상황적(Situational)

상황적인 위반은 개인의 직면한 작업장 혹은 환경에 의해서 강요되는 요인들의 결과에 의해서 나타난다.

항공기 운항 스케줄에 맞추기 위해 서둘러서 작업하는 시간적인 압박(time pressure), 부실한 관리 감독과 장비, 공구, 부품 등의 제자원의 부족 및 부족한 인원 등에 의해 기인된다. 작동 절차를 가능한 안전하게 하기 위해서는 이전에 사고를 초래했던 어떤 특이 행위를 배제하도록 끊임없이 개정해 나가야 한다. 상황에 따라 발생하는 위반행위는 습관적인 위반 행위로 이어지게 된다.

(3) 예외적(Exceptional)

습관적 위반과는 달리 예외적 위반은 과도하게 규정을 이탈하여, 명백한 규정 위반 행위로 관리자가 묵인할 수 없는 정도의 위반이다.

통제 상 허용되지 않은 전형적 개인행동을 나타낸다. 정비교범 상에 수리한계를 벗어났음에도 수리하거나, 명백한 결함이 있는데도 묵인하는 행위 등이 본보기가 된다.

3.3.3 위반에 대한 인식

미국의 정유회사 직원들의 자발적 보고를 토대로 위반에 대한 인식에 대하여 연구한 결과, 위반한 적이 없으며, 위반은 잘못 된 방법이라고 생각하는 직원이 22%로 조사되었으며, 14%의 직원은 위반한 적은 있지만 위반은 잘못 된 방법이라고 생각하는 것으로 나타났다. 또한, 위반한 적이 없으나, 위반은 잘못된 방법이라고는 생각하지 않는 직원이 34%였으며, 30%는 위반한 적도 있고, 위반은 잘못된 방법이라고는 생각하지 않는 것으로 나타났다. 연구결과로 보면 위반한 경험이 있는 직원은 44%이며, 위반이 잘못된 방법이 아니라는 그릇된 인식을 갖고 있는 직원이 64%로서 위반에 대한 인식에 문제가 있음을 보여주고 있다.

실수(error)는 연구의 초점으로서 위반(violation)에 대한 이론보다도 실수(error)에 대한 이론이 많은 것이 사실이다. 그러나 실수와 위반은 함께 원하지 않는 결과를 만들어 낸다. 미국해군의 사고조사 통계에 따르면, 사고의 60~80%가 실수에 위반이 더해졌을 때 발생하였으며, 순수한 실수에 의한 사고는 20%~40%에 불과했다.

3.3.4 의도적인 위반형태

최근 연구 결과에 의하면 안전 절차를 위반하는 의도는 아래 3가지 형태로 나타난다.

(1) 태도(나는 할 수 있다)

어떤 행동결과와 관련하여 개인이 갖고 있는 신념이다. 위반을 했을 때 예측되는 위험이나 처벌 등의 비용보다는 얻어지는 이익이 더 클 것이라는 기대심리가 생기는 경우이다.

(2) 주관적인 관행(다른 사람이 도울 것이다)

일부 중요한 관계 집단(가까운 동료 등)이 자신의 행동을 지원해 줄 것이라는 믿음을 전제로 한다. 문제가 발생할 경우 주변 동료들이 도와줄 것이라는 생각과 동료들에게 인정받고 싶은 마음이 클 경우이다.

(3) 인식된 행동제어(나로서는 어쩔 수 없어)

규정을 지키는데 필요한 제자원 등이 관리부문에서 지원이 안 될 경우로서 규정을 위반해서라도 시간 내에 주어진 업무를 완수해야 한다고 느끼게 되는 경우라 할 수 있다.

3.3.5 위반의 대차 대조표

표 3-2는 고위적인 위반으로 인한 심적으로 인지한 요인들에 대한 편익과 비용에 대한 대차대조표이다.

위반은 손쉬운 작업등으로 인하여 당장에는 이익처럼 보이지만 항공기의 사고 등을 유발함에 따라 엄청난 비용을 지불한다는 사실을 인식하여야한다. 눈앞에 보이는 이익을 추구하기 위한 위반사항에 대해서는 더욱 엄격한 처벌 등으로 위반으로 인한 손실비용이 발생하지 않도록 하여야 한다.

많은 위반사례들 중에서 일부의 위반사례들은 더 쉽게 작업할 수 있는 방법으로서 명백하게 악영향을 미치지 않는 것으로 나타나기도 한다. 단적으로 위반으로 인한 이익이 때로는 손실비용 보다 중요하게 여겨지기도 한다. 그러나 우리가 귀기울여야할 것은 규정위반으로 인한 손실비용을 증가시키는 것이 아니라 규정준수로 인한 혜택을 높이는 것이다.

규정준수를 증진하기 위해서는 작업을 수행하는데 가장 분명하고 효율적인 방법이 무엇인지 설명할 수 있는 실행 가능한 절차를 갖고 있어야 한다. 부적절하거나 비효율적인 절차는 작업자로 하여금 신뢰를 떨어트려 절차 위반으로 이어지게 된다. 실제로 일부 작업은 절차에서 벗어나서 수행되기도 한다.

표 3-2 위반으로 인한 편익과 손실비용

위반으로 인한 편익	위반으로 인한 손실비용
손쉬운 작업 시간절약 흥미진진 직무완수 마감시간 준수 사내답게 보임	항공기 사고 자신 또는 타인에게 상해를 입힘 재산손상 수리비용 손실 제재/처벌 직업/승진의 상실 친구들의 반감

3.4 실패(Failure)

인적오류로 인해서 일어나는 심각한 결과를 실패라고 한다. 인적오류는 심각한 결과를 초래하기도 하지만 대부분의 모든 인적오류가 그런 것은 아니다. 다른 사람과 전형적인 대화를 하면서 의사소통의 실패를 할 수 있다. 이러한 의사소통 실패를 줄이기 위해서는 복창하게하거나 명료화시켜서 오류를 감소시키는 것이다. 인적오류 중에서 일부는 막대한 재산손실과 인명에 손상을 주는 대형 사고를 유발하거나 기여할 수 있다.

3.4.1 잠재적 실패와 행동적 실패(Latent vs. Active Failures)

실패는 일반적으로 잠재적 실패와 활동적 실패로 구분된다. 차이점은 인적오류가 항공시스템의 안전에 악영향을 미치기 전에 경과하는 시간과 관련이 있다.

활동적인 실패의 경우에는 부정적인 결과가 거의 즉각적으로 나타나지만, 잠재적인 실패는 인간의 행동이나 결정에 대한 결과들은 오랜 세월이 경과되어 드러나기 때문에 오랜 시간이 걸릴 수 있다.

활동적 실패와 잠재적 실패의 구분은 다음과 같이 요약 할 수 있다.

- 활동적 실패는 시스템의 끝단에서 일어난 실수와 위반 등의 불안전 행위의 결과이며, 여기서 끝단이라 함은 조종사, 관제사, 정비사 등의 행위라 할 수 있다. 이들의 행위는

기계와 인간의 접속이 이루어지는 행위가 되며, 이들의 불안전한 행위는 즉시 역효과로 나타난다.

- 잠재적 실패는 주로 조직의 경영층의 의사결정 오류로 발생한다. 이로 인한 결과는 장기간 잠재해 있을 수 있으며, 다만 실수, 위반 및 작업장 환경 등과 같은 지엽적인 촉발 요인과 결부되는 경우 노출되게 된다.

3.4.2 지엽적 요인과 조직적 요인(Local vs. Organizational Factors)

잠재적 실패는 작업장에 바로 나타나는 지엽적인 요인으로 인식될 수도 있고, 작업장의 바로 상류에 존재하는 조직적인 요인으로 인식될 수도 있다. 조직적인 요인은 지엽적인 Error와 위반을 초래하는 여건을 조성하게 된다.

한 항공사의 정비분야에서 수행한 연구에서, 격납고내의 작업장에서 수행되는 작업에 부정적인 영향을 주고 있는 요인 중 12가지 지엽적인 요인과 8가지 조직적인 요인이 발췌되었다. 격납고 정비 활동과 관련된 12가지의 지엽적인 요인은 표 3-3과 같다.

표 3-3 지엽적 요인

지엽적 요인	내 용
업무지식, 숙련 및 경험	결함이나 항공기 형식에 익숙하지 않은 경우로서 특정 교육경험이나 숙련이 부족하며, 주어진 작업에 대한 경험부족 및 항공기 형식의 변경으로 과거의 일상적인 작업과 충돌하는 경우 등
사기/의욕	개인적인 문제 및 작업환경, 불합리한 대우, 과도한 작업량, 불충분한 조언 등으로 인한 초조감과 불안감 등
공구, 장비 및 부품	보유여부, 수량, 위치, 식별, 취급상의 어려움, 이동 방법 등과 관련된 문제점 등
지원	부서 간 지원 및 전자, 판금 등 특기부서의 인원 부족, 외주회사의 적기 지원 등의 문제점 등
피로	지루한 작업에 의한 권태, 생체리듬의 교란, 휴식과 근무의 불균형, 현저히 증가하는 과실, 착오, 불안한 행위 등의 문제점 등
압박	과중한 작업량, 서로 다른 작업간 여유 시간이 없이 계속성과 연속성의 단절, 감독자의 지나친 간섭, 고도의 기준을 요하는 작업이면서도 충분한 시간이 주어지지 않음 등.
근무시간	교대근무제도, 근무에 임하는 시간대, 마감시간에 임박한 상황 등
환경	눈, 비 또는 안개 등의 기상조건, 너무 덥거나 추운 기온, 높은 소음, 부적절한 조명, 불충분한 환경보호 문제 등

컴퓨터	익숙하지 않은 컴퓨터 조작, 새로운 주변기기, 부족한 터미널, 컴퓨터 공포증 등의 문제 등
서류작업, 매뉴얼 및 절차	정비문서의 불명확한 표기 및 오기, 필요한 기술자료 및 절차 미비 또는 찾아보기 불편한 부적합한 위치 등
불편	작업 부위 접근이 어려움, 주변 작업의 진행속도, 항공기 주변의 혼잡 및 공항내 교통 혼잡 등
안전장치	위험표시, 안전장비의 특성, 위험물 및 위험상황에 대한 교육 및 인식정도, 개인 보호 장구의 특성 등의 문제점 등

그리고 표 3-4는 조직적인 요인 8가지이다. 이상의 8가지 요인들이 안전하고 신뢰성이 있는 작업에 부정적 영향을 주고 있는 구조적인 문제를 모두 망라한 것이라고 할 수는 없다. 다만 잠재적인 요인들의 예로서 작업장 여건에 따라 부정적 영향을 끼칠 수 있다고 보는 내용들이다. 조직마다 서로 다른 구조적인 문제들을 안고 있을 수 있다. 그러나 여기서 예로 든 8가지 요인들은 대부분의 항공기 정비조직에서 있을 수 있는 전형적인 것들이다.

표 3-4 조직적 요인

조직적 요인	내 용
조직구조	조직개편, 조직 축소, 임무 및 책임 한계의 미비, 과다한 다단계 관리, 현 조직 업무상에 명시되지 않은 불필요한 업무 등
인사관리	경영층의 현장상황에 대한 인식부족, 불합리한 직무능력개발제도, 불공정한 상벌 및 불충분한 노사관계 등
장비 공구의 품질 및 구비	작업장 내에 필요한 장비 및 제자원의 부족, 새로운 항공기 형식에 대처할 수 없는 기존 장비, 작업에 필요한 비용의 조기 삭감, 작업장 시설의 노후 등
교육 및 선발기준	현재 필요한 수준에서 낙후된 특기, 항공전자와 일반 정비사의 수급 불균형, 자격증 소지에 대한 혜택 미흡, 부적격 또는 불필요한 특기자의 선발 등
영업 및 운항의 영향	품질 기준 및 안전기준에 따른 영업/운항적인 요구 간에 발생하는 갈등
계획 및 일정	부적절한 일정 및 현실을 등한시한 계획 입안, 장기 전략과 현장 현실과의 괴리, 불명확하거나 실현 불가능한 계획 등
건물 및 장비의 유지보수 관리	건물 및 장비의 유지보수 관리미흡, 비용절감을 이유로 개선사항의 유보 및 처리지연 등
의사소통	의사 결정권자의 의도와 동떨어진 작업량, 하의상달의 의사전달 무시, 불명확 또는 애매한 의사전달, 편 가르기 식의 언어 행태 등

3.4.3 잠재적 실패와 조직적 사고

항공분야는 물론 거의 모든 영역에 걸쳐서 컴퓨터에 의한 자동처리 기능이 증가되면서 잠재적 실패가 무시 못 할 정도로 누적되고 있다. 항공기 운항 승무원과 정비사들은 현대 항공기 계통에 어색하고, 따라서 사고는 잘 나지 않더라도 간혹 조직적인 문제로 인한 치명적 사고가 발생하기 쉽다.

"조직적인 문제로 인한 사고"를 세부적으로 분석한 내용을 그림 3-27에서 볼 수 있다.

사고는 조직적인 업무과정의 부정적인 연쇄반응으로 시작된다. 즉 기획, 일정수립, 예측, 설계, 규격화, 대화, 조절, 유지관리 등에 관한 결정과정과 관련이 있다.

잠재적 실패는 조직내 부서간 이동 경로를 따라 마지막 작업장인 격납고, 수리 작업장, 램프 등으로 이어지면서 현장의 작업환경에 영향을 끼쳐 실수 및 위반을 초래하게 한다.

그림에서 조직적인 업무진행과정을 방어기제로 직접 연결하고 있는 화살표는 기준, 통제, 절차 등과 같이 기술적으로 고안된 안전장치들도 겉으로 들어난 활동적인 실패뿐만 아니라 잠재된 실패에 대처하기에는 불충분하다는 사실을 나타내고 있다.

이 그림은 현장 작업장의 정비사들이 사건 발생의 시작 역할을 하는 것이 아니고 조직적인 특성에서 시작된 원인을 승계 받고 있음을 보여준다. 이는 마치 사건에 대한 책임이 경영층에 있는 듯이 보일 수도 있으나, 최소한 다음의 2가지 이유만으로도 그렇지 않다는 것을 알 수 있다.

첫째, 책임을 남의 탓으로 돌리면 감정적으로는 만족할지 모르지만, 결코 효과적인 대처 수단이 될 수 없다.

둘째로, 경영층은 경제적, 정치적 경영 환경에 따라 의사결정을 하게 된다.

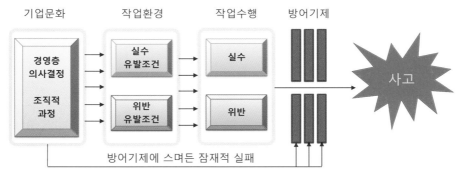

그림 3-27 조직적 사고의 발전단계

잠재적인 실수는 결코 피할 수 없으며, 다만 할 수 있는 일은 잠재적인 실수가 현장의 돌발적인 사항과 결부되어 체계적인 방어벽임에도 불구하고 좋지 않은 결과로 나타나지 않도록 노력하는 일이다. 더구나 항공분야는 전체적으로 볼 때 제작사, 정비사, 항공사, 관제사, 규제 당국, 사고조사 전담자 등 상호 연계된 조직으로 구성되고 있어, 조직적인 문제에서 야기되는 근원적 원인이 더욱 복잡하다.

3.5 오류관리 아이디어 사례

의식적으로 오류를 범하는 사람은 없다. 그러나 의도했던 바에서 벗어난 결과라든지 깜빡하는 사이 일어나는 실수 또는 착오 등과 같이 자신도 관리할 수 없는 일들을 다른 사람이 관리한다는 일이 결코 쉬운 것은 아니다.

실수는 본질적으로 나쁜 것이 아니라, 유용하면서 필수적인 정신활동의 지출에 해당되는 부분이다. 새로운 일을 배울 때, 시행착오가 가장 적합한 방법일 수 있다. 이와 마찬가지로, 정신이 나간 상태에서 범하는 누락이나 착각은 우리의 한정된 집중력이 사소한 일들에 의해서 간헐적으로 방해받고 있는 것이다. 이것은 일상의 행동이 습관화 되어 가는 과정에서 필요한 사소한 부담으로 감수해야 한다.

현재는 많은 조직들이 에러감소와 에러제어 기법을 다양하게 채택하고 있다. 항공분야에서 채택하고 있는 내용은 다음과 같다.

3.5.1 에러 감소/제거(Error Reduction/Elimination)

에러의 감소/제거는 오류를 발생시키는 요인을 감소하거나 제거함으로써 오류의 원천을 직접적으로 조정하는 것이다. 즉, 오류의 위험을 가중시키는 바람직하지 않은 조건을 제거하는 것으로 작업을 정확하게 수행할 수 있도록 각종 매뉴얼 및 절차 등을 쉽고 단순하게 만들어 주고, 정비작업이 수행되는 곳의 조명을 높이며, 주의를 산만하게 하는 주변 요인을 감소시키고, 양질의 교육 훈련을 제공하는 것 등이다.

3.5.2 에러 포착(Error Capturing)

정비에러가 비행사고로 이어지기 전에 에러를 사전에 '포착'하는 것으로 정비작업의 진행 중 혹은 작업 완료 후에 에러를 포착할 수 있도록 정비작업 공정 중에 검사(inspection)과정을 추가하여야 한다.

또한, 작업완료 후에는 정상적인 작동상태를 확인할 수 있는 기능점검(functional check) 등의 작업을 추가하여야 하며, 항공기 출발 전에는 정비사와 조종사의 비행 전 주변점검 (walk around checks)을 철저하게 수행하여야 한다.

3.5.3 에러 허용(Error Tolerance)

시스템이 심각한 결과 없이 오류를 흡수하는 능력을 말한다. 즉, 정비작업 중 오류가 발생되어도 항공기가 제 기능을 할 수 있도록 정비작업을 수행하는 것으로서 쌍발엔진 항공기의 경우, 항공기 양쪽엔진(both engine)에 동일한 정비작업을 수행하지 않고 나누어서 작업하는 방법, 항공기의 복합적인 유압이나 전기 장치를 결합하여 여유분을 남긴다거나, 피로로 인한 위기 상황에 도달하기 전에 틈새를 발견할 수 있는 다수의 기회를 제공하는 구조 점검 프로그램을 마련하는 것 등이다.

3.5.4 이중검사(Duplicate Inspections)

이중검사업무(과정)는 한 사람에 의해서 수행되어지고, 첫 번째 확인은 해당 작업에 자격이 있는 사람에 의해 수행되거나, 감독급 유자격자 혹은 품질검사원 등의 유자격자에 의해서 두 번째 확인이 수행되는 것으로 두 번째 독립적인 확인은 유자격자에 의해 수행되어야 한다.

(1) 이중검사 작업항목
일반적으로 모든 작업항목들이 이중검사 수행이 요구되는 것은 아니며, 정비조직에 따라 다르다. 보편적으로 작업의 중요도와 고장(failure)의 결과, 사고조사 혹은 위험도 분석에 의해서 결정되는 인적 오류를 유발하는 작업, 기능 혹은 작동 점검 의 존재 여부에 따라서 아래와 같은 작업들이 이중검사 작업항목들로 결정된다.

- 비행 조종 장치(flight controls)의 장착, 리-깅(rigging) 및 조절(adjustments)
- 항공기 엔진, 프로펠러 및 로-터의 장착
- 엔진, 프로펠러, 트랜스미션 및 기어박스와 같은 부품의 완전분해수리(overhaul), 교정 (calibration) 혹은 리-깅(rigging) 작업

(2) 이중검사의 "모범사례(Best Practice)"

- 모든 검사는 유자격자에 의해서 실시한다.
- 두 번째 검사는 본래의 작업에 관여되지 않은 사람이 수행한다.
- 검사는 작업 수행한 사람의 영향을 받지 않고 철저히 실시한다.
- 두 번째 검사는 첫 번째 검사가 실시된 직후에 바로 수행한다.
- 단순하게 "complied(수행완료)" 혹은 "satisfactory(만족)"라고 기록하지 말고, 좀 더 깊이 있는 정보를 기록한다.

3.5.5 항공기 정비작업 중 에러관리 기법

(1) 작업 전

작업을 시작하기 전에 브리핑(briefing)을 통하여 오류가 발생 될 수 있는 요인 또는 실수를 유발할 수 있는 요인들을 작업자들에게 정보를 제공해야 한다. 또한, 브리핑시 내가 경험했던 사례를 동료 작업자들에게 제공하여 발생 될 수 있는 오류를 피해야 하며, 작업에 임하기 전에 다음과 같은 사항을 점검해 볼 필요가 있다.

- 작업수행에 필요한 지식을 가지고 있는가?
- 작업수행에 필요한 기술 자료를 가지고 있는가?
- 이전에 동일한 작업을 수행한 적이 있는가?
- 작업수행에 필요한 적절한 공구와 장비가 구비되어 있는가?
- 작업수행과 관련된 적절한 훈련을 이수하였는가?
- 작업을 수행할 수 있는 정신적인 자세가 되어 있는가?
- 작업을 수행하는데 신체적인 문제는 없는가?
- 작업수행에 필요한 적절한 안전예방수칙 등을 숙지하고 있는가?
- 작업수행에 필요한 자원들은 구비되어 있는가?
- 항공법 및 관련 규정 등에 위배되지 않는지 검토하였는가?

(2) 작업 중

크로스 체크(cross check), 이중 점검(double check)등을 통하여 작업 중에 나타나는 오류를 검출하여 제거하여야 한다.

(3) 작업 마무리 단계

기능 및 누설점검(function&leak check)등을 통하여, 부품의 장·탈착 등에서 발생할 수 있는 오류를 최종 확인하고, 공구 재고조사를 실시하여 작업 마무리 단계에서 발생 될 수 있는 실수를 최소화 하여야 한다. 또한 다음과 같은 사항들을 점검해 볼 필요가 있다.

- 최선을 다하여 작업을 수행하였는가?
- 원래와(절차대로) 동일하게 작업이 수행되었는가?
- 적절한 근거자료에 의거 작업이 수행되었는가?
- 모든 방법과 기술을 활용하여 회사기준에 맞게 실행하였는가?
- 압박, 스트레스 및 산만함 등이 없이 작업을 수행하였는가?
- 사용가능 상태로 환원하기 전에 자신의 작업을 재검사 또는 다른 누군가에 의해 검사가 이루어졌는가?
- 수행된 작업에 대하여 빠짐없이 기록하였는가?
- 작업완료 후 작동점검을 수행하였는가?
- 수행된 작업에 대하여 꺼리지 않고 서명하였는가?
- 사용가능 상태로 환원된 항공기가 비행하는데 있어서 찜찜함은 없는가?

---

4 | 인간 신뢰성(Human Reliability)

신뢰성(reliability)은 부품, 장치, 장비, 체계가 주어진 조건 하에서, 특정한 기간 동안, 의도된 기능을 수행할 확률 및 검증 수준과 고장, 열화, 오작동/기능, 사고, 등과 관계된 성능의 결함 수준을 말하는데, 인간 신뢰성(human reliability)은 시스템의 신뢰 성능에 대해 허용 한계를 위배하는 행동으로서 휴먼에러 확률(Human Error Probability, HEP)의 기본단위로 표시되며, 주어진 작업이 수행되는 동안 발생하는 에러 확률을 말한다.

인간 신뢰도 평가(Human Reliability Assessment)기법에서는 사람을 하나의 작동하는 부품처럼 간주하여 분석하게 된다. 예를 들면, 작동자가 어떤 수치를 잘못 판독할 에러확률을 기계적 결함중 하나로 간주한다.

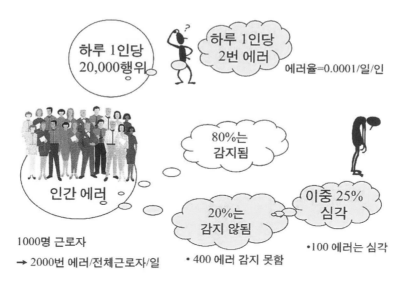

그림 3-28 인간에러 확률(한국산업안전공단, 휴먼에러예방)

그림 3-28과 같이 인간은 하루에 20,000번의 행동을 하고, 에러를 유발할 확률이 1/10,000 이라고 가정했을 때 하루에 2번의 에러를 범하게 된다. 이를 1,000명의 정비사 근무하는 정비조직이라면 하루에 2,000번의 에러가 발생되게 되고, 이중에서 80%는 감지되어 수정조치 되지만 20%는 감지가 되지 않아 400번의 에러가 발생되며, 이중에서 25% 즉, 100번의 에러는 심각한 에러로 항공기에 결함으로 잠재되어 있을 수 있다고 가정할 수 있다.

4.1 신입자가 범하기 쉬운 에러

- 무엇이 중요한지 지각정보의 취사선택이 계획대로 행해지지 않는다.
- 단기기억을 사용할 여유가 없다.
- 기억량이 적고 확실치 않다(기억하고 있는 것이 곧 생각나지 않음).
- 결심이 뒤따르지 않아 미궁이다(자신이 없음).
- 중요한 것에서 초점이 흐려진다.
- 최악의 상태가 되었을 때야 눈치 챈다.
- 어느 것도 여유가 없고 정신적 긴장상태에 놓여있다.

4.2 숙련자가 범하기 쉬운 에러

- 같은 업무를 오랫동안 반복하고 있다(습관이 되어있음).
- 업무내용을 잘 알고 있다(억측하기 쉬움).
- 복잡하지만 가능하다(주의하지 않음).
- 잘못이 적다(실제 잘못된 것을 알아채지 못함).
- 빠른 조작이 가능하다(조작에서 생략이 발생 됨).
- 장시간 가능하다(의식수준이 낮아 짐).
- 그 업무에만 흥미가 있다(다른 것에 흥미를 느끼는 시야가 좁아 짐).

제4장

인적 업무수행능력과 한계
(Human Performance and Limitations)

항공정비에서의 인적요인 프로그램은 정비사의 신체적, 생리학적, 심리학적, 심리 사회학적인 면에 초점을 맞추고 있다. 즉, 개인 별 신체적 한계, 정신 상태, 인지 능력 및 기타 타인과의 상호작용에 영향을 주는 조건 등이 고려된다.

모든 정비사에게 동일한 수준의 체력, 신체 사이즈, 인내력, 경험, 동기나 기준을 적용시키는 것은 불가능 하다. 그러므로 신체 사이즈, 체력, 연령, 시력 등 개개인의 신체적 특징을 고려하여 그에 적합한 업무가 주어져야 하며, 좋은 인적요인 프로그램에서는 이러한 인간의 한계 및 제약조건을 고려하여 정비사 개인별 업무가 계획되어야 한다.

Human Factors in Aviation Operation

1 인적 업무수행 능력(Human Performance)

인적 업무수행 능력(human performance)이라 함은 항공분야에서 운용상의 안전과 효율에 영향을 주는 인적 업무수행능력 및 한계를 말한다. 즉, 주어진 과제나 시스템에 대한 인간의 반응으로 정의할 수 있다.

사람들마다 시력, 청력, 인지능력, 근력 및 팔 길이 등의 신체조건이 서로 다르기 때문에 이러한 인간의 신체적인 한계 등을 고려하지 않고 수행되는 무리한 작업들은 실수를 유발하게 하고, 이는 부상 등의 재해로 이어지게 된다. 그러므로 직무 혹은 작업을 설계할 때에는 작업이 수행될 수 있는가? 라는 의문이 아니라 작업을 수행하는 사람들이 안전하고 올바르게 수행될 수 있는가? 라는 의문을 가져야 한다. 특히, 인간이 기계보다 우월한 점은 다양한 정보에서 필요한 정보를 선택하여 판단을 할 수 있는 응용력과 창조력을 갖고 있다는 점이다. 이러한 인간의 응용력과 창조력은 처음 경험하는 문제도 추정하여 해결을 하고, 여러 가지 요인이 복합적으로 작용하여 어떠한 현상을 발생시키는 경우에도 이를 종합하여 그 원인을 찾아낸다.

그림 4-1 인간의 신체특성

1.1 시력(Vision)

눈(eye)은 사물의 밝기, 색상, 공간과 형태, 움직임 등의 시각정보를 수집하여 뇌로 전달하는 기능을 가지고 있으며 이를 위해 눈의 여러 구조물들이 함께 작용하고 있다. 어떤 물체가 있을 때 시선이 정확히 물체에 맞도록 바깥눈 근육이 작용하여 안구가 움직여야 한다. 또한 적당한 빛을 받아들일 수 있도록 동공의 수축과 확대가 적절히 이루어져야 한다. 이러한 동공의 수축과 확대는 홍채, 모양체의 작용에 의해 이루어진다. 모양체와 수정체의 상호작용을 통해 상이 정확히 망막에 맺히도록 초점이 맞춰진다. 망막에 도달한 시각정보는 시세포에서 전기자극으로 바뀌고 망막의 신경절세포, 신경섬유층을 거쳐 시신경 유두를 통해 시신경으로 전달된다.

항공기 검사의 대부분은 항공정비사의 눈을 이용하여 가까이서 보거나 멀리서 보는 육안검사이다. 때로는 색의 차이를 이용한 검사를 수행하기도 한다. 따라서 항공정비사는 항공기 검사를 수행할 수 있는 적절한 시력을 갖추고 색을 구분할 수 있어야 한다.

눈은 한번 손상되면 회복되기 어려우므로 작업 시에는 항상 보안경을 착용하여야 한다. 또한, 나이가 들어감에 따라 진전되는 원시는 가까이서 해야 하는 경우 정밀검사를 정확히 수행하지 못하는 요인이 될 수 있으며, 작업장의 조도가 낮은 경우 작업자의 시력을 나쁘게 할 수 있으므로 정기적인 시력검사를 받아야 한다.

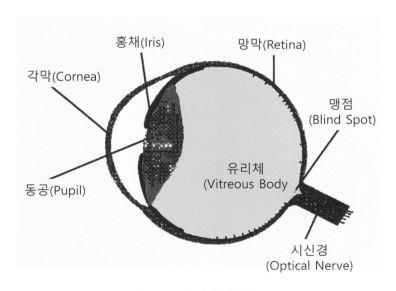

그림 4-2 눈의 형태 및 구조

1.1.1 시력의 중요성(Vision Performance Issues)

확실하게 볼 수 있는 것은 항공기 정비 및 검사에 필수적인 요소로서 작업에 적합한 시력을 가지고 있어야 한다.

일반적으로 행동의 80%정도는 눈에 의해 외적조건에 대한 시각적 지각정보를 얻어 행해진다. 시각적 지각정보는 안구의 렌즈로부터 빛을 망막에 받아들여 형체를 맺고, 그 자극을 받아서 흥분하고 신경을 경유해서 이것을 대뇌로 전달해 비로소 물건의 대소, 형상, 시야, 간격, 원근, 길이, 색등이 인지되어서 시각적 지각정보가 된다. 그러나 인간이 시각을 지각하는데 한계가 있으므로 재해방지를 위해 이것을 물리적 방법에 의해 확대하여 지각의 한계 내에 들어가도록 하여야 한다.

그러므로 시각과 조명은 안전한 작업을 위해 매우 중요한 요소이므로, 작업장 조명은 항상 밝게 유지해야 하고, 필요한 경우 국소 조명장치를 설치해야 한다. 특히, 정비사는 자신의 시각적 한계와 능력을 인식하고, 필요 시 안경을 착용하는 등 보완조치를 해야 한다.

1.1.2 표준시야(The Normal Visual Field)

시력은 물체의 형상을 보고 느끼는 눈의 능력을 말하지만, 시야 내에서도 시력은 같지 않다. 시선을 향한 방향(중심시)의 대상물은 잘 보이지만, 약간이라도 벗어나면(주변시가 되면) 급속하게 시력이 저하된다. 그러므로 작업 장소는 과도하게 고개를 숙이지 않아야하며, 신장에 상관없이 모두에게 적합하게 가시접근이 가능한 장소이어야 한다.

표준시야는 작업영역에 시각적인 접근을 제공하는 것으로서 과도한 굴절을 제거하고, 키 높이에 맞추어 시각적 접근을 함으로써 정확한 작업 수행 및 작업의 유효성을 확인할 수 있다.

시각적 접근이 불충분할 경우에는 다음과 같은 문제가 발생할 수 있다.

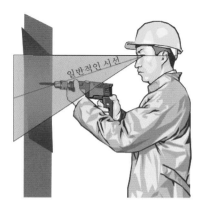

그림 4-3 표준시야

- 부정확한 장착(incorrect attachment)
- 검사 오류(inspection errors)
- 작업시간의 증가(increased task time)

1.1.3 시력의 문제점

색맹(Color Blindness)이나 광도(Brightness)를 정확하게 인식하지 못하는 등 자신의 시각에 문제가 있다고 판단되면, 관리자에게 이를 알려서 업무를 변경하여 오류를 방지해야 한다. 특히 정밀 작업장 관리자는 소속 직원의 시력상태를 관찰하여야 하며, 시력 문제로 인하여 작업 품질의 저하나 안전에 위해를 주는 지 여부를 감시 및 시정해야 한다.

사람의 시력은 주위의 환경(선, 배치, 조명 등)에 따라 많은 착각을 유발하여 부정확할 수 있으므로 촉감이나 측정용 도구를 이용하여 객관적, 과학적으로 판독하는 습관을 갖도록 해야 한다.

(1) 색맹(Colorblindness)

전혀 색을 보지 못하고 명암만 구분하는 전색맹인 경우는 매우 드물며, 대부분은 부분색맹으로 적색과 녹색에서 문제점을 가지고 있다. 우리나라의 경우 대략 남성의 5.5%, 그리고 여성의 0.4% 정도가 색맹에 해당되는데 이들은 색 판별에 있어서 올바르지 못하며, 대부분 스스로 인식하지 못하고, 채도와 사물의 재질적인 느낌을 인식함으로써 시각적인 부족함을 보상하게 된다.

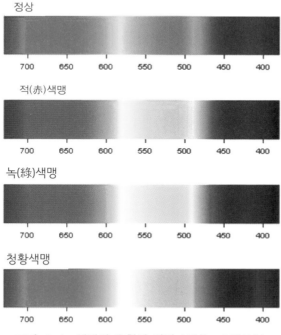

그림 4-4 색맹의 유형에 따라 보이는 스펙트럼

만약 자신이 색 판단이 불확실하다고 판단된다면, 주변사람에게 물음으로써 작업상의 실수를 피하고 색맹검사를 받아야 한다.

(2) 원시(Hyperopia)

외계로부터 들어오는 평행광선이 망막보다 뒤에서 초점을 맺기 때문에 물체가 흐릿하게 보이는 상태로서 가까운 것은 흐리게 보이는 현상으로 인구의 25%가 해당되며, 어린아이들은 성장하면서 사라진다.

(3) 근시(Myopia)

안구를 광각적으로 보았을 때 외계로부터의 평행광선이 망막보다 앞에 결상되는 눈으로서 거리가 떨어져있는 것은 흐리게 보이는 현상이다. 인구의 30%가 해당되며, 성장해도 없어지지 않는다.

(4) 난시(Astigmatism)

평행광선이 각막 또는 수정체에 초점을 만들지 못하는 상태로서 가까운 곳과 먼 곳 양쪽에 대하여 심한 시력장애를 일으킨다. 눈이 쉽게 피로하며, 물체가 이중으로 겹쳐 보이기도 하고 머리가 몹시 아플 때도 있다.

(5) 노안(Presbyopia)

눈의 조절기능이 약해지기 때문에 일어나는 것으로 나이를 먹어 가까운 것이 잘 보이지 않게 되는 현상이다.

1.2　청력(Hearing)

귀는 청각과 균형을 제공하며, 항공기 정비 작업에서 과거에는 청력에 의존하는 경우는 많지 않았으나, 최근의 항공기들이 복합소재의 사용이 증가하게 됨에 따라 들뜸 현상을 검사하기 위한 동전시험(coin test)등으로 청력을 이용한 검사업무가 크게 늘고 있는 추세이다.

또한, 항공기 정비작업이 소음이 많이 발생하는 곳에서 팀워크(team work)에 의해서 이루어지므로 청력은 일상생활뿐만 아니라 항공기 정비를 수행하는 의사소통 과정에서 매우 중요하다. 따라서 항공기 엔진을 가동하거나 리베팅(riveting) 작업과 같이 소음이 많이 발생하는 곳에서는 귀마개를 착용하여 청력을 보호하여야 한다.

1.2.1 인간의 청각계통(The Human Auditory System)

청각감각은 시각과 같이 다양하고 복잡하며, 튜바(tuba)의 낮은 음에서부터 날카로운 호각의 높은 음까지 인간은 식별할 수 있으며, 많은 종류의 소리 자극에 반응하고 모든 자극을 식별할 수 있는 능력을 지니고 있다.

청각자극은 공기를 통해서 전해지는 음파이며, 공기의 압축과 팽창이란 작은 진동들이다. 즉, 어떤 범위의 주파수음의 자극으로 인하여 발생하는 것이 청각감각으로서 떨어진 주위 상황을 아는 데 중요한 감각이다. 동물은 음향을 매개로 하여 멀리 떨어진 곳에서 생기는 일을 인지할 수 있다.

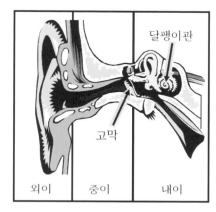

그림 4-5 청각계통

대다수의 음향은 여러 가지 파장으로 이루어져 있으며, 청각계통의 구조는 그림 4-5와 같다. 외이 또는 볼 수 있는 부위는 단순히 음의 파장들을 수렴시킨다. 음의 파장은 고막을 진동시키며, 고막의 진동은 진동을 전이하고 확대하는 3개의 소골이 있는 공기로 채워진 중이에 도달한다. 3개의 소골 중에 마지막 소골은 내이의 수용기가 있는 달팽이관에 진동을 전달한다. 청각신경은 달팽이관내의 청각 수용기에서 오는 정보를 뇌에 전달한다.

1.2.2 청력보호(Hearing Protection)

램프에서 작업하는 항공정비사들은 귀를 보호하지 않으면 청력이 손상될 정도의 소음에 노출돼 일하고 있으며, 소음은 작업 중 건강에 해를 주는 가장 일반적인 위험요인 중의 하나이다.

(1) 소음

소음은 난청 등의 장해를 일으키기 쉬울 뿐만 아니라 침착하지 못한 행동과 피로를 증가시커 판단력을 저하시키고, 청각을 이용하는 정보전달에 방해가 되게 한다.

소리의 측정 단위는 데시벨로서 소음도가 평균 85데시벨 이상인 곳에서 8시간 동안 있으면 청력이 손상될 수 있으며, 일반적인 대화는 60데시벨 정도이고 전기톱은 약 116데시벨 정도이다.

소음도에 못지않게 중요한 것이 소음에 노출된 시간의 양으로서 소음을 한 번에 몇 분 듣는 것보다 계속 듣는 것이 더 해롭다. 귀가 울리거나 소음이 멈춘 다음 귀가 먹먹하면 최소한 일시적이라도 청력에 영향을 받은 것이다.

산업안전보건법 산업보건 기준에 관한 규칙에서 규제하고 있는 소음에 대한 기준은 다음과 같다.

"강렬한 소음작업"이라 함은 다음에 해당하는 작업을 말한다.

- 90데시벨 이상의 소음이 1일 8시간 이상 발생되는 작업
- 95데시벨 이상의 소음이 1일 4시간 이상 발생되는 작업
- 100데시벨 이상의 소음이 1일 2시간 이상 발생되는 작업
- 105데시벨 이상의 소음이 1일 1시간 이상 발생되는 작업
- 110데시벨 이상의 소음이 1일 30분 이상 발생되는 작업
- 115데시벨 이상의 소음이 1일 15분 이상 발생되는 작업

"충격소음작업"이라 함은 소음이 1초 이상의 간격으로 발생하는 작업으로서 다음에 해당하는 작업을 말한다.

- 120데시벨을 초과하는 소음이 1일 1만회 이상 발생되는 작업
- 130데시벨을 초과하는 소음이 1일 1천회 이상 발생되는 작업
- 140데시벨을 초과하는 소음이 1일 1백회 이상 발생되는 작업

(2) 청력보호 장구

청력보호를 위해 작업장 소음에 덜 노출되게 하는 것으로서 시끄러운 기계 주위의 벽이나 천장에 흡음재를 설치하거나, 기계 주위에 방음벽을 세우거나, 작은 부스를 세워야 하는데, 이런 방법을 사용할 수 없는 경우에는 정비작업자는 반드시 적절한 청력 보호 장구를 착용해야 한다.

청력보호 장구 유형에는 소모성 및 재사용 가능 귀마개(ear plug), 맞춤(custom-fitted)

귀마개, 귀 덮개(ear muff)등이 있다.

귀마개는 귓구멍에 삽입하여 외이도를 막아줌으로서 소음을 감소시키는 반면, 귀 덮개는 귀 전체를 감싸 고막으로 전달되는 소음을 감소시킨다. 그러므로 귀 덮개는 귀마개보다 높은 수준의 일관된 차음 효과를 얻을 수 있고 같은 크기의 귀 덮개를 대부분의 작업자들이 사용할 수 있다. 귀에 염증이 있는 경우에도 사용할 수 있으며 크기가 커서 사용여부를 확인하기가 쉽다. 그러나 고온에서 착용이 불편하며 안경, 모자, 머리카락 등이 착용에 불편을 준다. 고개를 움직이는데 불편을 주고 크기가 커서 운반과 보관이 쉽지 않은 단점이 있다.

일반적으로 60dB 이상의 소음이 발생하는 작업장에서는 귀마개를 사용하고, 80dB 이상의 소음(배경소음포함)이 발생하는 작업장에서는 귀덮개를 착용한다. 또한, 항공기 엔진작동(engine run-up), 리벳(riveting)작업 및 플라즈마 코팅(plasma coating) 작업 등과 같은 순간적인 충격음을 포함하여 발생되는 소음의 강도가 100dB 이상인 작업장에서는 귀마개와 귀덮개를 동시에 착용하여야 한다.

청력보호 장구 착용 시 유의사항으로는 보호 장구 착용 시 동봉된 지시에 따라야 하며, 선택한 보호 장구가 제대로 맞는지 확인하고, 청결한 위생 상태로 유지하여야한다. 또한, 보호 장구 착용 시에는 안경테 등과 같이 착용에 방해를 주는 건 없는지 확인하여야 하며, 보호 장구가 맞지 않으면 귀가 잘 보호되지 않으므로, 청력 보호 장구를 선택할 때는 외이도의 크기 및 머리와 턱의 모양을 고려하여야 한다.

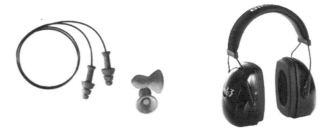

그림 4-6 청력 보호 장구 유형

(3) 난청현상

큰 소리에 장기간 노출되어 있으면 코티씨 기관 모세포의 변성탈락에 의해 난청(청력손실)이 일어난다.

이러한 난청은 소음에 노출되었을 때 몇 시간 또는 수일이내에 회복되는 일시적인 난청에서 소음에 노출이 지속됨에 따라 회복양이 감소하여 나중에는 결국 영구적인 난청으로 이어질 수 있다.

난청은 귓속에서 이명(noise or ringing)이 들리고, 사람들이 말하는 소리를 듣지 못하고, 특정 고음 혹은 부드러운 음을 듣지 못하는 경우도 있으며, 다른 사람들이 불평할 정도로 TV나 라디오 볼륨을 높이게 된다.

2 정보처리(Information Processing)

인간은 정보를 처리하고 있으며, 그 정보를 처리하는 가운데 어떤 것은 기계로 간단하게 대체할 수 없다는 것과, 인간-기계계통에서는 양자가 정보를 교환하면서 각기 정보를 처리하는 것이며, 양자의 원활한 상호작용이 중요하다.

인간의 정보처리는 그림 4-7과 같이 컴퓨터의 정보처리와 유사하다. 감각기관을 통하여 외부로부터 지각하고, 인식하여 입력하는 것은 컴퓨터의 마우스 또는 키보드와 유사하며, 입력사항을 기억하고 처리하는 것은 CPU 또는 디스크 드라이브와 유사하고, 처리된 결과에 대하여 행동하는 것은 컴퓨터의 프린터 또는 모니터 등과 같은 출력장치와 다를 바가 없다.

그러나 인간행동은 복잡하고 다양하여, 기계와 같이 일정한 형태를 쉽게 예측할 수 없으며, 기계의 부분적인 개선만으로 인적오류(human error)를 방지하는 데에는 한계가 있을 수 있다.

그림 4-7 컴퓨터 정보처리와 유사점

따라서 정보처리과정을 정확하게 이해하며, 정보처리과정에서 인간이 일으킬 수 있는 인간실수를 생각해 볼 필요가 있다. 그리고 기억과정과 판단과정에 관여하는 요인들에 의해 발생 가능한 인적오류의 형태를 분류하여, 인적오류의 발생가능성을 감소시킬 수 있는 방법을 강구하여야 할 것이다.

2.1 인간의 정보처리 모델

정보란 추상적인 개념이며, 완전하게 이해하기 어렵지만, 실무를 담당하는 입장에서 직장의 일상적인 활동이 진행되고 있는 가운데서「자신이나 동료의 두뇌나 신체는 물론이며 대상이 되는 기계, 재료, 환경 중에도 정보가 존재하고 있어서 어떠한 행동을 하는 경우에는 그들의 정보끼리 밀접한 관계를 가지고 회로를 구성한다」라고 생각하면 편리하며, 이 사고방식에 익숙해지면 정보라는 것을 조금씩 이해하게 되어, 여러 가지 문제를 해결하는데 매우 효과적으로 활용할 수 있을 것이다. 이와 같은 사고방식에 입각해서 인간의 행동에 판단이 따를 때는 분명히「정보처리」를 한다고 할 수 있다.

그림 4-8은 인간의 정보처리과정을 보여주고 있다. 각 단계는 컴퓨터 프로그램의 여러 단계와 유사하게 정보를 변환하고, 몇몇 예외 단계는 지각, 실행, 장기기억, 반응선택, 결심으로 구분되어진다.

외부의 정보 혹은 자극은 시각, 청각 등의 감각기관에서 외부환경이 받아들여져서 단기 감각저장고에 들어오게 되며, 감각저장고에 시각적인 자극은 수백msec, 청각적인 자극은 몇 초간 머무르게 되며, 그러한 자극이 무엇인지를 다음 단계에서 지각하게 된다. 이 과정에서 인간의 주의(attention)가 관여하게 되며, 주의하지 않은 것은 자연스럽게 소멸되어가고, 주의를 기울인 자극들은 한정된 양이 장기기억과 작업 기억(혹은 단기기억)의 도움으로 일정한 형태나 의미로 지각되어져서 판단 및 반응이 선택되어 운동중추를 통해서 소리, 손가락, 발 등에 명령하여 실제의 행동이 된다.

그림 4-8의 모델에서 "지각"으로부터 "반응실행"의 사이가 대뇌중의 정보처리과정이다. 이 모델에서 중심이 되는 것이 지각된 환경 및 상황을 판단하고 반응을 선택하는 과정이며 이 부분은 감각기관에서 받은 외계의 상황(기여요인)이 물리적 환경과 같은지 어떤지를 확인하거나 판단하는 부분이다. 감각기관에서 받은 것이 올바른지 아닌지를 판단하는 기준은 이미 가지고 있는 기억장치의 지식 및 경험 등을 참조한다.

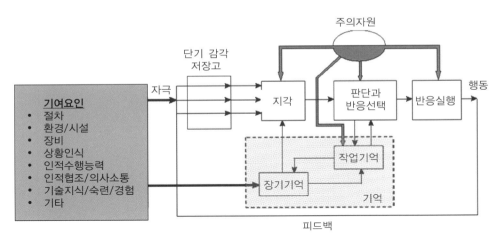

그림 4-8 인간의 정보처리 과정

예를 들면 중요도의 정도를 작업 기억에서 고려하여 이것을 장기기억으로 되돌려서 보다 외계의 상황에 가깝게 수정해 나간다.

2.2 인간-기계계통의 정보처리

인간의 정보처리능력은 어떤 주어진 시간에만 정보처리가 가능하고, 컴퓨터의 정보처리와 같이 한 번에 한 명령씩만 처리가 가능하며, 기억 또한 망각할 수 있다는 한계점을 가지고 있음을 인식하는 것이 중요하다. 그러므로 아무리 숙련된 정비사하고 할지라도 반드시 매뉴얼과 같은 문서화된 자료를 활용하여야 한다.

그림 4-9는 앞에서 설명한 간단한 행동이나 동작이 아니고, 항공기 정비현장에서 실제 실행하고 있는 여러 가지 작업에 적용하기 위해 하나의 인간-기계계통을 선택해서 기계 등을 조작하는 상황하의 인간정보처리에 대해서 설명하고 있다.

그림의 위쪽이 인간(조종사 또는 정비사), 아래쪽이 기계장치(항공기 및 엔진 등)를 보여주고 있다. 조종사는 항공기 조종실의 계기 등의 표시기기로부터 감각기를 통해서 정보를 받아들여 지각(감지)하게 되고, 인지를 통해 이 정보를 인식하고, 판단하여 의사결정에 따라 신경이나 근육을 통해서 행동하게 되어 각종 스위치 또는 레버 등의 조종기구를 조작하고, 그것이 항공기 계통에 전달되어 해당 계통이 작동되며, 그 결과 조종실의 계기(표시기기)에 표시되는 것으로 1 Cycle이 완료되지만, 통상 1 동작만으로 끝나는 작업은 적으며, 몇 번이나 Cycle을 회전시켜서 하나의 작업을 완성하게 된다.

정보의 발생근원인 표시기는 인간이 직접 정보를 받아들이고 반대로 정보를 내보내는 것으로 항공기 조종실의 계기를 들 수 있다. 그러나 항공기를 운항하거나 지상에서 시운전 작동 중에는 계기에서 나타난 정보이외에 기상상태를 비롯하여 램프 및 활주로 등의 주변상황 등으로부터 필요한 정보를 얻고 있다는 사실을 생각하면 이런 상황정보 또한 중요한 표시기라고 할 수 있다.

조작기구는 푸시버튼, 토글스위치, 레버, 핸들, 페달 등이 여기에 해당된다. 이것들을 총칭해서 조종(Control)이라고 하며, 인간의 출력된 행동을 기계에 거둬들이는 도구라고 생각하면 된다. 항공기 조종실의 계기패널(Instrument Panel)은 표시기와 조작기구를 구비한 것이며, 조종사와 항공기의 정보를 주고받는 중개자로서 중요한 역할을 수행하고 있다고 할 수 있다. 이러한 표시기와 조작기구는 인간공학적 설계를 바탕으로 정보전달 및 식별이 용이하도록 배치되고 설계되어야한다.

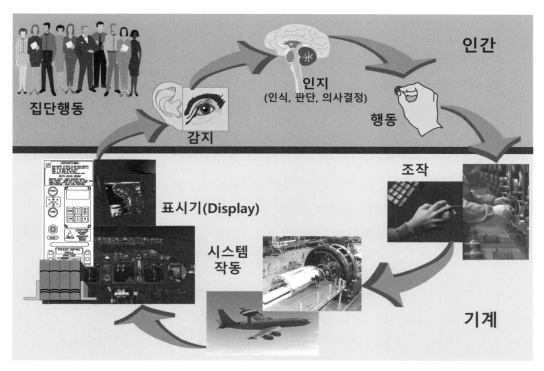

그림 4-9 인간-기계통의 정보처리

3 주의와 지각(Attention and Perception)

항공기 점검 중에 엔진 주변에 오일이 묻어있는 것을 발견하였다면, 오일보급 중에 흘러넘친 것인지 엔진 작동 중에 누설된 것인지를 판단하여야 한다. 이 과정에서 주의(attention)의 역할이 크게 작용한다. '주의 깊게 점검하였더라면 비행 중 엔진정지를 방지할 수 있었을 것이다'라고 사고원인 분석에서도 주의현상을 중요하게 생각한다.

3.1 주의(Attention)

주의력은 항상 일정한 수준을 지속하면서 유지되는 것이 아니라 장소와 시간에 따라 변화하는 성질을 가지고 있다. 작업 중에 휴식을 취하거나, 연습과 훈련을 통하여 주의력의 변화를 억제시켜, 작업에 필요한 주의력을 일정 수준 유지하려고 노력하여야 한다.

주의는 다음 4가지로 나뉘어 설명되고 있다.

- **선택주의(selective attention)**: 주의는 외부의 정보와 자극에 선택적으로 반응하고 있다.
- **응시주의(focused attention)**: 한 가지 정보에만 주의를 기울이고 나머지 것은 제외하는 것이다. 시끄러운 파티 장에서 두 사람이 서로 대화하는데 어려움이 없는 것은 두 사람의 주의가 대화에 집중되어 있음을 의미한다.
- **분할주의(divided attention)**: 두 가지 이상의 과업에 주의를 기울이고 있는 경우이다. 라디오를 들으면서 운전하거나, tv를 보면서 밥을 먹는 경우를 생각할 수 있으며, 젊은 이들은 음악을 들으면서 책을 읽기도 한다.
- **지속주의(sustained attention)**: 매우 드물게 나타나는 현상을 관찰하기 위하여 변화가 많지 않은 장면을 장시간 쉬지 않고 주의하는 경우이다.

이와 같이 주의(attention)는 상황에 따라 다양한 성질과 기능을 가지고 있다. 어떤 측면에서는 한정된 성질과 기능밖에 가지고 있지 않다 라고도 할 수 있다. 그리고 주의력은 항상 일정한 수준을 지속하면서 유지되는 것이 아니라 장소와 시간에 따라 변화하는 성질을 가지고 있다. 시간에 따른 주의력의 변화가 장소에 따른 변화보다 쉽게 관찰되고 있으며,

주의력의 변화를 유발시키는 요인에 관한 연구는 많이 이루어지고 있다.

작업 중에 휴식을 취하거나, 연습과 훈련을 통하여 주의력의 변화를 억제시켜, 작업에 필요한 주의력을 일정수준 유지하려고 노력한다. 그러나 취미 생활에서보다는 의무적으로 작업을 수행해야하는 작업장이나 사무실에서 주의력을 일정하게 유지하는 것이 쉽지 않다.

선택주의(selective attention)의 특성상, 주의는 생활이나 행동에 필요한 것에만 선택적으로 적응한다. 작업수행에 필요한 정보에 더 많이 주의하고, 중요하지 않은 정보를 무시하는 특성을 가지고 있다. 즉 자신의 주위에 널려있는 정보에 대해 자신에게 필요한 것이라고 인식되어야 주의하게 된다. 보는 사람에 따라 같은 물건이라도 그 가치는 다를 수 있고 의미가 달라질 수밖에 없는 이유가 여기에 있다. 인적오류의 가능성이 많은 부분이라고 할 수 있다.

3.2 지각(Perception)

감각기관이 받아들인 원초적인 감각자료들을 조직하고, 해석하여 외부대상에 의미를 부여하는 과정으로서 인간의 지각과정은 단순히 외부자극을 수동적으로 받아들이는데 그치지 않고 능동적인 의미를 부여한다. 따라서 똑같은 자극과 정보를 접했다 하더라도 지각자들이 동일한 지각을 한다고 볼 수 없으며, 극단적으로 "각자 자신이 보고 싶은 대로 본다."고 할 수 있다.

지각의 과정은 그림 4-10과 같이 3가지 과정으로 진행된다.

그림 4-10 지각과정

- **선택적 주의(selective attention)**: 선별적으로 몇 가지 자극에만 주의를 기울이는 것으로서 지각자의 내적 상태도 외부정보를 선별적으로 받아들이게 하는 것이다. 즉, 뭐 눈에는 뭐밖에 안 보인다.

- **조직화(organization)**: 지각내용을 재구성해서 보는 것이다.
- **해석(interpretation)**: 지각자의 과거 경험이나 지식, 가치관, 기대 등을 대상 자극에 투영시켜서 그 의미를 해석한다.

3.2.1 위험 지각(Risk Perception)

기술적인 측면에서 위험이란 사람에게 즉시 상해를 유발하거나, 장치, 환경 또는 구조물에 손상을 줄 수 있는 잠재성을 가진 에너지의 원천을 말한다.

정비사들은 다양한 화학약품, 가스, 방사능과 같은 다양한 독성물질에 노출될 수 있으며, 이들 중 일부는 건강에 문제를 일으킬 수 있다. 신체에 즉각적인 영향을 미치는 위험한 에너지와는 달리, 독성물질은 매우 다른 시간적인 특성을 가지는데, 즉각적인 영향으로부터 수개월 또는 수년에 걸쳐 지연되어 영향이 나타날 수 있다.

사람들이 지각할 수 없을 만큼의 적은 양의 독성물질이 누적되어 영향을 미치는 경우가 많다. 반대로 위험한 에너지나 위험물질이 위험성이 존재하지 않는 경우 사람에게 전혀 해를 끼치지 않을 수 있다. 위험성이란 위험에의 상대적인 노출을 표현한다.

사실 충분한 사전적 예방조치를 취한 결과로 위험의 존재함에도 불구하고 위험성은 거의 없을 수가 있다. 사람들이 어떤 상황을 위험한지를 결론짓고 위험하다고 생각할 경우, 얼마나 위험한지 결론을 내리기 위한 마지막 평가의 단계에서 사용하는 요소들에 대해서는 많은 연구결과가 있다. 이러한 것들을 위험지각이라고 한다. 위험지각은 인식된 실제상황과 위험한 유해물질 등에 대한 신호를 이해하는 것을 다룬다. 즉, 대상, 소리, 후각적 또는 촉각적 감각 등의 인식을 말한다. 화재, 고소작업, 이동하는 물체, 커다란 소리와 산성물질의 냄새 등은 해석의 필요가 없는 명백한 위험의 사례라고 할 것이다.

어떤 경우, 사람들은 임박한 위험성의 갑작스런 존재에 대해 반응하는 데에 있어서 유사한 대응을 보인다. 갑작스럽게 커다란 소음이 나타나거나, 균형의 상실, 물체의 크기가 갑자기 커지는 등(그래서 사람의 신체를 가격할 것 같이 보이는 경우)이 공포자극인데, 뛰거나, 피하거나, 눈을 깜빡이거나, 꽉 붙잡는 등의 자동적 반응을 촉발한다. 또 다른 반사적 반응에는 뜨거운 표면에 닿았을 때 손을 뒤로 신속하게 빼는 것 등이 있다.

래치먼(Rachman, 1974)은 아주 강력한 공포자극은 새로움, 돌발성 및 높은 완결성의 속성을 가진다고 결론지었다.

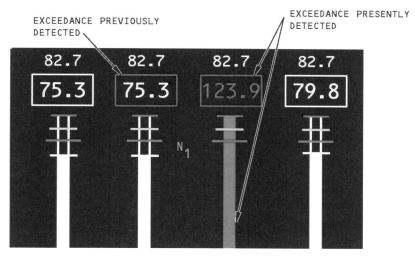

그림 4-11 B747-8 엔진 회전계 계통-N1 RPM EXCEEDANCE

　전기, 메탄가스나 일산화탄소와 같은 무취의 가스, X-레이와 방사성 물질들 또는 산소결핍 등의 위험과 유해물질은 인간의 감각으로 직접 지각할 수 없으며, 신호를 통해 추론하여야 한다. 이러한 것들의 존재는 위험의 존재를 무언가 지각이 가능한 것으로 변환시켜 알려주는 장치들에 의해 알려져야 한다. 전류는 전류검사 장치의 도움을 통해 지각될 수 있는데, 예를 들어 항공기 조종실의 엔진계기들의 경우, 엔진의 작동상태가 정상 또는 비정상적인 상황을 알려주는 배기가스 온도계기(EGT indicator) 또는 그림 4-11과 같이 엔진회전계기(RPM indicator) 등의 위험수준을 표시해 주는 데에 사용한다.

4 기억(Memory)

기억이란 현재 혹은 앞으로 사용하기 위하여 정보를 저장하는 과정으로서 "경험의 흔적"으로 정의할 수 있으며, 기억을 통해서 과거와 현재를 연결 지을 수 있다.

기억은 감각기억, 단기기억 및 장기기억의 세 가지 유형이 있다.

4.1 감각기억(Sensory Memory)

외부의 정보가 눈이나 귀 등과 같은 감각기관을 통하여 잠깐 동안 머무는 단계의 기억을 말한다. 자극이 중단된 후에 감각적인 자료들이 순간적으로 남아있는 것으로 시각, 청각, 후각, 미각, 촉각 중의 하나로서 주의를 기울인 정보·자료만이 단기기억으로 넘어간다.

4.1.1 작업(단기) 기억(Working(Short-Term) Memory)

현재 의식하고 있는 정보로 능동적으로 가지고 있는 정보를 마음속에 저장하는 것으로서 분석되고 의미가 있는 정보이다. 감각기억 보다는 정보를 더 오래 가지고 있을 수 있으나 저장할 수 있는 용량이 제한된다. 즉, 전화번호 또는 건물약도를 전달받을 때 사용되는 기억 정도이다. 단기 기억력은 20초정도 유지되는데, 반복적으로 정보를 되새기면 유지기간을 증가시킬 수 있다.

단기기억에서의 망각은 고의적인 것처럼 보일수도 있다. 모든 정보를 단기 기억할 필요는 없다. 이것은 단기기억이 유지되는 시간간격도 짧지만, 수용하는 능력도 매우 작기 때문이다. 이 수용능력은 평균 7개 항목이며, 사람에 따라 5개에서 9개 항목의 수용능력을 가지고 있다. 단기기억에 5개 내지 9개 항목을 수용하여 가득 차게 되면 새로운 정보는 단기기억 속에 있는 오래된 정보를 없애야만 기억할 수 있다.

4.2 장기기억(Long-Term Memory)

일반적인 기억은 장기기억을 의미하며, 단기기억 정보가 반복될 때 영구적인 장기기억으로 정보가 전달되며, 용량의 제한이 없다. 즉, 도식이나 지식과 관련하여 다양하게 저장할 수 있으나, 정보의 저장형식이나 다른 지식과의 관련성에 따라 입력된 정보가 편파·왜곡되어 인출되기도 한다.

4.3 기억과 망각

인간이 기억에 정보를 저장함으로써 어떤 것을 학습하게 되는데, 이 저장된 정보는 지속되어 필요할 때 회상될 수도 있고, 때로는 사라지는 것처럼 보일 수 있다. 이것을 기억과 망각이라 부른다. 그림 4-12와 같이 정보를 습득하기 위한 시간이 길수록 정보가 기억된 비율이 높아지는 반면, 정보가 습득된 이후의 경과된 시간이 길어질수록 기억의 재생이 떨어지는 것을 볼 수가 있다.

항공정비사가 단 한번 접해보았던 정보는 몇 년이 지난 후에는 기억하기가 어렵다. 그러므로 중요한 정보는 문서로 전달하는 것이 효율적이며, 반복적인 재교육(recurrent training)이 필요하다.

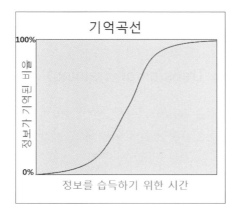
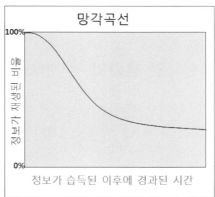

그림 4-12 기억과 망각곡선

4.4 초두와 최신효과

정보를 언제 제시하는가에 따라 사람들의 기억에 영향을 미친다.

최신효과(recency effect)는 제일 마지막에 주어진 정보를 가장 잘 기억하는 것이며, 초두

효과(primacy effect)는 가장 처음에 주어진 정보가 두 번째로 잘 기억되는 것으로서 중간에 제시된 정보를 가장 기억하지 못한다.

그러므로 항공정비사에게 정보를 전달하거나 브리핑시에는 중요한 정보를 처음이나 마지막에 배치하여 전달하는 것이 효과적이다.

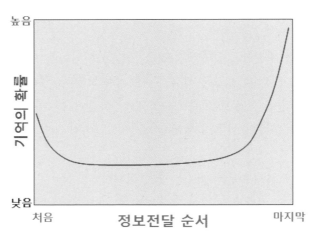

그림 4-13 정보전달 순서에 의한 기억효과

4.5 부정적인 훈련의 전이(Negative Transfer of Training)

새로운 기술(도구, 자료)을 습득할 경우, 이전에 습득했던 기술이 장기 기억력으로 저장되어 있음으로 만약 새로운 기술이 이전의 기술과 일부 상이하지만 유사 할 경우 혼란을 초래할 수 있다.

예를 들어 유압펌프 교환방법을 잘 아는 정비사가 A 항공기의 유압펌프를 교환하고, 새로운 모델의 항공기 B에서 유압펌프를 교환 할 경우, 항공기 A의 펌프 볼트의 토크는 150파운드이고, 항공기 B의 펌프 볼트의 토크는 200파운드라면, 정비사는 항공기 A의 펌프 볼트의 토크를 200파운드로 교체하거나 항공기 B의 펌프 볼트의 토크를 150파운드로 교체하는 실수를 범할 수 있다.

이러한 부정적인 훈련의 전이에 의한 인적오류를 예방하기 위해서는 대부분의 작업사항이 유사하지만 완전히 동일한 것이 아니라면, 관련 매뉴얼 등을 세밀하게 확인해야한다.

5 | 피로(Fatigue)

피로는 일반적으로 신체의 회복을 필요로 하는 생리적인 현상이다. 피로는 주로 잠을 늦게 자거나 못 잔 경우, 일상적인 일주기 리듬이 깨진 경우, 또는 어떠한 일에 육체적으로나 정신적으로 과도하게 집중한 경우에 발생한다.

항공정비작업의 경우 장시간 근로나 일주기 리듬을 깨는 야간근무 또는 힘을 지속적으로 많이 사용하는 정비작업 중에 피로를 많이 느낀다. 피로하면 상황파악을 잘못하여 그릇된 판단을 내리거나, 일시적인 기억상실을 초래하고, 평상시의 힘을 발휘하지 못한다.

5.1 피로의 유형(Types of Fatigue)

피로의 유형에는 급성피로(acute fatigue)와 만성피로(chronic fatigue)가 있다.

급성피로는 일시적인 수면부족, 단기간의 육체적이거나 정신적인 과도한 작업 등으로 인하여 일시적으로 기진맥진한 상태이다. 일시적이고 지속시간이 짧다. 급성피로는 간밤의 과도한 회식 등과 밀접하게 관련이 되기도 한다. 회식은 지나친 음주와 밤을 지새우게 한다. 알코올은 수면을 방해하여 다음날 아침부터 온종일 급성피로로 인한 고통을 느끼게 된다. 급성피로는 휴식과 숙면으로 간단하게 해소할 수 있다. 평균적으로 매일 밤 8시간 정도의 수면을 취하여야 한다. 수면을 은행의 돈처럼 취급한다면 은행에서 빌릴 경우 그것을 다시 갚아야하는 것과 같이 5시간만 수면한 경우에는 그다음 밤에는 좀 더 수면을 취하여야 한다.

만성피로는 통상적인 생활주기 내에 나타나는 주간의 휴양시기 등에 의해서도 용이하게 회복되지 않는 피로한 상태를 말한다. 만성피로가 되면 휴양의 효과도 감소되어 피로해지기 쉬운 성질로 인해서 그 회복이 곤란해지며 어떤 경우에는 심리적인 증상이 중요한 역할이 된다. 이러한 형태의 만성피로를 심리학자들은 특히 과로라 부르며 안정이 되지 못한다. 평소의 부담을 소화시킬 수 없다고 느끼며, 일반적으로 무기력하며 불쾌하고 또한 우울한 증세를 띤다고 한다. 이 상태에서는 개인적인 욕구를 찾아내서 잘 처리하지 못해서 욕구불만이 되어 언제나 침착하지 못한 기분이 되기 쉬우며, 주의를 집중하기 어렵게 되어서 하나의 일에 전념할 수 없다. 기억의 저하, 불만, 불면을 호소하며, 두통이나 현기증 등이 빈번해진다. 이와 같은 상태가 강한 힘으로 압박하며, 다시 증세가 나빠져서 신경증적인 증상이나 소위 정신신체의 질환이 진행된다.

5.2 피로의 영향(Effects of Fatigue)

미국에서 발생하는 연간 100,000건 이상의 교통사고가 피로와 관련된 것으로 연구되었으며, 인류역사상 가장 심각한 사고로서 56명은 즉시 사망하고, 약 60만 명이 방사선에 노출되어 4,000여명이 암등으로 사망한 구소련의 체르노빌 원자력 발전소의 폭발로 인한 방사능 누출사고와 냉각장치가 파열되어 노심용융이 일어나 핵연료가 외부로 누출된 미국의 스리마일 섬(three mile island) 원자력 발전소 사고 등을 비롯하여 도시전체를 죽음으로 몰고 간 가스참사라고 불리는 인도의 보팔 화학약품 유출사고, 미국 알래스카 연안에 4,000만 리터의 기름을 누출시켜 해안선 2천 킬로미터를 기름으로 뒤덮은 초대형 유조선 엑손 발데즈(Exxon Valdez)호의 기름누출사고 등은 공식적으로 피로로 인한 판단착오 때문에 발생된 것으로 알려져 있다.

피로하면 안색이 창백해지거나 시야가 어두워지고, 경우에 따라서는 안면근육이 굳어져 무표정한 상태가 되기도 한다. 또한, 점차 원기가 없어져서 주위에서 말을 시켜도 대답하기 싫어지며, 동작이 서툴고 잘 움직여지지 않아서 동작의 자각이 느려지며 활발하지 못하고 균형이 잘 유지되지 않아 동작의 기교가 떨어진다. 아울러, 피로하면 긴장이 풀리고, 주의력이 산만해져 일에 대한 정신적 집중이 잘되지 않을 뿐만 아니라 다른 사람과의 교제가 싫어지고 무기력하여진다.

5.3 항공정비사의 피로관리

피로를 유발하는 대표적인 원인은 야간근무로 인한 생리적 주기의 파괴이다. 특히 연속적인 야간 교대근무를 하게 되면 밤과 낮이 뒤바뀌게 되어 수면, 식사시간 등이 바뀐다. 이런 변화는 규칙적인 식사나 수면을 방해하게 되어 피로를 유발하게 된다.

항공사의 정비 업무는 24시간 운영되며, 특히 점검정비작업은 야간에 대부분 진행되므로 항공정비사는 주간과 야간의 교대근무 형태를 따른다.

야간의 교대근무는 정상적인 생체리듬과 다른 환경조건에서 근무를 하게 되므로 주간에 근무를 하더라도 작업 중에 졸린 상태를 느낄 수 있으며, 이러한 상태는 작업성과 뿐만 아니라 항공기 및 개인안전에도 영향을 미칠 수 있으므로 주·야간 교대근무 시 항공정비사에게 영향을 미칠 수 있는 요인들을 고찰하고 수면에 대한 조직적인 관리가 필요하다.

5.3.1 교대근무(Shift)와 항공정비사의 피로

항공기의 가동률을 높이기 위하여 항공기 점검정비는 24시간 이루어지기 때문에 항공정비에서 교대작업은 필수적이다. 항공사에 따라서 조출·만퇴·야근의 1일 3교대나 또는 주·야간의 1일 2교대를 실시한다. 1일 3교대 근무는 항공정비사의 근무시간을 줄이는 장점이 있으나 잦은 교대로 의사소통이 정확하게 이루어지기가 어려운 단점이 있다. 반면에 1일 2교대 근무는 교대 횟수가 줄어드나, 1회 근로시간이 길어 생산성이 떨어지고 항공정비사의 피로를 가중시킬 수 있다.

영국 민간항공 관리국(CAA, 2002)의 항공정비사의 작업시간에 대한 연구에 따르면 그림 4-14와 같이 오전 6시부터 14시까지 근무하는 조출(morning)조에 비하여 14시부터 16시까지 근무하는 만퇴(afternoon)조의 위험률(risk rate)이 17.8%이상 높으며, 22시부터 06시까지 근무하는 야근(night)조는 조출 조에 비해 위험률이 30.6% 이상 높았다.

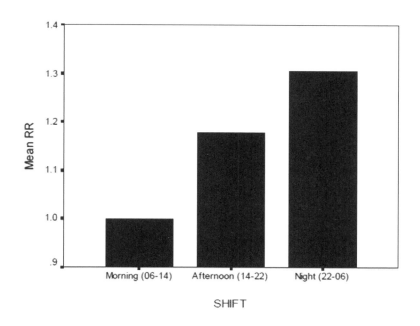

그림 4-14 3교대 근무에서 평균 상대 위험도

또한, 그림 4-15와 같이 8시간 교대근무자에 비해 12시간 교대근무자의 위험발생 확률은 약 27.6% 높게 나타났으며, 12시간 교대근무는 3교대에 비하여 근무교대에서 발생할 수 있는 공백시간이 상대적으로 짧고 또한 작업자에게는 휴식시간이나 가용시간의 활용 폭이 넓기 때문에 관리자나 작업자 모두에게 선호되고 있다.

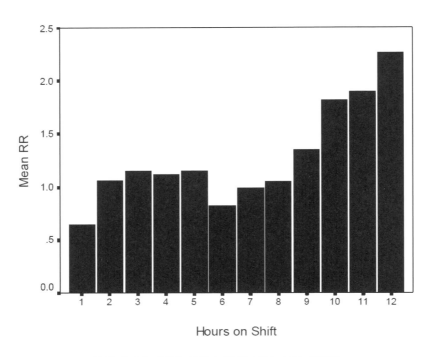

그림 4-15 근무 시간 동안의 평균 상대 위험도

5.3.2 항공정비사의 수면관리

수면은 인간이 신체와 두뇌를 정상적으로 회복하기 위하여 육체와 정신의 활동을 줄여서 자각상태를 줄어들게 한 것이다.

혈중알코올농도로 환산한 피로의 영향에 대한 연구에 따르면, 17~19시간 동안 한숨도 못 잤을 때 나타나는 인지행동능력 저하는 혈중알코올농도 0.05%(0.05g/100ml)에 해당되는 것으로 나타났으며, 20~25시간 동안 무수면의 경우에는 혈중알코올농도가 0.1%(0.1g/100ml)에 해당되는 것으로 연구되었다. 그러므로 항공정비사로서 인지행동능력을 높여서 정상적인 활동을 수행하기 위해서는 신체와 두뇌를 정상적으로 회복할 수 있도록 수면을 적당히 취해야 한다.

(1) 수면주기(Sleep Cycles)

수면주기는 그림 4-16과 같이 렘(REM: Rapid Eye Movement)수면과 4단계의 비렘 또는 꿈꾸지 않는 수면(Non-REM or non-dreaming sleep)으로 나누어진다.

렘수면의 가장 큰 특징은 꿈을 꾸는 것이다. 꿈을 꾸는 동안에는 깨어있는 것처럼 눈동자가 자꾸 움직이고, 심장박동의 변화가 있으며, 근육이 활동적으로 혈압이 오르내린다. 각각의 렘수면은 반복되며, 꽤 긴 시간 지속되지만 얕은 잠의 단계로서 쉽게 깨어날 수 있으며, 감정과 선택 정보를 장기기억에 저장하는 과정이기도 하다. 전체 수면에서 25%이하를 차지한다.

비렘수면은 꿈꾸지 않는 수면으로서 수면시간의 75~80%를 차지하며, 수면은 대개 비렘수면으로 시작하여 점점 깊은 수면으로 빠져들게 된다. 일반적으로 다음과 같이 4단계로 분류되는데, 단계가 높아질수록 깊은 잠을 자게 되고 깨우기가 어렵다.

- **1 단계 피로와 각성**: 수면의 초기단계로 각성과 수면상태 사이의 과도기로서 비몽사몽 상태.
- **2 단계 전환**: 첫 번째 단계에서 실제적인 수면으로 전환되는 단계로서 쉽게 수면에 방해받을 수 있음.
- **3, 4단계 숙면**: 건강에 있어 가장 중요한 단계로서 아주 깊고 가장 편안한 수면이며, 이 단계에 잠든 사람은 깨우기가 어렵다.

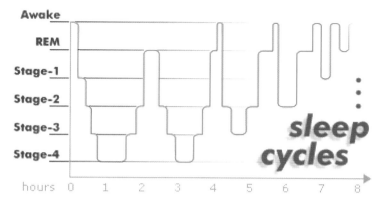

그림 4-16 수면 사이클(일반적으로 하룻밤에 각각 4~5번의 수면주기를 가지며, 각각의 주기는 90-120분간 지속된다.)

(2) 수면 후 무력감

수면 후의 무력감은 오랜 낮잠 후 느껴지는 비몽사몽인 상태로서 일시적으로 쉬운 일을 할 수 있는 능력조차 저하되며, 1분에서 4시간까지 지속될 수 있으나, 일반적으로 15-30분 정도 나타난다.

비몽사몽의 정도는 수면부족의 정도와 얼마나 오래 잠들어 있었는지 그리고 깨어난 순간 어떤 단계에 있었는지가 좌우한다. 1단계 또는 2단계의 경우에는 경미한 정도이며, 렘수면은 중간정도의 비몽사몽인 상태이지만 3단계 또는 4단계에서 깨어났을 경우에는 최고조의 비몽사몽인 상태가 된다. 이러한 이유로 사람들은 아침에 커피나 차를 마시게 된다.

(3) 숙면을 통한 피로회복

알람시계가 아닌 신체시계에 귀를 기울여야 한다. 누구나 수면은 반드시 필요하지만 사람에 따라서 필요한 수면시간이 다르다. 평상시 대부분의 사람들이 알람시계에 의해 기상했다는 것은 필요한 수면의 양을 얻기 위한 신체활동을 방해하고 있는 것이다. 아침에 일어나는 시간을 바꾸는 것은 매우 불가능하지만 알람시계의 도움 없이 아침에 일어날 수 있도록 일찍 잠자리에 들도록 노력은 할 수 있다.

- **침대는 오로지 잠을 자기위해 사용하여야 한다.**
  현대사회에서는 침대가 보조 소파로 활용되고 있다. 침대에서 독서, 음악 감상, TV시청, 공상 등 휴식을 취하고, 심지어는 음식물을 섭취하기도 한다. 즉, 침대의 실질적인 역할을 잊고 살고 있다. 침대를 수면 전용으로 사용하는 습관을 갖게 되면 침대에 눕는 순간 자동으로 잠자는 시간이라고 세뇌가 될 것이다.
- **매일 같은 시간에 취침과 기상을 하여야 한다.**
  몸이 일정한 리듬에 익숙해 질 수 있도록, 주말까지도 밤마다 같은 시간에 잠자리에 들고 정해진 시간에 일어나야 한다. 몸이 리듬에 적응되면, 매일 같은 시간에 졸리며, 자동적으로 매일 아침에 기상하게 된다. 수면 문제를 줄일 수 있는 기회가 된다.
- **운동은 아침이나 이른 오후에 실시하여야 한다.**
  운동이 건강에 기여하는 것과는 별개로 낮 시간의 운동은 4단계 수면의 질과 양을 개선한다. 더 많은 양의 4단계 숙면은 다음날 아침 상쾌한 기분을 느끼게 해준다.
- **늦은 시간에는 운동을 하지 않는다.**
  피곤하면 잠이 잘 온다고 생각하여 밤늦게 운동이나 게임을 하거나 여러 가지 활동을 하기도 한다. 비록 운동이 건강에 좋다고는 하지만, 지나친 활동은 몸을 흥분시켜 잠을 방해한다. 저녁시간에는 일상적인 활동과 휴식을 취하는 것이 좋다.

- **시계를 보지마라!**

  잠이 안온다고 시계를 자꾸 보는 것은 잘 알려진 나쁜 버릇 중의 하나이다. 불안을 가중시켜 잠을 더 못 잘 수 있다. 15분정도 잠들기 위해 노력했음에도 잠들지 않는다면 침대에서 벗어나 다른 방으로 가서 조용히 다른 일을 한다. 시간에 구애받지 말고 졸릴 경우에만 다시 침대로 돌아간다.

- **취침 전에는 술을 마시지 말아야 한다.**

  많은 사람들이 술을 수면 촉진제로 사용한다. 실제로 많은 의사들이 수면장애를 겪고 있는 노인 환자들에게 알코올을 처방하기도 한다. 음주는 쉽게 잠에 빠져들 수 있게 도움이 될 수 있지만, 수면리듬을 방해하여 아침에 일어나면 충분히 쉬지 못한 것 같은 숙취 등이 동반될 수 있다.

- **낮잠을 잔다.**

  나른한 정오부터 오후 4시 사이에 피로함을 느낄 때 커피 등과 같은 카페인을 섭취하는 것보다 낮잠을 자는 것이 훨씬 효과적이다. 30~40분간 자는 낮잠을 원기회복 낮잠 (power nap)이라고 부르는데 이러한 낮잠은 적당하게 기분을 상쾌하게 해주고, 때로는 밤새 자는 얕은 잠보다 더 편안하다. 그러나 지나친 낮잠은 저녁에 잠을 못 이루는 원인이 된다. 1시간 이내로 낮잠을 제한하고, 오후 3시 이전에는 일어날 수 있도록 해야 한다.

5.3.3 피로할 때 오류회피 방법

자신의 몸 상태가 피로를 느낄 경우에는 피곤함을 인정하고, 정신을 맑게 하기 위해서 몸을 많이 움직이는 것이 좋다. 자주 운동이나 스트레칭을 실시하고, 주변 사람들에게 피로한 상태를 말하고, 가급적 물을 많이 마시도록 한다. 원기회복을 위한 낮잠을 자는 것도 좋은 방법이며, 단순하고 지루함을 느낄 수 있는 작업은 피하는 것이 좋다. 또한, 가급적 다른 사람과 함께 일하면서 상호 오류를 지적해주고, 작업이 완료된 후에는 자신이 수행한 작업을 꼼꼼히 다시 살펴보아야 한다.

5.4 시차증후군(Jet Lag Syndrome)

시차가 최소 2시간 이상 나는 지역으로 항공여행을 했을 때 낮 시간 동안의 과도한 졸림 또는 밤잠의 설침 등의 증상을 느끼는 경우를 시차증후군이라고 한다. 이밖에도 입맛이 떨어지고 부적절한 배변과 배뇨가 나타나며, 집중력과 기억력의 장애를 겪게 된다.

이는 수면과 각성을 조절하는 생체시계가 여행지의 시각을 맞춰지는데 시간이 걸리기 때문이며, 시차에 완전히 적응하는 데는 보통 일주일 정도 소요된다.

시차가 많이 나면 날수록 증상이 심하고, 적응기간도 오래 걸린다. 이때 같은 시차라 할지라도 동쪽, 북미로 여행하는 경우가 서쪽, 유럽으로 여행하는 경우보다 증상이 심하고 적응하는데 오래 걸린다. 생체시계를 늦추는 것보다 앞으로 당기는 것이 어렵기 때문이다.

시차증후군을 극복하기 위해서는 동쪽으로 여행할 경우에는 하루에 한 시간씩 일찍 자고 일찍 일어나며, 서쪽의 경우에는 하루 한 시간씩 늦게 자고 늦게 일어나도록 해서 미리 생체시계를 조정하는 것이 좋다. 최소한 출발 2~3일전부터 현지시간에 맞추어 수면시간을 조절해주는 것이 좋다. 만약 수면패턴이 조정이 어렵다면 충분한 수면과 휴식을 취하는 것도 좋은 방법이다.

6 폐쇄공포(Claustrophobia)

지속적이면서 지나치게 비이성적인 두려움은 공포증(phobia)을 지닌 사람에게'위험하지 않다'라고 납득된다 할지라도 행동에 제약을 받는다.

항공기 정비작업에서의 대부분의 공포증은 폐쇄공포(claustrophobia)와 고소공포(acrophobia)이다.

폐쇄공포는 폐쇄된 공간의 두려움으로 항공기 연료탱크 등의 좁은 장소에 들어가면 나올 수 없게 되는 것은 아닐까 하는 두려운 마음을 갖게 되는 것으로서 위험상황을 쉽게 벗어날 수 없다는 생각에서 오는 두려움이다.

고소공포는 항공기 동체 상면 및 꼬리날개 등의 높은 장소에서 작업할 때 오는 지나친 두려움이다. 그러므로 폐쇄공포증이 있는 사람은 연료탱크 등의 밀폐된 공간에서는 작업을 하지 말아야 하며, 고소 공포증이 있는 사람 또한, 항공기 동체 상부 또는 날개 위에서의 작업은 금해야 한다.

자신의 공포증을 타인에게 말하는 것을 꺼려하지만, 어느 정도는 원활하게 극복할 수 있다. 반면에 심한 공포증은 다소 드물기는 하지만, 이성적으로 폐쇄된 공간 및 높은 위치에 대하여 두려워하는 사람도 다소 있음을 관리자는 인지하여 정비사에게 업무를 할당할 때 공포증에 대하여 고려하여야 한다.

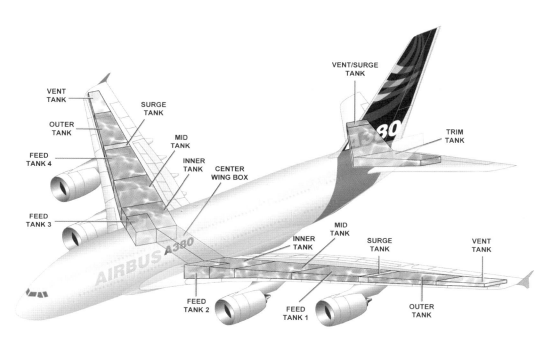

그림 4-17 A380 연료탱크 위치

7 　음주 및 약물복용(Alcohol, Medication, and Drugs)

알코올이나 약물복용이 인간의 능력에 악영향을 준다는 것은 당연한 이야기다. 알코올은 중추신경에 진정작용을 하여 감각을 무디게 하고, 정신적 육체적 반응속도를 저하시키며, 판단력을 흐리게 한다.

7.1 알코올 농도

음주운전은 엄격한 단속대상이 되는 것처럼 항공정비현장에서도 음주작업은 금물이다. 표4-1은 알코올 혈중농도에 따른 행동이 변화를 보여주고 있다.

혈중농도 0.02%는 취하기 시작하는 상태이지만, 0.05% 정도가 되면 알코올 마비작용이 대뇌에까지 미쳐서 자기억제력이 약해지고 인격의 변화가 일어날 수 있다.

그 이상의 혈중농도에 대해서는 설명하지 않지만, 문제는 술이 깨는 속도 – 소실시간이다. 실험에 따르면 64g의 알코올(청주로 환산해 약 360cc)을 마시면, 혈중 알코올이 소실되기까지 대체로 8시간 이상이 걸린다. 알코올 163g(청주로 환산 약 900cc)이라면 24~25시간 정도 경과되지 않으면 혈중농도는 Zero가 되지 않는다고 한다.

표 4-1 알코올 혈중농도와 취하는 상태

농도(%)	변 화
0.01	머리가 몽롱해지기 시작한다.
0.02	흥분을 느끼며, 유쾌한 느낌, 왜 그런지 핑 돌기 시작한다.
0.03	경솔하게 들떠 떠든다.
0.04	큰 소리로 지껄인다.
0.05	자기억제가 없어져 충동적이 된다.
0.10	비틀거리며 잠이 온다.
0.20	혼자서 걷지 못한다. 소리 내어 운다.
0.30	말하는 것을 알아들을 수 없다.
0.40	마비상태가 되며, 끝내는 사망한다.

개인차와 마시는 방법에도 기인되지만 일반적으로 청주를 540cc정도 마시면 15시간정도가 경과되어야 알코올이 소실된다. 이는 다음 날 점심때가 지나기까지 알코올이 남아 있어서 대뇌의 활동수준이 완전하지 못한 체 작업하게 되어 불안전 행동을 하기 쉽다.

7.2 약물복용

마약의 범주에는 들지 않지만 진통제, 항생제, 항히스타민제, 소염제, 각성제 등의 약품은 인간의 능력에 직간접적으로 영향을 주므로 항상 의사의 처방에 따르고 과용하지 않도록 한다. 특히, 약물에 대한 처방전 또는 상용 약을 복용하고 있다고 할지라도, 졸음 또는 정신능력 저하 등의 부작용에 대해서 인지해야 한다. 따라서 약물이 업무수행에 미치는 영향에 대해서 인지해야 하고, 위험한 장비에 대하여 작동을 금지하여야하며, 복잡한 작업 또한 금지하여야 한다.

7.3 주류 등의 섭취제한 항공안전법

항공안전법 제57조(주류등의 섭취·사용 제한)에는 항공정비사를 비롯한 항공종사자가 항공 업무에 종사하는 동안 주류, 마약류, 환각제 등의 복용 금지에 대한 근거를 다음과 같이 마련하고 있다.

① 항공종사자 및 객실승무원은 「주세법」 제3조제1호에 따른 주류, 「마약류 관리에 관한 법률」 제2조제1호에 따른 마약류 또는 「화학물질관리 법」 제22조제1항에 따른 환각물질 등(이하 "주류등"이라 한다)의 영향으로 항공업무 또는 객실승무원의 업무를 정상적으로 수행할 수 없는 상태에서는 항공업무 또는 객실승무원의 업무에 종사해서는 아니 된다.
② 항공종사자 및 객실승무원은 항공업무 또는 객실승무원의 업무에 종사하는 동안에는 주류등을 섭취하거나 사용해서는 아니 된다.
③ 국토교통부장관은 항공안전과 위험 방지를 위하여 필요하다고 인정하거나 항공종사자 및 객실승무원이 제1항 또는 제2항을 위반하여 항공업무 또는 객실승무원의 업무를 하였다고 인정할 만한 상당한 이유가 있을 때에는 주류등의 섭취 및 사용 여부를 호흡

측정기 검사 등의 방법으로 측정할 수 있으며, 항공종사자 및 객실승무원은 이러한 측정에 응하여야 한다.

④ 국토교통부장관은 항공종사자 또는 객실승무원이 제3항에 따른 측정 결과에 불복하면 그 항공종사자 또는 객실승무원의 동의를 받아 혈액 채취 또는 소변 검사 등의 방법으로 주류등의 섭취 및 사용 여부를 다시 측정할 수 있다.

⑤ 주류등의 영향으로 항공업무 또는 객실승무원의 업무를 정상적으로 수행할 수 없는 상태의 기준은 다음 각 호와 같다.

1. 주정성분이 있는 음료의 섭취로 혈중알코올농도가 0.02퍼센트 이상인 경우
2. 「마약류 관리에 관한 법률」 제2조제1호에 따른 마약류를 사용한 경우
3. 「화학물질관리법」 제22조제1항에 따른 환각물질을 사용한 경우

⑥ 제1항부터 제5항까지의 규정에 따라 주류등의 종류 및 그 측정에 필요한 세부 절차 및 측정기록의 관리 등에 필요한 사항은 국토교통부령으로 정한다.

제5장
환 경 [Environment]

항공기 정비작업장의 밝기, 소음과 같은 기본적인 환경에서부터 조직으로부터의 스트레스, 압박, 불합리한 관행 등 정비사를 둘러싼 모든 환경이 인적오류를 유발하거나 억제하는데 큰 영향을 미친다. 그러므로 항공정비사는 직무와 그 환경에 대해 충분히 인식하고 있어야 한다. 인식은 지식과는 다르지만 그 시작은 지식에서 출발한다. 자신이 어떠한 상황에서 어떠한 내용의 일을 하고 있는지 충분히 사전에 학습하고, 이해한 상황에서 작업을 해야 한다. 이와 더불어 그 지식을 바탕으로 어떠한 일이 벌어졌을 때, 어떻게 생각을 하고 어떻게 대처를 할 것인지에 대해 충분히 인식을 해야 적절한 판단을 할 수 있는 것이다.

1   스트레스(Stress)

어떤 직무든지 스트레스는 존재하기 마련이고 이를 적절하게 제어하고 관리하는 것이 정비사의 능력이라 할 수 있다. 조직 내 대인관계에서 오는 스트레스, 가정에서의 스트레스, 경제적인 스트레스, 피로 등 여러 형태가 있다. 하지만 엄격한 작업을 하는 항공정비사들은 완벽한 육체적, 정신적 자세가 필요한 만큼, 각 스트레스의 원인을 분석하고 이를 해결해 나가기 위한 노력이 필요하다.

1.1   스트레스의 개념

사람들은 흔히 직장에서 압박감, 상사의 명령, 병든 자식, 교통지옥 등을 스트레스라고 생각한다. 그러나 이들은 단지 스트레스를 일으킬 수 있는 유발인자라고 할 수 있으며, 스트레스란 이 같은 요인에 의한 실제적인 신체의 반응을 말한다. 즉, 스트레스는 신체에 가해진 어떤 스트레스 요인에 대하여 신체가 수행하는 일반적이고 비 특정적인 반응이다.

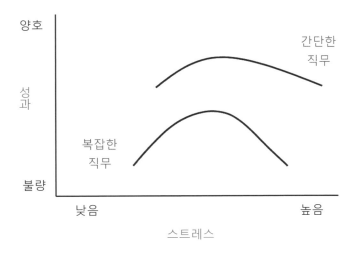

그림 5-1   스트레스와 성과(Yerkes-Dodson 곡선)

여기에서 스트레스 요인이란 물리적, 정신적 또는 사회적 압력으로 더위, 추위, 소음, 진동, 개인적인 문제, 상사의 압력, 작업시간의 부족 등이 될 수 있다.

그러나 스트레스는 모두 나쁜 것은 아니다. 스트레스는 신체에 역기능적인 면도 있지만 어느 정도의 순기능적인 측면도 가지고 있다.

그림 5-1과 같이 적정한 강도의 스트레스는 직무성과에 긍정적으로 작용하지만, 과도한 스트레스는 직무성과가 급격히 떨어지게 된다. 그러나 일반적으로 대부분의 스트레스는 역기능을 가지고 있으므로 이러한 스트레스를 관리하는 것이 매우 중요하다. 역기능 스트레스의 결과는 불안정, 망각, 실수 등과 같이 작업 중에 많은 유형의 정비실수를 유발하거나 질병의 원인이 되기 때문이다.

1.2 스트레스 요인

스트레스에 대한 반응과 대처는 사람마다 다르다. 예를 들어, 빡빡한 일정에 맞추어 일하는 것이 어떤 사람에게는 스트레스 요인이 될 수 있지만 또 다른 사람은 정상적인 것일 수 있다.

스트레스의 조직적인 요인으로는 작업공정이 갑자기 바뀌어 작업방법을 새로이 습득하여야하거나, 의사소통의 부적절, 대인관계의 불화 및 소속된 조직체의 목표에 대한 이견 등이 있으며, 승

그림 5-2 스트레스 요인과 스트레스 반응

진의 기회가 적고, 과중한 업무량으로 능력이상의 책임부담 및 너무 과소한 업무량으로 인한 실직에 대한 두려움 또한 스트레스 요인으로 작용할 수 있다.

스트레스의 원인은 스트레스 요인과 관련이 있으며, 물리적, 심리적 그리고 생리적인 스트레스 요인으로 분류된다.

1.2.1 물리적 스트레스 요인(Physical Stressors)

물리적 스트레스 요인은 개인의 작업부하에 따라 더해지며, 작업환경을 불편하게 만든다.

- **온도(temperature):** 격납고 내부의 높은 온도는 몸을 뜨겁게 하여 땀과 심장박동을 증가시킨다. 반면에 낮은 온도는 몸의 면역력과 저항력이 떨어져서 감기에 걸리기 쉽다.
- **소음(noise):** 인근의 항공기 이·착륙으로 인해 소음수준이 높은 격납고는 정비사의 주의와 집중을 어렵게 할 수 있다.
- **조명(lighting):** 작업장의 어두운 조명은 기술 자료와 매뉴얼을 읽기 힘들게 만든다. 마찬가지로 어두운 조명으로 항공기 기내에서 작업하는 것은 무언가를 놓치거나 부적절하게 수리하는 경향을 증가시킨다.
- **협소한 공간(confined spaces):** 좁은 작업 공간은 정비사를 장기간 비정상적인 자세로 만들어서 올바른 작업수행을 아주 어렵게 한다.

1.2.2 심리적인 스트레스 요인(Psychological Stressors)

심리적 스트레스 요인은 가족의 사망이나 질병, 직무에 대한 걱정, 가족, 동료, 상사와의 원만하지 않은 대인 관계 및 재정적인 근심 등과 같은 정서적 요인과 관련이 있다.

- **직무관련 스트레스 요인:** 정비작업을 수행하는 동안 수리 또는 관련된 일을 제 시간에 마쳐야 한다는 초조와 불안 등의 지나친 우려는 작업의 성능과 속도를 저해 할 수 있다.
- **재정적인 문제:** 임박한 파산, 경기침체, 대출, 저당 등은 스트레스 요인이 될 수 있는 재정적인 문제에 대한 몇 가지 예이다.
- **부부 사이의 문제:** 이혼과 갈등관계는 제대로 작업을 수행하는 능력을 방해할 수 있다.
- **대인관계의 문제:** 오해 또는 경쟁 및 중상모략 등으로 인한 상사와 동료들과의 문제는 적대적인 작업 환경의 원인이 될 수 있다.

1.2.3 생리적인 스트레스 요인(Physiological Stressors)

생리적인 스트레스 요인들은 피로, 허약한 몸 상태, 배고픔 및 질병을 포함한다.

- **허약한 몸 상태**: 아프거나 건강이 좋지 않을 때 일하려고 노력하는 것은 질병을 이기기 위한 더 많은 에너지가 소모되기 때문에 보다 적은 에너지로 필수적인 직무를 수행하게 된다.
- **적절한 식사**: 충분한 식사를 하지 않거나, 영양가 없는 음식은 낮은 에너지를 발생시키고, 두통 및 떨림과 같은 증상을 유발할 수 있다.
- **수면부족**: 피로한 정비사는 오랜 시간동안 기준에 맞춰 작업하는 것이 불가능 하여 수리를 대충하고 누락시키는 중요한 실수를 할 수 있다.
- **모순된 교대근무계획**: 신체의 생물학적 주기(circadian cycle)에 있어서 수면 패턴을 바꾸는 것은 작업수행 능력을 저하시킬 수 있다.

2 항공정비 작업장 환경

대부분의 운항정비는 계류장(ramp)등의 옥외에서 이루어지므로 운항정비사는 동절기 혹한과 폭설, 여름철 무더위와 폭우 등의 기후의 조건에 모두 노출되어 있다.

그림 5-3 항공기 정비작업장 환경(대한항공 격납고)

또한 운항정비사는 청력이 손상될 정도의 소음에 노출되어 있으며, 이러한 소음은 건강에 해를 끼치는 위험요인 중의 하나이므로 귀를 보호하기 위해서는 반드시 청력보호구를 착용해야 한다. 공장정비는 운항정비보다 상대적으로 시간적인 압박을 덜 받으면서 외기온도 및 날씨 등의 환경적인 영향도 적은 편이지만, 항공기 부품의 세척제, 페인트 및 연료탱크의 내부 작업등과 같은 유해화학 물질에 의한 노출이 많은 편이다.

2.1 날씨와 온도

사람은 비교적 넓은 범위의 온도와 날씨 조건에서 일을 수행할 수 있으나 이러한 환경적 요인이 가혹한 상황에서 업무성과는 현저하게 떨어진다.

매우 춥거나 더워도, 또는 매우 건조하거나 습해도 사람의 능력은 적절한 기후 조건에서보다 떨어진다.

즉, 고온에서는 심장에서 흐르는 혈액을 냉각, 뇌 중추에 공급할 혈액의 순환 예비양이 감소하고, 저온에서는 수족 말단부위의 한기로 인하여 손재주가 감퇴되므로 심한 고온이나 저온상태에서는 사고의 강도가 증가한다.

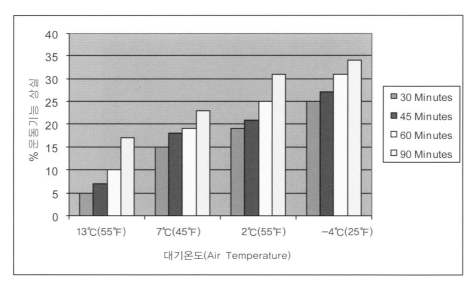

그림 5-4 저온작업환경이 작업능률에 미치는 영향

대부분의 운항정비는 계류장(ramp)등의 옥외에서 이루어지므로 운항정비사는 동절기 혹한과 폭설, 여름철 무더위와 폭우 등의 기후의 조건에 모두 노출되어 있다. 이러한 악천후에서는 그림 5-4와 같이 항공정비사의 업무능률을 저해하는 요인이 되어 작업을 빨리 마치고 쾌적한 실내로 이동하고자 하는 마음이 앞서기 때문에 작업을 서두르게 되어 인적실수도 유발하게 되고, 결국은 항공기 품질을 저하시키는 원인이 된다.

보온성이 좋고, 땀 배출이 뛰어난 정비복을 제공하고, 따뜻한 물 또는 얼음물을 충분히 비치하는 등의 노력은 정비효율을 높일 뿐만 아니라 인적오류로 인한 사고를 예방할 수 있다.

2.2 소음

소음에 따른 문제는 항공기 정비뿐만 아니라 사회의 모든 분야에서 문제가 되고 있다. 그러나 항공정비에서 소음이 더욱 문제가 되는 것은 300미터 거리에 있는 제트항공기의 소음 강도가 110 데시벨로 사람이 견디기가 힘든 정도이기 때문이다. 표 5-1은 음향강도 레벨을 보여주고 있다.

표 5-1 음향강도 레벨

데시벨	예	위험 노출 시기
0	미약한 소리를 들을 수 있음	–
30	조용한 도서관, 속삭임	–
40	조용한 사무실, 거실	–
50	원거리의 경미한 자동차 소리, 냉장고 잡음	–
60	6m 반경의 에어컨 소음, 대화	–
70	복잡한 교통상황, 시끄러운 음식점,	초기 위험 레벨
80	지하철, 대도시 교통소음, 자명종 시계	8시간 이상
90	트럭 소음, 잔디깎는 기계	8시간 이내
100	체인 톱, 공기 압축식 드릴,	2시간 이내
120	록 콘서트(스피커 앞), 모래폭풍, 천둥	위험
140	무기 발포, 15m 반경 내의 제트기	어떠한 노출이라도 나쁨
180	로켓 발사체	청각 손실을 피할 수 없음

American Academy of Otolaryngology, Washington, DC

소음이 항공정비사에게 미치는 악영향으로는 소음으로 인하여 대화가 원활하지 못하고, 심리적인 불안감으로 정비실수를 유발하게 하고, 청력을 떨어뜨리거나 완전히 잃게 한다. 이를 방지하기 위하여 소음이 발생하는 곳에서 근무하는 항공정비사는 비록 귀마개 착용이 동료 간의 대화를 방해하기도 하지만 항상 귀마개를 휴대하고 착용하여야 한다. 그러나 청력보호구 착용은 소음강도를 감소시켜 소음현장 작업자들 청력보호에는 도움이 되지만 동료나 관리자 의사소통 등 작업에 필요한 회화영역까지 감소시킬 수 있다.

　실제 계류장 등의 소음지역에서 항공기 정비작업을 수행하는 경우에 청력 보호구 착용 시 신호음이나 경고음을 듣지 못하므로 보호구를 착용하지 않는 경우가 흔하게 발생한다. 특히 복합소재로 이루어진 항공기 표면의 들뜸 현상을 검사하기 위한 코인시험(coin test)등의 수행은 조용한 장소에서 수행될 수 있도록 격납고 등으로 이동하여 작업할 수 있도록 하여야 한다.

2.3　조명

　항공정비 업무를 안전하고 효율적으로 수행하기 위하여 적절한 조명은 필수적이다.

　옥외에서 이루어지는 정비작업을 수행하기 위하여 항공정비사는 적절한 외부 조명을 준비하고 작업을 수행하여야 한다. 격납고 안이나 주간에 수행되는 항공정비 작업이라도 날개나 동체의 아랫부분에는 천장의 조명이 효과적으로 비추어지지 않으므로 정비작업의 효율성을 높이기 위해서는 보조광원을 설치하여야 한다.

　정밀검사를 수행해야 하는 경우에는 밝은 조명이 필요하므로 이때에도 국부조명이 필요하다. 보조광원을 설치할 때에는 항공정비사의 시야를 방해하거나 항공기 표면에서 반사되어 항공정비사의 눈을 피로하게 하는 원인이 되지는 않는지 고려하여야 한다. 또한, 작업장내의 조명은 시각적 능력에 대한 효과 이외에도 작업장소의 분위기와 시각적 인상에 큰 영향을 미친다. 바람직한 작업장 설계는 작업장에서 일하는 사람에게 자극이 되는 효과를 갖도록 조명의 질은 수행하는 작업을 위한 시각적 능력을 충분히 보장할 수 있도록 높아야 한다. 그러므로 격납고 또는 엔진공장 및 보기정비 작업장에서 정비작업을 안전하고 효율적으로 수행하기 위해서는 적절한 조명은 필수적이다. 부적절한 조명은 정비작업의 실수를 유발하거나 작업시간이 지연되는 원인이 되기 때문이다.

　표 5-2는 대표적인 업무수행과 관련된 권장 조도레벨이다.

표 5-2 권장조도레벨

업 무	조도(Lux)		광원
	권장	최소	
작은 소자를 수리하거나, 어두운 소자를 세밀하게 검사할 때와 같이 정확도와 신속도가 요구되는 장소, 명암의 대조가 좋지 못한 장소에서 장시간 업무를 수행할 때	1650	1075	일반 광원 + 보조 광원
전선 어셈블리와 같이 적정한 명함 대조와 약간의 미세 인지가 요구되는 업무를 수행할 때	1075	540	일반 광원 + 보조 광원
장시간 독서, 작업대 위에서의 업무, 서류 기록을 요하는 사무 업무 및 어셈블리 작업을 위한 실험실	755	540	일반 광원 + 보조 광원
간단한 독서, 휴식, 응접, 게시판과 같이 시각적 업무가 지속되지 않을 때	540	325	일반 광원 + 보조 광원
대형 슈퍼마켓과 같이 많은 제품들 간의 명함 대조가 뚜렷한 장소	215	110	일반 광원
보도에서 걷거나 플랫폼에서 짐을 싣는 것과 같이 커다란 물건을 다룰 때	215	110	일반 광원

* MIL-HDBK-759A

2.4 작업종료 목표시간

작업종료 시간을 예상하지 않고 정비작업을 수행하는 항공사는 없다. 따라서 정비작업을 예상한 시간에 끝내기 위해서 항공정비사는 일정한 시간압박을 받으면서 항공정비작업을 수행한다. 어떤 항공정비사는 휴식시간이나 점심시간 이전까지 한 단계의 작업을 마무리하기 위하여 스스로 작업 마무리 시간을 설정하기도 한다.

이처럼 작업종료 목표시간은 스트레스와 마찬가지로 적당하면 좋은 자극제가 되나 과도하면 작업안전을 방해하기도 한다. 항공사에서는 항공기의 가동률을 높이려 하고 그 결과는 정비시간을 줄이려고 한다. 특히 항공정비를 계획된 시간에 끝내지 않아 예정된 운항이 지연되거나 취소되는 경우 정시성과 고객만족을 저하시킨다.

1990년에 발생한 BAC 1-11 항공기의 조종실 유리가 비행 중 분리된 사고는 작업시간 부족이 원인이 되어 발생한 대표적인 사고이다. 이러한 정비실수를 줄이기 위해서는 항공정비사는 본인이 정비하는 항공기의 유상 영업계획을 모르는 상태에서 항공기를 정비하는 것이 바람직하다.

모든 작업을 주어진 시간에 맞춰서 끝내는 것도 중요하지만 시간에 맞추다 보면 항상 크고 작은 실수가 발생하고 그 실수를 복구 시키는데 들어간 시간 때문에 이후의 작업은 더욱 더 시간에 쫓기어 작업을 하는 경우가 발생한다. 따라서 작업에 대한 충분한 시간과 여유를 할당함으로써 작업의 집중도와 완성도를 높일 수 있도록 해야 한다.

2.5 위해성 작업환경

위해성 작업환경에서의 상해의 개념은 위해요인에 단기간 또는 장기간에 걸쳐서 하나 또는 몇 개의 매개체에 대한 노출로 인하여 발생된다고 볼 수 있기 때문에 장애와 같은 질병의 개념과 연결하는 경우가 많다.

만성노출 매개체는 보통 직접적으로 유해하진 않지만 비교적 항시적이고 긴 노출기간 후에 오히려 효과를 발휘하며, 급성노출은 거의 즉각적으로 유해하다.

2.5.1 유해요소와 산업재해

유해요소의 개념은 이것이 피해가 발생하고 정비사들이 즉각적인 상해를 일으키는 형태의 작용에 노출되어 있는 경우이기 때문에 산업재해와 연결된다. 이러한 형태의 작용은 피해나 상해가 발생하자마자 즉시 인식이 되기 때문에 쉽게 구별이 된다. 이러한 형태의 상해는 유해요소와의 예상치 않은 접촉에 의해 발생한다.

사고에 의해 사람들이 다치게 될 수 있는 유해요소는 다음과 같이 각종 에너지형태, 발생원 또는 활동에 연계되는 경우가 많다.

- 일반적으로 칼, 톱 및 날이 있는 공구와 같이 날카로운 물체와 관련하여 절단, 분할 또는 절삭에 수반되는 에너지.
- 압착기나 고정용 공구 등의 각종 형태의 수단과 관련하여, 압착이나 압축이 수반되는 에너지.
- 어떤 물체가 정비사를 치거나 정비사위로 떨어질 때와 같이, 운동 에너지를 전위 에너지로의 전환하는 경우.

- 하나의 평면에서 다른 평면으로 낙하할 때 발생하는 것처럼, 사람의 전위에너지를 운동 에너지로 전환하는 경우.
- 열과 냉기, 전기, 소리, 빛, 방사능 및 진동.
- 독성 물질과 부식성 물질.
- 무거운 짐을 옮기거나 신체를 비트는 동작에서와 같이, 신체를 과다한 스트레스에 노출시키는 에너지.
- 폭력의 위험과 같은 정신적, 심리적 스트레스.

2.5.2 노출 통제(Controlling Exposures)

잠재된 위험요인과 기타 유해요소들은 작업장에서 볼 수 있는 공정, 기술, 제품 및 장비의 성격에 의해 상당 부분 지배되지만, 작업절차에 의해서도 지배를 받는다. 그러므로 측정이 가능한 위험의 관점에서 볼 때, 정비사에 대한 노출 가능성과 상해의 중대성에 대한 통제가 다음 3가지 요소에 달려 있는 경우가 많다는 것을 인식하여야 한다.

(1) 제거·대체 안전 조치

노출원이나 기타 유해 요소 형태의 작업장 위험은 대체에 의해서 제거되거나, 완화될 수 있다. 즉, 공정에서 독성 화학약품을 덜 해로운 화학약품으로 대체하여 사용하는 것이다.

(2) 기술적 안전조치

기술통제(엔지니어링 컨트롤)라 일컫는 이들 조치에는 유해성분을 격리하거나 정비사들과 상해를 일으킬 수 있는 요소들 간에 차단설비를 설치하여 유해요소와 사람을 분리시키는 일이 포함된다. 이러한 통제방법으로는 자동화, 원격제어, 보조 장비사용 및 기계 보호설비(방호장치) 등이 있다.

(3) 조직적 안전조치

행정적 통제라고도 알려진 조직적 안전조치에는 특수한 작업방법, 시간 또는 공간적 분리에 의해서 사람을 유해요소와 분리시키는 일이 포함된다. 이러한 통제방법으로는 노출시간의 감소, 예방정비관리 프로그램, 개인 보호 장비와 함께 작업자 개개인의 격리 및 편리한 작업절차 등이 있다.

2.5.3 인간의 행동통제(Controlling Human Conduct)

위에서 언급한 통제방법들을 사용하여 모든 위험을 격리시킨다는 것은 어려운 일이다. 일반적으로 정비사들이 "규정과 절차에 따라서" 행동하면 스스로를 보호할 수 있다고 믿기 때문에 사고 예방분석은 여기서 끝난다고 생각한다. 이것은 안전과 위험에서 어떤 점에서는 인간의 행동을 통제하는 요소에 달려 있다는 것을 의미한다. 즉, 개개인이 지식과 기량, 기회 및 작업장에서 안전을 보장할 만큼 행동하기 위한 의지를 지니고 있느냐에 달려있다. 다음은 이들 요소의 역할에 대한 설명이다.

(1) 안전지식

정비사들은 먼저 작업장에서 볼 수 있는 위험, 잠재위험 및 위험요소의 유형을 알아야 한다. 여기에는 보통 교육, 훈련 및 업무경험이 필요하다. 또한 위험을 찾아내어 기록하고 분석하여 정비사들이 특정한 위험상황에 처할 경우와 어떤 절차가 따르기 쉬운지를 알 수 있도록 그들이 쉽게 이해할 수 있는 방법으로 설명해야 한다.

(2) 안전한 행동

정비사들이 안전하게 행동할 수가 있어야 한다. 정비사들이 이용 가능한 기술적, 조직적인 행동기회뿐만 아니라 신체적, 정신적 행동기회를 활용할 수 있어야 한다. 시야의 안전, 적절한 공구의 안전한 사용, 명확한 업무정의, 안전절차의 수립과 준수, 장비와 재료를 안전하게 취급하는 방법에 관한 명확한 지시사항의 제공과 더불어, 위험감수에 관한 배려와 작업방법의 설계 및 준수를 포함하여 경영진과 관리자 및 주변으로부터 안전프로그램의 적극적인 지원이 확보되어야 한다.

(3) 안전의지

기술적, 조직적 요소들은 정비사들이 작업장 안전을 확보할 수 있는 방법으로 행동하려는 각오와 관련하여 중요하지만, 사회적, 문화적 요소들도 그 이상으로 중요하다. 예를 들어, 안전한 행동이 어렵거나 시간이 걸리는 경우 또는 경영진이나 동료들이 원하지 않거나 인정하지 않는 경우에 위험이 발생한다. 경영진은 우선순위를 정하기 위한 조치를 취하고, 안전한 행동의 필요성에 대한 적극적인 태도를 보이면서, 안전에 대해 명확한 관심과 의지를 보여야 한다.

제6장

절차, 정보, 도구 및 실행
[Procedures, Information, Tool and Practice]

항공정비사는 업무 수행에 필요한 작업용 문서, 기술자료, 정비조직 절차 매뉴얼 및 사내 운용 절차의 해당 부문을 이해하고 사용할 수 있어야 하며, 수행한 작업 결과를 정해진 방법에 따라 기록할 수 있어야 한다.

작업지시에 대한 내용이나 인수인계 내용 등 정비 업무에 관련된 내용을 정리하고 기록하는 습관은 정비사로 하여금 수행하고 있는 작업을 돌아보게 할 뿐만 아니라 자칫 잊어버릴 수도 있는 내용을 재확인할 수 있는 기회를 만들어 준다. 모든 내용을 머릿속에 저장하기란 쉽지 않다. 글로써 생각을 정리하고 저장한다면 실수도 줄이고 정확성을 높일 수 있다

Human Factors in Aviation Operation

1 절차(Procedures)

정비사에게는 특정 정비작업을 이행하기 위한 세부적인 절차들이 주어져야 한다. 이러한 절차는 정비방법 및 기법, 기술적 기준, 측정, 계측기준, 작동시험 및 구조수리 등에 대한 설명을 포함하여야 한다.

이러한 절차들은 제작사 매뉴얼 등을 참조하여 항공사 자체의 매뉴얼을 만들 수 있다. 그러나 항공사는 경험과 조직 및 운항환경에 맞추어 정비프로그램을 지속적으로 유지할 수 있도록 정비매뉴얼을 수시로 개정하고 항공사의 체계에 맞추어 나가야 한다.

정비행위가 항공사의 절차에 부합하는지를 확인하는 수단을 제공하는 한편 정비행위를 체계화시키고 통제하는데 사용되는 구체적이고 간결한 절차지침을 제공하여야한다. 또한, 항공사의 정비작업 기록유지에 대한 요건에 부합하기 위한 수단을 제공하여 정비행위를 기록하도록 하여야한다. 이 기능은 데이터수집과 분석을 위하여 검사, 점검 및 시험 결과를 기록(문서화)하는 것이다.

1.1 육안검사(Visual Inspection)

검사는 검사하는 항목의 상태가 일정기준에 적합한지 확인하는 정비행위를 말한다. 일반적인 육안검사는 외부로 노출된 광범위한 부분을 개략적으로 육안으로 검사하는 것을 말한다. 상세 육안검사는 구체적으로 정해진 특정 부분에 접근하여 집중적으로 육안 검사하는 것을 말한다. 전등을 이용하여 비정상 상태 또는 결함 흔적을 찾아내며, 필요에 따라 거울, 확대경 등의 보조 도구를 사용하기도 한다.

육안검사는 주로 표면의 흠을 찾아내는 데 이용된다. 이 검사로는 균열이나 표면의 불규칙한 결함, 층의 분리와 표면이 부푼 결함 등을 찾아낼 수 있다. 일부결함은 표면 아래에 있거나, 확대경으로도 결함을 탐지할 수 없을 만큼 너무 작은 경우도 있다.

1.1.1 육안검사 영향 요소

육안검사에 영향을 미치는 요인으로는 물리적, 환경적 요인으로 조명, 직무지원, 소음, 작업장 설계 등을 들 수 있다.

작업요인으로는 검사시간, 결함의 유형, 결함의 혼재여부, 반복적이고 단조로운 작업, 결함의 확률, 정보의 전달 및 피드백 등의 요인들이 있다. 또한, 피험자 요인으로는 육안검사를 수행하는 정비사의 시력(visual acuity), 나이, 경력, 훈련 등의 요인들이 중대한 영향을 미친다.

1.1.2 육안검사관련 사고사례

육안검사관련 대표적인 사고사례는 그림 6-1과 같이 1988년 미국 하와이 카홀루이 (Kahului)에서 알로하 항공사 B737-200 항공기가 상부 동체스킨이 떨어져 나가 비상 착륙한 사고를 들 수 있다.

사고조사 결과, 사고 이전에 리벳 검사를 실시했으나, 240개 이상이 균열된 것을 발견하지 못한 것으로 밝혀졌다.

균열을 발견하지 못한 실수 유발요인으로 검사를 위한 적절한 플랫폼과 조명등이 제대로 구비되지 않았으며, 야간 교대근무 중에 검사가 수행되어 피로를 유발하였고, 검사관련 교육이 제대로 실시되지 않았으며, 다른 항공기에서 동일한 검사를 여러 차례 수행한 경험이 있는 정비사의 자만심 등이 주요원인으로 밝혀졌다.

그림 6-1 B737-200 상부동체 분리되어 비상착륙

표 6-1 검사원의 결함 검출실패율

작동확인	실패율
문서화된 자료를 이용하여 일상 직무 점검	10%
문서화된 자료 없이 일상 직무 점검	20%
단기간 동안, 일종의 점검중의 하나로 검사원이 특정문제를 찾기 위해 주의집중	5%
특별한 검사장비 및 도구 등을 활용한 적극적인 점검	1%
다른 검사원에 의해서 이미 검사된 일상적인 작업을 검사(2차 검사)	50%
정상작업 중에 검사원/작업자의 안전에 영향을 미칠 경우의 장비상태 점검	0.1%

표 6-1의 표에서 보는 바와 같이, 문서화된 점검표 등을 활용한 검사의 경우에는 검사 실패율이 10%인 반면, 문서화된 자료가 없는 일상적인 점검은 20%로서 실패율이 2배로 증가하는 것을 볼 수 있다. 특히 특별한 검사장비 및 도구를 사용하여 검사를 수행할 경우에는 실패율이 1%에 불과하다. 그러므로 육안검사를 수행할 경우에는 거울, 확대경 등의 보조 도구를 적극적으로 사용하는 것이 바람직하다.

1.2 작업일지와 기록(Work logging and Recording)

항공정비 직무특성상 항공정비사들은 일반적으로 작업을 수행하는 시간보다 작업을 준비 하는 과정에서 더 많은 시간을 할애하고 있다. 즉, 모든 정비작업의 문서화는 매우 중요한 일이므로 항공정비사들은 작업한 내용을 정비일지에 기록하는데 많은 시간을 필요로 하는 것이다.

1.2.1 정비기록(Maintenance Records)

정비기록은 수행한 업무에 대한 모든 내용을 보여주며, 잔여업무에 대한 내용을 이해할 수 있도록 한다. 아울러, 고장탐구(trouble shooting)를 용이하게 하며, 법적 증거가 될 수 있음으로 주의 깊게 모두 기록하여야 한다. 또한, 최종적으로 수행된 작업에 대해 서명이 되었는지 확인하여야 한다.

항공기의 모든 작업은 반드시 문서화 하여야 하며, 누구에 의해서 작업됐는지 서명하는 것을 작업 전체가 끝날 때까지 기다리지 말고, 하위 작업(sub-task)이 완료될 때마다 즉시 작업서명을 실시하여야 한다. 또한, 부품의 장탈을 위해 와이어 묶음 클램프(wire bundle clamp)를 풀어 놓는 등의 정비교범(MM)에 의해서 커버되지 않는 작업사항들도 기록으로 남겨야 한다.

1.2.2 항공기 일지(Aircraft Logs)

항공기 운항을 위해 항공기 운용회사가 항공감항 당국으로부터 발급받은 증명서를 운항증명서(air operator certificate)라고 하며, 이를 소지한 항공사는 항공일지를 작성하여 보존해야 한다.

(1) 탑재용 항공일지(Flight&Maintenance Logbook)

항공기를 운항할 때에 반드시 탑재하여야 하며, 표지 및 경력표, 비행 및 주요 정비일지, 정비이월 기록부를 포함한다. 항공 법적으로는 탑재용 항공일지가 지상비치용 항공기체일지(airframe logs)를 일부 포함하면서 지상비치용 장비품 일지(component log/record)를 별도로 운영하고 있다.

(2) 지상 비치용 항공일지(Aircraft Logs)

기체일지, 발동기일지(engine logs) 및 프로펠러 일지(propeller logs)로 구분한다.

항공일지 크기는 회사별로 다르다. 비행시간이 많은 항공기는 여러 권의 항공일지를 가지게 되고 영구 보존해야 한다.

탑재용 항공일지는 항공기에 관한 모든 데이터가 기록되어 있다. 항공기 상태, 검사일자, 기체, 엔진, 그리고 프로펠러의 사용시간과 사이클이 기록된다. 항공기, 엔진, 장비품에서 발생된 모든 주요 정비이력을 반영하고, 감항성 개선 지시, 제작회사에서 발행하는 정비회보의 수행 사실이 기록된다.

검사는 감항성을 인정하는 인증문을 쓰고 서명하거나 검사인을 날인하여 완료한다. 이 인증 문구는 누가 그것을 읽든 확실하게 이해할 수 있도록 좋은 글씨체를 사용하고 쉽게 쓴다. 높은 품질의 항공일지는 항공기의 가치를 높인다.

1.3 절차와 실행(Procedure and Practice)

근대의 항공기는 수많은 부품으로 구성되어 있고, 부품이 작동하는 기준이 항공기에 따라 다르므로 항공기 정비작업은 경험이나 기술에만 의존하지 않고 항상 작업지시서나 정비교범에 따라서 수행한다.

작업지시서와 실제 항공기에서 작업하는 절차가 다르거나 내용이 다른 경우, 항공정비사는 혼돈에 빠지게 된다. 작업시간이 충분하지 않거나 참고자료가 충분하지 않을 경우, 항공정비사는 작업을 처리하는 방법을 찾기 위하여 스트레스를 받는다.

그림 6-2와 같이 엔진을 모터링해서 오일누설을 점검하라는 절차에 의해서 작업지시를 받았다면, 정비사는 모터링을 얼마나 실시하고 누설을 점검해야 될지, 필요한 장비와 야간근무일 경우에는 필요한 조명, 어느 정도를 누설로 볼 것인지에 대한 의문이 생기게 된다. 즉, 절차는 모든 것을 말할 수 없다. 그러므로 정비사는 절차를 준수하기 위한 절차에 관련된 풍부한 지식과 적절한 훈련이 필요하다.

항공기 제작사에서 발행하는 정비교범이라도 때로는 항공기의 상태와 달라 정비작업에 혼돈을 준다. 이러한 문제가 발생하지 않도록 하기 위해서는 정비작업 계획부서에서는 작업지시서를 발행하기 전에 충분한 검토를 하여야 한다.

시간압박을 받을 때의 정비작업 관행은 필요한 행정적 절차로부터 멀어지는 경향이 있다. 이러한 경향은 그 시스템에 관련되어 있는 모든 작업자와 관리자들에 대한 훈련 및 재훈련의 절차의 실행을 통해 반드시 중단되어야 한다.

절차를 제정 할 때에는 사람들이 문서화된 절차를 따를 수 있는 것이라는 전제가 되어야 하며, 이러한 전제가 깨어지면 전반적인 안전시스템의 기본이 위험에 빠지게 된다. 그러므로 안전에서의 정비요목은 사람들은 절차를 따를 것이라는 대 전제가 근간이 되어야 한다.

절차(Procedure):	실행(Practice):
"엔진을 모터링해서 오일 누설을 점검하라"	– 얼마나 모토링 할 것인가? – 사용되는 공구/장비는? – 작업환경 상태는? – 어느 정도를 누설(leak)로 볼 것인가?
An Instruction	**An Action**

그림 6-2 절차와 실행

정비조직은 절차 미 준수 행동과 같은 관행(norm)은 허용하지 말아야하며, 문서화된 절차는 사용하기 쉬울 뿐만 아니라 지키기 쉽게 만들어야 한다.

정비현장에서 점검표·절차(checklist·procedure)를 가지고 작업을 수행 중에 발생하는 에러의 유형은 다음과 같다.

- **생략에러(omission error)**: 필요한 점검표·절차의 단계를 잊고 빼먹음(예, 다른 외부요인 등으로 중단하여, 점검표의 항목 마지막 2개를 미루고 나중에 수행하려고 했지만 잊고 점검표 수행을 완결하지 못함)
- **실행에러(commission error)**: 점검표·절차의 단계를 수행하였으나 행동단계에서 잘못 다르게 수행하여 발생되는 에러
- **순서에러(sequential error)**: 점검표·절차의 수행순서를 잘못한 에러
- **시간에러(timing error)**: 주어진 시간 내에 수행하지 못하거나 너무 빠르게 또는 너무 느리게 수행하였을 때 발생되는 에러
- **의사결정에러(decision error)**: 상황 등을 제대로 이해하지 못하고 부적절한 결정으로 잘못 선택된 점검표·절차의 수행으로 발생되는 에러

2 기술자료(Technical Documentation)

기술자료는 제작사의 기술적 매뉴얼에서부터 작업카드, 당국에서 발행되는 간행물에 이르기까지 다양하다. 수많은 사고의 조사결과 관련된 기술자료를 이용하지 않는 것이 중대한 기여요인이었다는 것이 명백하게 밝혀졌다.

영국의 비행안전위원회(2004)는 항공기 정비사고의 3대 원인을 다음과 같이 발표하였다.

- 발행된 기술자료 또는 사내지시를 따르지 않음.
- 기술자료에 언급되지 않은 비 인가된 절차를 사용.
- 기술자료를 사용하지 않거나 혹은 정비지시를 따르지 않는 것을 감독자가 묵인함.

유럽항공연합(EASA)의 기술자료(불충분한 기술자료) 처리방침에 따르면, 정비사가 사용

하는 정비절차, 방법, 정보 또는 정비지침 등의 정비자료가 틀렸거나, 모호하거나, 불완전한 경우에는 발행자에게 통보하여야 한다.

　미 연방 항공청(The US Federal Aviation Administration)의 항공기 정비교범(AMM)에 대한 연구결과에서는 매뉴얼들은 좀처럼 기술적인 오류를 가지고 있지 않지만, 정비사에 의해서 집필되지 않았기 때문에 일반적으로 작업의 순서가 정비사가 실제로 수행하는 작업 방법과 다를 수도 있음이 밝혀졌다.

2.1　항공정비기술 자료의 종류

　항공기술 자료는 항공기와 관련 장비품의 작동과 정비에 있어서 항공정비사를 안내하는 정보의 원천이다. 이들의 적절한 이용으로 항공기의 효율적인 운영과 정비를 도모할 수 있다. 항공관계법령이나 규칙, 감항성 개선 지시(AD), 항공기 설계명세서, 엔진과 장비품 그리고 프로펠러 설계명세서, 제작회사의 정비회보(SB), 매뉴얼 등이다.

2.1.1　정비회보(Manufacturer's Service Bulletins/Instructions)

　정비회보는 기체 제작사 , 엔진 제작사, 그리고 장비품 제조사에서 발행하는 권고적인 기술지시 이다. 운영 중인 항공기, 기관, 장비품의 신뢰성 향상을 목적으로 감항 당국의 승인 아래 발행하는 점검, 수리, 개조의 절차를 포함하는 기술지시 문서이다. 이 지시에는 (1) 발행 목적, (2) 대상 기체, 엔진, 장비품 (3) 서비스, 조정, 개조 또는 검사, 필요한 부품의 공급원, (4) 작업소요 인시 수(Manhour) 등이 기술되어 있다.

2.1.2　항공기 정비교범(Aircraft Maintenance Manual： AMM)

　AMM은 항공기에 장착된 모든 계통과 장비품의 정비를 위한 사용 설명서를 포함하고 있다. 장착된 장비품과 부품, 계통이 장착되어 있는 오버홀을 제외한 정비할 내용이 기술되어 있다. AMM에는 다음 사항이 기술되어 있다.

　① 전기, 유압, 연료, 조종계통의 개요
　② 윤활 작업 주기, 윤활제등 사용 유체
　③ 제 계통에 적용할 수 있는 압력, 전기 부하

④ 제 계통의 기능에 필요한 공차 및 조절 방법

⑤ 평형(leveling), 수직부양(jack-up), 견인 방법

⑥ 조종익면의 균형(balancing) 방법

⑦ 1차 구조재와 2차 구조재의 식별

⑧ 비행기의 운영에 필요한 검사 반도, 한계

⑨ 적용되는 수리방법

⑩ X-ray, 초음파탐상검사, 자분탐상검사를 요하는 검사 기법

⑪ 특수공구 목록

2.1.3 오버홀 매뉴얼(Overhaul Manual, O/M)

O/M은 항공기에서 장탈된 장비품이나 부품에 대해 수행하는 정상적인 수리작업을 포함하여, 서술적인 오버홀 작업 정보와 상세한 단계별 오버홀 지침이 기술되어 있다. 오버홀이 오히려 비경제적인 스위치, 계전기(relay) 같은 간단하고 고가가 아닌 항목은 오버홀 매뉴얼에 포함되지 않는다.

2.1.4 구조수리매뉴얼(Structural Repair Manual, SRM)

SRM은 1, 2차 구조물을 수리하기 위한 해당 구조물의 제작사 정보와 특별한 수리지침을 기술하고 있다. 외피, 프레임, 리브, 스트링거의 수리 방법이 기술되어 있다. 필요 자재, 대체자재, 특이한 수리 기법도 제시되어 있다.

2.1.5 부품도해목록(Illustrated Parts Catalog, IPC)

IPC는 분해 순서로서 구조와 장비품의 구성 부품 내역을 기술하고 있다. 또한 항공기제작사에 의해서 제작된 모든 부품과 장비품에 대한 분해조립도와 상세한 단면도가 제시되어 있다.

2.2 기술도서 관리

하드카피(hard copy)로 배포되는 규정/지침/기준 등 정비업무 관련 기술도서의 보유·개정 현황을 유지하고 최신 개정상태로 관리하여야하며, 지속적이고 효율적인 관리를 위해 담당을 지정하여 운영하여야 한다.

정규 개정판을 접수하였을 때에는 개정판의 유효 페이지 목록에 따라 개정작업을 실시하고, 상태를 확인하여 폐기, 교체 또는 삽입 및 보충하여야하며, 문서로 개정이 공지되는 것 중 해당 작업장에 관련된 내용에 대해서는 반드시 작업장 내에 종사하는 정비사들을 대상으로 전달교육을 실시하여야 한다. 또한, 사내전산망 등에 등재된 규정/지침/기준은 모든 작업자, 작업장 관리자, 검사원 등이 쉽게 찾아 볼 수 있도록 훈련되어야 한다.

2.2.1 작업용 기술도서의 관리

항공기 정비작업용 기술도서는 작업장내 접근이 쉬운 장소에 보관하여야 하며, 작업장에서 보유하고 있는 도서의 종류, 내용, 수량, 개정번호 등의 현황을 유지하여야 한다.

기술도서의 지속적이고 효율적인 관리를 위해 작업장별로 담당을 지정하여 작업에 필요한 기술도서의 보유현황을 관리하고, 작업에 필요하지만 보유되지 않은 도서가 있을 경우에는 즉시 확보 조치하여야 하며, 도서가 확보될 때까지 관련 부품의 작업수행은 금지하여야한다.

개정되지 않는 구판 기술도서(microfilm, CD포함)는 반납 또는 폐기하고 임의 보관은 금지하여야한다. 단순히 참고용으로 사용할 경우에는 관리도서와 구분되도록 외부에 참고용(reference)임을 표시하여 작업장이 아닌 장소에 별도 보관이 필요하나 불가 시 작업장 내의 서가나 캐비닛에 잠금 장치하여 보관한다.

기술도서는 제작사의 규격 바인더(binder)에 철입하여 보관하고, 규격품이 없을 때에는 해당 바인더 외부에 일정한 규격으로 기종, 도서종류 및 권 번호(volume no.)를 표기하여 부착하여야 한다. 기름, 먼지 등에 심하게 오염된 바인더는 새 것 또는 상태가 좋은 바인더로 교체해주고, 보유도서의 자체 점검(annual inspection)은 개정 관리되는 모든 도서를 대상으로 실시한다.

2.2.2 기술도서의 개정관리

각 바인더마다 내용물 앞에 정규 개정판 기록부를 철입·기록하고 회사 및 제작사 발행

임시 개정판의 기록부는 ATA 챕터(chapter)별로 삽입·기록하고 내용물은 해당 페이지에 철입한다.

기술도서의 최신판 여부를 확인 후 해당도서의 유효 페이지 목록(List of Effective Page: LEP) 및 임시 개정판 기록부에 따라 관리한다. 제작사에서 발행된 유효한 임시개정목록에 따라 보관중인 임시 개정판의 유·무효를 확인하여 무효한 임시 개정판은 폐기한다.

2.2.3 낱장 매뉴얼(Leaf Manual)의 관리 및 통제

낱장 매뉴얼(leaf manual)은 작업지시서(work order)등에 첨부하여 사용되는 기술도서 (manual)의 해당 작업 관련 부분의 사본으로서 관리되고 있는 기술도서와 동일함을 입증하기 위하여 사본의 상단우측에 "PUBLICATIONS CONTROLLED"로 표시된 관리 스탬프 (stamp)를 날인하고 유효일자 기록 및 발행자의 확인 날인을 하여야한다. 유효기간은 복사 (copy)한 날로부터 해당 작업의 종료 예상시기를 기록하여야하며, 유효기간이 경과한 복사 매뉴얼은 현장에서 폐기하되 유효 기간 경과 후 재사용이 필요한 경우에는 확인자가 내용 개정이 없는 것을 확인 후 새로운 스탬핑(stamping)을 하고 확인자 날인 및 유효기간을 기록하면 사용가능하다.

2.3 문서자료와 정비실수

정비오류 판별기법(MEDA)에 의한 조사결과는 문서가 정비실수를 유발하는 대부분의 기여요인으로 나타났으며, 가장 큰 문제점으로 문서자료정보를 사용하지 않는 것이었다 (MEDA 조사의 50%).

이에 정비사들이 활용하기 용이하도록 항공기 제작사(Boeing/Airbus)의 항공기 정비교범 (AMM)은 유용성에 입각하여 페이지 형식(지면 배치)을 표준화하였고, 간단하고 쉬운 영어를 사용하였으며, 도해와 도면의 형식을 표준화 하였다. 또한, 차상 위 엔지니어가 기술자료 등을 다시점검 하는 등 이중 확인을 실시하고, 최종적으로 정비사가 작업을 수행해 봄으로서 내용을 검증하는 과정을 거치고 있다.

항공사의 경우, 제작사의 정비회보(service bulletin)를 항공사 자체의 기술지시 (engineering order)로 전환하는 과정에서 종종 유용성이 고려되지 않아 이해하기가 더 어려운 경우가 발생하기도 한다. 이러한 문서들은 다음과 같은 훌륭한 지침(good guidelines)을 사용하여 작성하여야 한다.

- 표준 형식 및 페이지 레이아웃 사용
- 한 문장 당 한 행동 표기
- DANGER, WARNING 및 CAUTION 등의 문장은 통용되는 국제적 표준(ANSI/ISO)에 따라 작성
- 약자 약어의 사용을 피할 것
- 화살표는 명백하게 이해할 수 있도록 가리켜야 한다.
- 간단한 영어 사용
- 기술적 정확도를 위한 차상위자의 점검(확인)
- 유용성 문제에 관해 문서 사용자(mechanic/engineer)의 확인(입증)

제7장

의사소통 [Communication]

항공정비현장에서 작업자들 간의 의사소통만큼 중요한 것은 없다. 서로의 작업사항을 확인하고 적절한 피드백을 해주는 팀의 작업결과는 개인작업보다 더 효율적이고 정확하다. 또한 상대가 위험에 노출될 경우 그것에 대한 언급과 시정을 함으로써 사고를 미연에 방지할 수 있다.

같은 작업을 하면서 개인적인 사이가 안 좋거나 직급으로 인한 의사소통이 제한될 경우 작업의 효율이나 안전성이 떨어질 수밖에 없다. 따라서 원만한 인간관계를 유지하면서 원활한 커뮤니케이션을 유지해야 한다.

Human Factors in Aviation Operation

1 | 의사소통의 개념

의사소통이란 "상대를 이해하고 자신을 이해해서 얻으려고 하는 상호 이해하는 행위"로 정의할 수 있다.

의사소통은 논리, 사실, 숫자, 지능, 지성을 포함하는 외에 감성, 태도, 감정이란 전인격적인 것도 포함하고 있다. 예를 들면 자신이 호감을 가지고 있는 사람의 이야기는 같은 이야기라 하여도, 반감을 품고 있는 상대로부터 듣기보다 용이하게 적극적으로 받아들이는 경향이 있다. 같은 의견이라도 상사로부터 듣는 것과 동료로부터 듣는다는 것은 해석하는 의미도 달라지는 것이다. 같은 생각이라도 아름다운 여성이 말하는 것과 게으름뱅이가 말하는 것과 는 해석상의 큰 차이가 있을 수 있다.

1.1 의사소통의 기본모델

의사소통의 기본은 그림 7-1과 같이 송신자가 메시지를 수신자에게 전달하고, 수신자가 메시지를 잘 전달 받았는지 피드백을 받는 과정이다.

의사소통은 상징, 기호, 또는 신호의 송신과 수신에서 이루어지는 상호적인 과정이다. 그것 은 말, 듣기, 읽기, 쓰기, 움직임, 관찰한다는 인간의 행동이다. 그 목적은 상호간의 이해를 달성시키는데 있다.

일반적으로 항공정비 분야에서 의사소통의 오류는 정비사와 조종사 간에 항공기 상태 및 결함 관련한 대화 시에 발생하기도 하고, 정비사와 관리자간에 작업지시 및 작업진행 또는 완료 보고하는 과정에서 발생하기도 한다. 특히 다양한 정비직무가 상존하는 정비현장 에서는 정비직무 조직 간에서 발생하기도 하며, 정비사 개인 간에도 발생한다.

의사소통의 오류를 제거하기 위해서는 송신자는 정보전달을 명확하고, 적시에 정확하게 전달하여야 하며, 피드백을 통하여 수신확인을 요구하여야 한다. 수신자 또한, 메시지를 확인하고, 전달받은 정보를 복창 및 부연하여 정보를 이해하도록 노력하여야하며, 이해정도 를 송신자에게 피드백 해주어야 한다.

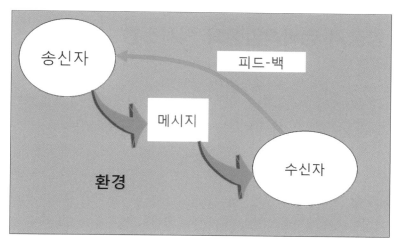

그림 7-1 의사소통 기본모델

1.2 조직 내 의사소통

조직 내 의사소통이란 조직 속에서의 의사소통을 가리키는 말로서 협의의 의사소통, 즉 정보적 수단, 설득적 수단, 비언어적 수단을 통한 것뿐만 아니라 광의의 인간관계를 포함하여 조직 내 구성원간의 공감대 형성을 위해 노력하는 제반 의미, 의견, 정보의 소통활동 등을 일컫는다.

인간이 조직에 참여하는 목적은 개인의 목표를 달성하고자 하는 것이며, 나아가 조직의 목표가 달성됨으로써 자신도 조직의 구성원으로서 성취감을 얻고자 하는 것에 있으며 구성원 개인의 목표와 조직의 목표가 일치될 때 개인의 만족감과 조직의 유효성이 있다.

조직 내 의사소통은 조직구조에 따라 상향적 의사소통, 하향적 의사소통, 수평적 의사소통 및 비공식적 의사소통이 있다.

- **상향적 의사소통**: 조직 구성원의 일반 정비사가 단위 조직의 리더인 선임 정비사에게 전달하는 의사소통 유형
- **하향적 의사소통**: 선임 정비사가 부하 정비사에게 명령이나 지시 등의 의사소통 유형
- **수평적 의사소통**: 일반 정비사들 간의 의사소통 유형
- **비공식적 의사소통**: 업무와는 상관없는 자생적인 의사소통 유형

2 ┃ 항공기 정비작업장의 의사소통

항공기 정비작업에서의 의사소통은 팀(작업장)내의 의사소통과 팀(작업장)간의 의사소통으로 구분한다. 팀(작업장)내의 의사소통은 대부분 구두로 이루어지며, 감독자로부터 작업지시나 작업을 진행하면서 작업내용에 대하여 동료 간에 나누는 의견교환이 있다.

많은 인원이 동일한 항공기에 작업을 수행할 경우 동료 간의 의견교환을 원활하게 하여 항공기의 상태를 알면서 작업을 하는 것이 중요하다. 또한, 팀(작업장)간의 의사소통은 대부분 문서로 이루어지며 작업진행 현황에 대하여 작업통제 부서와 작업수행 부서간이나 작업방법을 기술하고 작업결과를 기록하는 작업지시서나 작업문서 등이 있다.

조직 내에서 이루어지는 의사소통은 조직구성원들에게 일상적이고 자연적인 업무이다. 그러나 조직구성원들 간에 의도한 정보가 제대로 전달되지 않았거나 이해되지 않는 등 의사소통의 두절, 오류, 왜곡, 오해 등의 여러 가지 문제가 빈번하게 발생하면 의사소통은 조직관리 및 목표달성의 문제에 중요한 이슈로 제기된다. 따라서 조직구성원들 간의 의사소통 문제를 해결하고 관계를 원활하게 하는 것이 효율적인 집단행동을 조성하고 조직성과를 향상시키는데 중요한 과제이다.

2.1 항공정비조직의 의사소통 장애요인

미국 메이저 항공사에 근무하는 160명의 감독자, 선임정비사, 일반 정비사들을 대상으로 브레인스토밍 기법으로 현장에서 실수를 유발하게 하는 요인들을 발췌한 실험연구에 따르면, 부실한 커뮤니케이션, 압박과 주의산만이 가장 중요한 원인으로 꼽혔다. 이는 항공기 정비현장에서 발생하는 실수들을 줄이기 위해서는 의사소통 장애요인을 파악하여 효과적인 의사소통을 수립하는 것이 중요하다 것을 보여준다.

의사소통 장애요인들은 전달자의 의사소통에 대한 목적이 결여되어있고, 권위적 태도 및 의사소통의 기술부족들이 있다.

수신자의 관련요인들로는 송신자에 대한 신뢰가 없으며, 선택적 지각 및 선택적 기억과 조직 구성원들의 생활방식, 사고방식과 같은 준거체계의 차이와 수신자가 수용자 또는 쟁점에 대하여 지니고 있는 선입관, 자신의 시각에서 감정적으로 평가하고자 하는 충동, 의사소통의 수용태세 미비 등을 들 수 있다.

메시지 및 정보관련 요인 또한 전달되는 정보가 과다하거나, 애매모호한 언어와 표현에 의한 언어해석의 다의성에 의한 장애요인들에 의해 의사소통 장애가 발생된다.

MEDA(Maintenance Error Decision Aid)는 정비오류를 발생시킨 근본적인 기여요인 (contributing factors) 중, 의사소통의 단절(서면 또는 구두)에 대한 근본원인(root cause)을 다음과 같이 제시하였다.

- **부서와 부서** 애매하거나 불완전한 서면지시, 부정확한 정보의 경로, 개성의 충돌, 또는 정보의 적시 전달 실패

- **작업자와 작업자** 의사소통의 완전한 실패, 언어장벽으로 인한 의사소통 오류, 속어나 약어 사용 등. 이해가 되지 않았을 때 질문하지 못하는 경우. 또는 변화가 필요할 때 제안을 하지 못하는 경우

- **순환근무자간** 좋지 못한(또는 서두르는) 구두브리핑으로 인한 부적절한 업무교대, 또는 정비기록(업무 기록 현황판, 대조목록 등) 내용의 부적절

- **정비작업자와 지도부간** 지도부가 작업자에게 중요한 정보를 전달하지 못했을 경우(순환근무를 시작할 때, 부적절한 브리핑 또는 임무수행에 대한 피드백 부적절), 작업자가 지도부에게 문제나 기회에 대한 보고를 하지 못하거나, 또는 역할 및 책임이 불분명한 경우

- **지도부와 관리자간** 관리자가 지도부에 중요한 정보를 전달하지 못한 경우(목표 및 계획에 대한 논의사항, 완료된 업무에 대한 피드백 포함). 지도부가 관리자에게 문제나 기회에 대한 보고를 하지 못한 경우

- **운항승무원과 정비사** 애매하거나 불완전한 비행일지 기재, MEL/DDG 해석문제, "항공기통신 전송 및 보고시스템(ACARS)" 또는 데이터링크의 미사용 등

우리나라 국적항공사의 정비사들을 대상으로 인지하는 의사소통 만족도를 상향적 의사소통, 하향적 의사소통, 수평적 의사소통 및 문서에 의한 의사소통으로 분류하여 연구한 결과에 따르면 국적항공사 정비사들의 의사소통 유형은 수평적 - 하향적 - 상향적 - 문서에 의한 의사소통 순으로 나타났으며, 가장 활발한 의사소통 유형은 수평적 의사소통으로서 다음과 같이 요약하였다.

2.1.1 수평적 의사소통

수평적 의사소통의 분석결과를 보면 작업장내의 동료 간의 의사소통은 비교적 원활하게 이루어지고 있으나, 타 특기 작업자 간의 수평적 의사소통은 활발하게 이루어지지 않은 것으로 나타났다.

이는 다양한 직무와 특기로 구성된 정비조직의 특징일수 있지만, 다양한 직무와 특기가 어우러져 분할작업(divisible task)으로 수행하는 항공기 정비현장에 있어서 의사소통의 장애는 안전사고의 위험성을 내포하고 있음을 감안하여 좀 더 성숙된 구성원간의 조화와 협력이 요구된다. 그러므로 작업장 리더는 전체적인 작업현황을 모니터 하여 분할작업에서 발생할 수 있는 의사소통의 장애요인을 제거하는 노력이 필요하다.

2.1.2 하향적 의사소통

수평적 의사소통 다음으로 많이 사용하는 유형은 하향적 의사소통으로 나타났다. 이러한 분석결과는 항공기 정비작업 환경이 항공기 정시점검 등 예방정비를 수행하여야하며, 언제 발생할지 모르는 항공기 고장상황에 신속히 대처해야 하는 특수성을 가지고 있어 긴급을 요하는 결정이 많으며, 적시성과 우선순위가 매우 중요하기 때문으로 사료된다.

2.1.3 상향적 의사소통

하향적 의사소통 다음으로는 상향적 의사소통으로서 작업장 내에서 상사에게 의사 표현이 가장 낮음에 따라 자기 의견을 적극적으로 개진하지 못하는 것으로 나타났다. 이는 조직 하부로의 의사결정 권한위임이 낮은 것을 의미하는 것으로서, 팀(작업장) 내에서 커뮤니케이션이 활성화되려면 구성원들 간에 편하게 대화를 주고받을 수 있는 분위기가 형성되어야 한다.

즉 자신의 견해를 입 밖으로 꺼내는 것부터가 자연스러워야 한다. 이는 팀원들이 리더 및 동료들과의 관계에서 편안함을 느낄 때 가능하다. 관계가 불편할 경우, 사람들은 서로 대화를 시도하려 하지 않고 가급적 상대와 직접적으로 대면하는 것을 피하려 하기 마련이다. 그러므로 작업장 리더는 구성원들의 의견을 언제든지 듣고, 의사 결정에 반영하겠다는 태도를 보다 명확히 할 필요가 있다.

이러한 유연한 태도의 필수적인 요소는 경청(敬聽)과 질문이다. 이는 팀원이 이야기하는 취지를 제대로 이해하며 듣는 것을 말한다. 즉 구성원의 이야기를 끝까지 듣는 것만이 아니라, 자신이 이해한 내용이 맞는지 혹은 이해가 가지 않는 부분에 대해서는 무엇을 뜻하는지 질문하는 과정이 필요하다는 뜻이다. 질문은 구성원에게 자신의 견해가 존중받고 있다는 느낌을 줌으로써 구성원들이 보다 적극적으로 대화에 참여할 수 있도록 만들어 준다.

2.1.4 문서에 의한 의사소통

4가지의 유형 중 문서에 의한 의사소통 유형이 가장 낮았으며, 특히 현장 작업 시 문제되는 부분에 대해 관련 지원부서에 기술지원 의뢰 등의 정보요청에 대해 적시에 받지 못하는 것으로 나타났다.

문서로 발행되는 내용 또한 복잡하고 이해하기 어려운 것으로 나타났다. 각종 기술관련 문서 발행 시 표준화된 용어 및 어휘 등의 사용 등을 통하여 효과적인 정보 전달을 보장하기 위한 전문적인 지침 또는 지원이 요구된다.

2.2 정비안전 증진을 위한 의사소통

항공기 정비조직이 감항성 있는 항공기의 제공이라는 역할을 제대로 수행하기 위해서는 의사소통에서의 장애요인을 최소한으로 완화해야 한다.

조직 내 자유로운 의사소통 분위기 활성화를 위해서는 조직관리 차원에서 조직분위기를 다듬고 조직구성원간의 확대를 통하여 조직구성원들에게 부여하는 직무와 그 수행체계에 내재된 의사소통 장애요인을 찾아 완화하는 방안을 우선적으로 강구할 필요가 있다.

특히, 정비현장에서 의사소통의 장애를 극복하기 위해서는 작업자 및 현장관리자간에 공감적인 경청이 이루어져야하며, 현장관리자는 작업자가 작업내용을 이해하고 있는지 피드백을 요구하여야 하며, 중요한 안전사항에 대해서는 적절한 강한 어조를 사용하고, 이해하기 쉬운 일반적인 용어를 사용하여야 한다.

의사소통 장애요인들 때문에 조직구성원들이 직무를 정상적으로 수행하지 못하게 되면 직무의 질적, 양적 성과가 낮아진다. 즉, 정비작업을 수행하고 있는 정비사와 정비작업을 지시하고 감독하는 감독자간의 의사소통 장애는 항공기 정비수준이 낮아 질 뿐만 아니라 안전사고를 유발할 수 있으므로 항공기 정비조직이 정비사들의 상해로부터 안전하고, 감항성 있는 항공기의 제공이라는 역할을 제대로 수행하기 위해서는 의사소통에서의 장애요인을 최소한으로 완화해야 한다.

정비조직의 관리자들은 조직관리 차원에서, 일반 정비사들은 자기관리 차원에서 의사소통 장애요인들을 완화하는 방안을 찾는 것이 바람직하다.

이를 위해 의사소통 시 상호간에 표현력과 청취력의 향상을 위해 노력하여야하며, 조직 내 자유로운 의사소통 분위기 활성화를 위해서는 조직관리 차원에서 조직분위기를 다듬고 조직구성원간의 확대를 통하여 조직구성원들에게 부여하는 직무와 그 수행체계에 내재된 의사소통 장애요인을 찾아 완화하는 방안을 우선적으로 강구할 필요가 있다.

또한, 정비사는 상황에 따른 적절한 문서, 언어, 몸짓을 정확히 사용하여 상대방과의 의사 소통을 확실히 할 수 있도록 하여야한다. 매뉴얼이나 작업지시서의 내용을 잘 숙지하고 작업자 간에 작업 내용 전달을 확실히 하며, 수신호가 필요한 상황에서는 정확하게 표현하여 잘못된 의사전달이 이루어지지 않도록 하여야한다.

문서는 속도와 경제성을 고려한 가장 일반적인 방법이다. 그러나 인쇄물에 의한 문서의 증가는 제한된 기억 용량을 초과하게 되고, 수신자가 이해했는지 확인을 할 수가 없으며, 수신자 또한 이해를 돕기 위한 질문 등을 할 수 없는 문제들이 있다. 그러므로 정비현장으로 배포되는 기술문서들은 정비작업에 직접적인 영향을 미치는 요소임을 감안하여 문서의 내용 이 정비 현장 작업자들의 수준에 맞는 표준화된 용어와 간결하고, 명확한 표현방식을 사용해 야 한다.

3 | 교대 및 작업신송

한정된 시간 내에 작업을 마무리하기 힘들다면 정확한 신송이 필요하다. 정확한 신송은 작업의 혼선을 방지하고 신속한 처리를 가능하게 한다.

3.1 바람직한 교대·작업신송

바람직한 작업의 신송을 위해서는 작업사항을 기록하는 신송일지를 유지하는 것이 중요하 다. 신송일지에는 완료된 작업과, 다음 교대 근무자들이 시작해야 할 작업사항과 작업을 계속하기 위해 필요한 공구, 부품, 자재 및 검사대기 등의 특별한 요청사항 및 작업카드 외에 수행된 작업사항 등이 기록되어야 한다.

작업카드는 해당 정비사의 작업이 종료 시에는 완전히 채워져 있어야하며, 누가 작업하고, 누가 점검했는지 서명되어 있어야 한다.

그림 7-2 명확하지 않은 문서는 오류를 유발한다.

3.2 브리핑과 디 브리핑(Briefings and De-Briefings)

브리핑은 공통적인 목표를 공유하고 작업행동을 준비하는 방법 중의 하나로서 누가 무슨 일을 언제, 어떻게 할 것인지 명시하여야 한다.

해당 작업경험이 부족한 정비사들과 관행적으로 되돌아갈 위험성이 있는 경험이 많은 정비사들이 혼합되어 구성되어 있으므로 브리핑은 작업이 시작되기 전에 수행되어야 한다.

디 브리핑(De-briefings)은 수행된 업무 또는 잔여업무에 대한 보고를 위한 것으로서 다음 교대로 신송하기 전에 계획적으로 수행되어져야 한다.

4 정보전달(Dissemination of Information)

우리는 사고가 발생하였을 때 관련자들 간에 정보전달 즉, 커뮤니케이션이 단절되어 있었음을 너무도 자주 보게 된다. 그 만큼 안전은 일단 커뮤니케이션에 기초하고 있다고 할 수 있다. 조직 내, 조직 간 커뮤니케이션을 활성화 하는 것이 효율적인 정보전달 체계의 첫 걸음이라고 할 수 있다. 그러나 정보의 전달이 활자와 음성매체에 의한 교육과 점검 등에만 의존하고 있다. 이와 같은 정보전달방식은 전달의 기회자체가 시간적, 공간적인 제약을 받을 뿐만 아니라 정보 공급자 위주의 일방적인 정보전달 방식으로서 특히 운항정비현장의 기종 및 계통 별 고장탐구 등에는 부적합하며, 정보의 수요자인 항공정비사의 입장에서의 정보보급이 원활하지 못하고 있다는 것이다.

4.1 효율적인 정보전달 체계

정보가 사람에게 전달되어도 그 사람이 지각할 수 없으면 아무런 소용이 없다. 입력되는 정보의 크기가 지나치게 크거나 너무 작거나 하여도 정확하게 지각하지 못한다.

항공정비 현장의 정보관련 연구결과에 따르면, 현장 정비사들이 선호하는 정보전달 방법으로 직무에 관계없이 관리자가 요약하여 직접 전달해주는 것을 가장 선호하는 것으로 조사되었다. 그러므로 현장 관리자는 정보를 현장상황에 맞추어 이해하기 쉽게 요약하고 가공하여 전달하여야하며, 현장직원들이 관련정보를 제대로 숙지하고 작업을 수행하고 있는지 피드백을 통하여 확인하는 과정이 필요하다.

또한, 항공정비현장의 유동적 속성을 제어하기 위해서는 정보의 전자화와 정보기기에 의한 정보활동의 전산화를 위한 정보시스템의 구축이 필요하다. 아울러, 항공기 정비작업을 수행하기 위한 직무관련 기술정보뿐만 아니라 안전관리에 관한 사항이 신속하게 전사적으로 전달되어 정보를 공유하는 시스템을 구축하여야 한다. 특히 휴먼에러를 유발시킬 수 있는 정비작업에 대해서는 정비사로 하여금 필요한 단계를 상기시켜 휴먼에러를 예방할 수 있도록 여러 정보를 항시 참조할 수 있게 사용자에게 단순하고 친근하게 설계되어야 한다.

4.2   정보 효율성 증진

정보전달의 장애요인에 대한 조사에서는 현장으로 내려오는 정보양이 너무 많으며, 작업을 수행하기 전에 정보를 확인하기 위한 시간이 부족한 것으로 조사되었다.

정비현장은 작업공정 및 상황이 수시로 변하므로 정보 또한 변화하는 상황에 따라 활용이 가능해야 하나 기존의 기술정보 관리방식으로는 현장에서 바쁘게 돌아가는 정비사들이 쉽게 참조하기 어렵다. 특히 현장으로 배포되는 문서들의 내용들이 불명확한 용어사용으로 현장에서 받아들이기에 복잡하고 이해하기 어려우며, 추상적인 서술형식으로 현장 적용성의 결여 등으로 항공정비작업의 복잡성과 유동성에 효과적으로 대응하기 어려운 실정이다. 그러므로 정비현장의 특성에 적합한 각종 정보의 활용으로서 정보의 창출, 집적, 가공, 보급 등 정보활동 전반의 활성화로 정비사가 필요시에는 언제나 이용할 수 있도록 수집, 정리, 저장되어 적시에 필요한 내용만을 쉽게 참조할 수 있어야 한다.

또한, 정보공급자는 각종 기술관련 문서뿐 만 아니라 각종 정보 및 지시문서 발행 시 표준화된 용어 및 어휘의 사용 등을 통하여 효과적인 정보 전달을 보장하기 위한 전문적인 지침 또는 지원이 요구된다.

제8장

팀워크 (Teamwork)

항공기 정비사와 검사원은 동일 교대근무시간의 정비작업을 완벽하게 마무리하기 위하여 팀의 일원으로서 함께해야 한다. 그러므로 전형적인 정비 환경에서 정비사들은 팀 구성원으로서 동료 정비사와 검사원들과의 원활한 의사소통과 팀워크에 대해서 학습하여야 한다. 정비사간에 지식을 공유하고, 정비의 기능을 조정하며, 교대 근무시 작업의 인수인계 등을 비롯하여 고장탐구를 위한 운항승무원과의 시험비행 등은 바람직한 팀워크를 통해 훌륭한 결과를 얻을 수 있다.

Human Factors in Aviation Operation

1 | 팀 행동의 영향

팀 행동은 팀이 전체로서 행하는 행동 및 그 행위의 총체로서 팀의 구성원이 팀에서 담당하는 지위나 역할에 따른 책임감으로 규정된다. 지위나 역할의 체제는 팀의 존속과 발전에 필요한 요건을 충족시킬 수 있도록 형성된다. 이러한 팀 행동에 영향을 미치는 요인으로는 책임감, 동기부여, 관행 및 문화 등이 있다.

항공기 정비작업은 팀 단위로 이루어지므로 팀원들이 책임감을 갖고 안전하게 작업을 수행하기 위해서는 구성원들의 업무에 대한 동기부여가 필요하다. 이러한 동기부여를 촉진하기 위해서는 목표나 업무에 대한 구성원들의 이해를 구해야 한다. 구성원들이 자발적으로 업무를 실행하는지의 여부는 구성원 자신이 업무에 대해서 어느 정도로 자율적으로 의사결정을 할 수 있는지에 달려 있다. 또한 업무의 물리적 조건이나 인간관계, 리더십 본연의 자세와 집단행동의 이상적인 유형을 구성원들에게 전달하는 학습체제가 필요하다.

1.1 책임감(Responsibility)

책임감은 자신의 행동이 팀의 성공에 영향을 미친 다는 것을 인식하여 팀의 성공을 위하여 행동하는 것을 말한다.

정비사는 자기가 수행한 정비작업에 대한 자신의 작업방법이 올바르고 적합하였다고 확신할 수 있도록 온당한 노력을 해야 한다. 만약 자신의 작업방법에 문제가 있다면, 자신의 행동에 따른 결과에 책임을 지는 모습을 보여야 한다. 그러므로 정비사는 책임감을 가지고 작업을 수행하여야 한다.

"내가 아니더라도 누군가 다른 사람이 하겠지~", "다른 사람들도 다 그렇게 하는데~"또는 "보는 사람이 없으니까~" 이러한 의식들은 팀 내의 책임감을 저하시키게 된다. 그러므로 정비사는 소명의식과 사명감을 가지고 성실히 작업을 수행할 때 작업에 대한 성취감과 항공기 결함을 예방할 수 있다.

1.1.1 사회적 영향(Social Influence)

인간은 타인을 포함한 사회적 상황에 영향을 받는데 한 개인의 생각과 행동은 책임감에 따라 변화하고 달라진다.

책임감에 대한 고전연구로는 밀그램의 "권위에 대한 복종심" 실험과 애쉬의 "집단동조" 실험 등이 있다.

(1) 권위에 대한 복종

사람이 고분고분해지는 것은 요청하는 사람의 권위가 인지됐기 때문이며, 권위가 있는 사람의 요청은 명령으로 보인다.

1961년 미국 예일대학의 심리학 교수인 밀그램(Milgram)은 나치 전범들이 시키는 대로만 했다는 진술에서 의심 없는 복종에 관심을 가지고, 미국의 소시민들이 다른 사람에게 상처를 주는 일을 거부할 것인가를 알기를 원하여 실험을 실시하였다.

밀그램은 동료에게 "학생" 역할을 부탁하고, 외부 참가자에게는 "교사" 역할을 주고, 학생이 문제를 맞히지 못하면 교사역할을 맡은 사람은 15V에서 시작하여 최대 450V까지 전기충격을 학생에게 가하도록 하였다. 학생은 아무런 전기충격을 받지 않으며, 단지 충격을 받은 것처럼 신음소리를 내면서 연극하게 하였다. 실험을 진행하는 동안 교사역할자 중 몇 사람은 150V 근처에서 "더 이상 전기충격을 가할 수 없다." 라고 말했지만, "당신은 제 말에 따라야 합니다." 라는 실험 감독관의 엄격한 말 한마디에 입을 다물고 지시에 따른다.

300V 근처에서는 칸막이 건너편의 학생은 발버둥치고 비명을 지른다.

그림 8-1 밀그램의 권위에 대한 복종심 실험

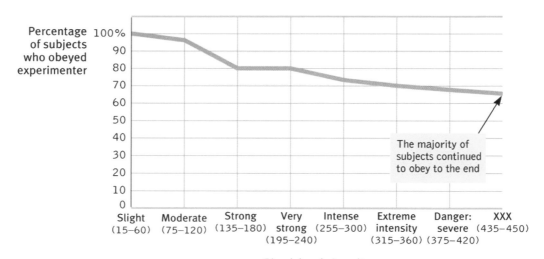

그림 8-2 권위에 대한 복종심 실험결과(출처:David G. Myers, Psychology, p.685)

교사역할자의 대부분은 다시 전기충격을 거부하지만, 실험 감독관은 혹시 죽더라도 자기가 책임지겠다고 한다. 참고로 교사역할을 맡은 사람은 전기충격을 한번 씩 줄 때마다 4달러 50센트를 보상으로 지급받도록 되어 있었다. 결과는 그림 8-2와 같이 40명의 교사역할자 중 65%인 26명이 죽음에 이르게 할 수도 있는 450V의 버튼을 눌렀다.

이 연구를 통해서 항공정비사와 기술자 대다수는 본인은 내키지 않더라도 경영층의 지시한 것을 수행할 것이라는 것을 추론할 수 있다.

(2) 팀 동조

심리학자인 애시(Asch)는 하나의 막대기를 제시하고, 이어서 길이가 각기 다른 세 개의 막대기를 제시한 후 처음 제시한 막대기와 동일한 길이의 막대기를 알아맞히는 실험을 진행한 바 있다.

실험은 약 7~9명이 참가하여 원탁에 둘러앉도록 하고, 진짜 실험대상자는 제일 마지막 자리에 앉혔다. 진짜 실험대상자를 제외한 다른 참가자들에게 일부러 동일한 오답을 말하게 한 후, 진짜 실험대상자가 어떻게 대답하는지를 살펴보았다.

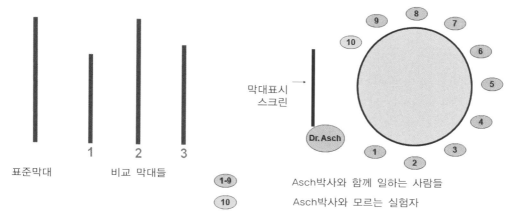

표준막대   비교 막대들

1-9   Asch박사와 함께 일하는 사람들
10   Asch박사와 모르는 실험자

그림 8-3 Asch 연구

놀랍게도 평균적으로 3명 중 1명이 앞서 참가자들이 답한 오답을 제시하였다고 한다. 이들은 답이 틀렸음을 뻔히 알고 있었다고 한다. 그럼에도 불구하고 집단의 잘못된 견해에 동조한 것이다. 이때 집단의 압력이 강해지면 이보다 더 높은 비율로 자신의 뜻과 맞지 않더라도 대부분의 사람들이 집단 압력에 굴복하게 된다고 한다. 집단에서 인정받고 싶고, 소외되는 것에 대한 두려움 때문이다.

특히 집단주의 문화 속에서는 동조율이 더 높게 나타난다. 정서적 유대가 강한 내집단 (in-group)에서 동조 현상이 현저하게 높게 나타나는 것이다. 집단 속에서 관계적 갈등을 형성하게 되면 결국 나만 피해자가 된다는 생각 때문에, 결국은 대다수의 의견에 대한 비자발적 동조를 침묵을 통해 표출함으로써 집단의 일원이 되고자 하는 것이다.

이 연구를 통해서 항공정비사 및 기술자들은 함께 일하는 동료들에 의해서 태도와 행동에 큰 영향을 미친다는 것을 알 수 있다.

1.1.2 책임지기 사례

바람직한 책임지기는 자기 자신의 실수를 인정하고 고치는 것이며, 잘못된 것을 알았을 때 그 상황을 보고하고, 램프에서 떨어진 이물질을 줍는다거나, 작업하면서 떨어뜨린 안전결선(safety wire) 조각을 찾는 등, 사소한 문제도 지나치지 않으며, 프로적인 책임감 (professional responsibility)을 함양하고, 항상 최신의 기술을 보유하는 것이다.

1.2 동기부여(Motivation)

동기는 사람의 행동을 불러일으키는 충동으로서 목표를 향해 사람을 움직이게 하는 자극과 같은 내부 프로세스를 동기부여라고 한다. 즉, 개인의 욕구를 만족시키는 조건하에 조직의 목표를 위해 노력하는 자발적 의지를 이끌어 내는 것이다. 그러므로 동기부여는 성공하고자 하는 욕구와 노력하면 성공의 결과를 가져올 것이라는 신념에 의하여 결정된다.

항공정비사의 동기부여는 항공기 정비직무를 이해하는 데서부터 시작하여 항공정비작업의 가치, 조직의 업무 중에서 직무의 위치를 알리고 작업에 대처할 때의 즐거움과 긴장에 대해서 대화하고 작업을 잘 개선하여 작업내용 중에서 창의 연구하는 즐거움을 체험시키는 것이다. 예를 들면 최근 '사는 보람'이나 '할 만한 가치론'이 활발하게 전개되고 있지만, 작업의 할 만한 가치를 분석하면, 그 중심요인은 작업 중의 능력 발휘여부이다.

안전에 대한 동기부여를 생각하는데도 똑같다. 안전한 작업을 통하여 자기나 다른 동료에게 상해를 입히지 않는 의식은 작업과 자기와의 관계(자아의 욕구)로부터 시작하는 것이며, 거기에는 안전행동에 대한 자기 계발과 위험인자의 감수성 등에 관한 자기성장이나 직장개선이나 안전행동 등으로서 능력발휘가 기초로 되는 것이다.

이와 같은 기회나 높은 욕구수준으로의 개발이 있어야 정비사는 안전으로의 동기부여가 되는 것이다.

1.2.1 성과와 동기부여

하버드 대학의 William James는 사람이 직장에서 정상적인 조직의 일원으로서 일하는 과정에 끊임없이 보고 듣는 문제 그리고 단순히 우연한 이유에서 발생한다고 생각되는 소외감, 무관심, 적대관계, 혹은 작업은 오로지 작업일 뿐이라고 결론 짓고 작업 이외의 것을 통해 만족을 추구하는 사람들은 작업의 성과(Performance) 달성에 대한 동기(motive)가 결여되어 있으며, 동기부여가 낮은 종업원의 성과는 실제 능력의 50~70% 정도 밖에 되지 못한다는 사실을 발견하였다.

다시 말해서 직무에 대한 성과는 숙련도 뿐 만아니라 동기부여에 의해서 결정된다고 해도 과언이 아니다. 즉, 숙련도는 다소 낮지만 높은 동기부여를 가진 사람이 숙련은 높지만 동기부여가 낮은 사람 보다 수행도가 더 뛰어날 수 있다.

동기부여를 촉진하기 위해서는 개인의 성취 욕구를 증진하여야 한다. 차등 없는 동일한 급여 또는 매일매일 일상적이고, 단순한 반복 작업 등은 성취욕구가 증진되지 않는다. 그러므로 개인의 성취 욕구를 증진하기 위해서는 근로시간에 대한 임금 이외에 지급하는 보상을 의미하는 부가급여 및 포상금 등을 지급하고, 적절한 직무의 복잡성(task complexity)설계를 통하여 직무에 대한 책임감과 의미를 가질 수 있도록 하고, 직무계획 및 수행에 있어서 자유와 독립성 등의 직무 유연성을 부여하여 직무에 대한 강한 동기와 책임감을 느끼게 하여야 한다.

관리자의 직무는 종업원들의 성취욕구 즉, 동기유발을 촉진하는 것이다.

1.2.2 인간의 욕구체계

작업현장에서 인정에 대한 욕구가 가장 강한 종업원의 경우, 관리자나 감독자가 칭찬을 하는 것은 그 종업원으로 하여금 그 직무를 계속하게 하는데 있어서 효과적인 유인이 될 수 있다는 것이다.

심리학자 매슬로우(Abraham Maslow)는 인간의 욕구의 강도를 설명하는데 도움이 되는 매우 흥미 있는 욕구이론을 개발했다. 그에 의하면 인간의 욕구는 그림 8-4와 같이 계층을 이루고 있다.

(1) 생리적 욕구

생리적인 욕구는 계층의 가장 밑바닥 1단계로서 이는 일반적인 의식주와 연관된 요소로서 기본적인 임금, 식당, 작업조건 및 작업장 환경 등 가장 기본적인 욕구이다.

(2) 안전의 욕구

생리적 욕구가 일단 만족되면 안전(보장)의 욕구가 우세하게 된다. 이들 욕구는 신체적 위험에 대한 공포로부터 벗어나려는 욕구이며, 또 기본적인 생리적 욕구를 충족시키지 못하게 되는 위험으로부터 해방되려는 욕구이다. 다시 말하면 자기보존에 대한 욕구로서 안전작업조건, 복리후생, 임금인상 및 고용안정 등의 요소들이다.

(3) 사회적 욕구

인간은 사회적 존재이기 때문에, 인간에게는 여러 가지 집단에 소속하고 싶은 욕구와 여러 집단에 의해 받아들여지고 싶은 욕구가 있다. 사회적인 욕구가 강해지면 집단의 일원으로서 다른 사람들과 의미 있는 관계를 가지려고 노력한다. 직장에서의 동료 및 감독자와의 원만한 인간관계가 형성되고 조화된 작업집단을 이루게 된다.

(4) 존경의 욕구

일반적으로 사람은 단지 집단의 일원이 될 것만으로 만족하지 않고 존경에 대한 욕구, 즉 자존이나 또 다른 사람으로부터 인정을 받고 싶어 한다. 이와 같은 존경의 욕구가 만족되면 자신감, 위신, 권력, 지배 등의 강한 감정이 생겨나고 자신은 유용한 인물이고 주위에 대해 영향력을 가지고 있다고 느끼기 시작한다. 그러나 건설적인 행동을 통해서 존경의 욕구를 만족시키려고 하지 않는 경우도 있다. 존경의 욕구가 지배적으로 우세할 때 다른 사람의 주의를 끌기 위해서 파괴적이고 미숙한 행동에 의존하는 경우도 있다.

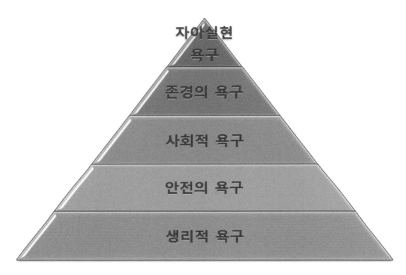

그림 8-4 매슬로우의 욕구5단계

(5) 자아실현의 욕구

존경을 받고 싶어 하는 욕구가 일단 만족하게 되면 자아실현의 욕구가 우세한 것으로 나타난다. 자아실현(self-actualization)이란 자기의 잠재능력을 극대화하려고 하는 욕구이다. 매슬로우가 표현하고 있는 바와 같이 "사람은 자기가 가진 능력을 최고도로 발휘할 수 있는 존재가 되어야 한다." 그래서 자아실현이란 자기가 가진 잠재 가능성을 능력껏 발휘하고 싶어 하는 욕구이다.

1.3 관행

관행은 사회적인 집단 혹은 조직 내의 전형적인 행동양식으로서 실제상황의 상태를 단순화하는데 작업품질의 성과측면에서는 효율적이거나 비효율적일 수 있지만 작업안전의 측면에서는 그림 8-5와 같이 바람직하지 못한 경우가 대부분이다.

꼬리표(tag) 미부착   점검표나 절차를 따르지 않음   안전보호장구 미 착용

그림 8-5 비효율적인 관행사례

1.3.1 비효율적인 관행

항공사의 정비현장에서 발견되는 비효율적인 관행으로는 정비사가 정비교범이나 작업카드를 사용하지 않고 기억에 의존하여 작업을 수행하거나, 부품 등을 항공기에 장착하면서 토-큐 렌치를 사용하지 않고 임의로 볼트와 너트를 조이거나, 고장탐구 매뉴얼(FIM)을 사용하지 않고, 경험에 의한 고장탐구를 실시하는 등의 정비 매뉴얼 절차를 무시하는 행위들은 나쁜 관행들로서 위반 행위로 볼 수 있다. 특히 회로차단기(circuit breakers)와 스위치(switches)를 개방하고 "작동금지" 태그를 부착하지 않는 관행은 또 다른 작업자에 의해 스위치를 동작하게 하여 인명의 손상을 초래하기도 하고, 작업이 완료된 후, 회로차단기를 원상복귀 해주는 것을 깜빡 잊게 되어 항공기 운항 중 중대결함을 유발하기도 한다. 또한, 정비작업이 완료되면 정비작업 중의 오류 등을 검출하기 위하여 기능 혹은 작동(operational)시험을 수행하여야 하는데 이를 생략하거나, 보지도 않고 점검도 하지 않았으면서 작업을 종료하거나, 교대근무일지에 작업의 완료, 진행 및 미 수행 사항 등에 대한 충분한 정보를 남겨놓지 않는 경우, 매뉴얼에 언급되지 않은 작업에 대해 문서화 하지 못하는 경우 등을 들 수 있다.

앞에서 살펴본 애쉬(Asch)의 연구에 따르면 신입직원은 작업조직 내에 현존하는 관행들을 빠르게 따른다는 것을 암시하고 있다. 즉, 조직 내에 이러한 비효율적인 관행들이 존재한다면, 신입직원들은 빠르게 이러한 비효율적인 행동을 배우게 된다. 그러므로 정비조직은 절차 미준수 행동 등의 관행은 절대 허용해서는 안 된다.

1.3.2 서명작업(Signing off Tasks)

서명을 한다는 것은 깔끔한 작업의 마무리를 의미하는 것이며, 작업종료 전에 점검이나 검사가 수행되어져야한다.

서명은 해당 작업 혹은 집단작업이 올바르게 수행된 작업이라는 것을 적임자에 의해 표현하는 것이다. 이러한 서명행위는 품질관리 검사서명도 아니고, 서비스를 허가하는 서명도 아니다.

연구에 따르면 많은 정비작업들이 자신의 작업에 서명하는 것이 부적합한 작업자(예를 들어, 임시직원 또는 실습생)에 의해 실행되어지고 있으며, 작업 감독자에 의해 확인되지 않고 작업이 종료되고 있다.

일반적인 서명방법으로는 작업카드별로 서명을 한번만 하는 경우와 작업카드 내에 하위작업(sub task)별로 서명을 여러 번 하는 경우가 있다.

하위 작업(sub task)별 서명 시 장점은 정비사가 작업으로부터 이탈(다른 직무를 수행하거나 근무교대)할 경우와 작업이 어디 까지 완료됐는지 기록이 없는 이전작업을 속개할 수 있으며, 작업에서 이탈(휴식하거나 근무교대)하기 전에 다음 휴식 전까지 작업을 계속하는 것을 촉진한다. 또한 서명지침은 작업의 특성에 적당하게 정비조직에 의해서 결정되어야한다.

1.4 문화의 영향

국가 항공안전관리프로그램에 따라 동일한 안전관리시스템(SMS)을 구축하였다하더라도 어느 조직에서는 효과가 있으나 다른 조직에서는 효과가 없는 상황을 초래한다.

안전관리시스템의 효과에 대한 연구를 실제로 살펴보면, 많은 필수항목들이 안전결과에 영향을 미칠 수 있음에도 불구하고, 어느 항목이 효과가 있을지를 결정하는 것은 해당 종사자의 문화에 대한 인식이라는 것을 깨닫게 된다.

항공안전프로그램은 조직(service provider)들로 하여금 몇 개의 항목으로 구성된 안전관리시스템을 구축할 것을 법적으로 지시하고 있지만 안전관리시스템에서 규정된 활동의 많은 부분이 효과가 없고, 오히려 손실을 줄일 수 있는 적극적인 활동들을 수행하는 데에 사용될 수 있는 시간, 노력과 자원을 낭비하게 만든다는 것이 분명하기 때문이다.

안전관리시스템이 안전결과를 결정하는 것이 아니라 그 항목들이 어떤 문화에서 사용되고 있느냐가 성패를 결정하는 것이다. 긍정적인 안전 문화에서는 대부분의 항목들이 효과가 있을 것이며, 부정적인 문화에서는 아마도 어떤 항목도 원하는 결과를 얻지 못할 것이기 때문이다.

1.4.1 안전문화의 구축

규정된 안전 활동들이 원하는 결과를 낳을 수 있도록 하기 위해서는 안전관리를 위한 노력은 안전문화 구축이 가장 먼저 추진해야 할 그리고 가장 중요한 목적으로 해야 할 것이다. 안전문화는 종사자들이 실제로 안전이 그 조직에서 중요한 가치의 하나라고 믿고 조직 우선순위 항목에서 높게 순위 매김 되어 있다고 인식할 때에 긍정적이 된다.

이러한 종사자의 인식은 근로자들이 경영진을 신뢰할만하다고 생각할 때, 안전정책의 문구들이 실제로 매일 실천될 때, 경영진의 재무지출 결정이 사람들을 위해 이루어진다는 것을(돈만 벌기위해서가 아니라) 보여줄 때, 경영진의 평가와 보상이 중간 관리자나 감독자의 업무수행을 만족스러운 수준으로 끌어올리도록 할 때, 종사자들이 문제의 해결과 의사결정에 참여할 수 있을 때, 경영진과 근로자 사이에 높은 수준의 신용과 신뢰가 있을때, 의사소통이 개방적일 때, 그리고 근로자들이 그들의 업무성과에 대해 긍정적인 평가를 받을 때에만 얻어질 수 있다.

1.4.2 긍정적인 안전문화

전술한 바와 같이, 긍정적인 안전문화에서는 어떤 안전시스템의 항목이라도 다 효과가 있을 것이다. 실제로, 바른 문화가 조성되어 있는 조직에는 "안전프로그램"이 거의 필요하지 않다고도 할 수 있는데, 이는 그러한 조직에서는 안전이 일상적인 경영과정의 한 부분으로 다루어지기 때문이다.

긍정적인 안전문화를 조성하기 위해서는 몇 가지 기준에 반드시 도달해야 한다.

• 매일 정기적이고 적극적인 감독(또는 팀) 활동을 보장하는 시스템이 있어야한다.

- 중간 관리자의 과제와 활동이 이 분야에서 수행된다는 점을 시스템이 적극적으로 보장해야 한다.
- 최고 경영층이 안전이 조직에서 갖는 우선순위가 높다는 것을 가시적으로 보여주고 지지해야 한다.
- 원하는 근로자는 누구나 안전 관련 활동에 적극적으로 참여할 수 있어야 한다.
- 안전 시스템은 유연하여 모든 단계에서 여러 가지 선택이 가능해야 한다.
- 안전 노력은 근로자에게 긍정적인 것으로 여겨져야 한다.

이러한 여섯 개의 기준은 조직의 관리 스타일이 권위주의적이든 참여적이든, 또는 완전히 다른 안전에의 접근 방법을 가지고 있든, 관리 스타일과 관계없이 충족될 수 있다.

2 | 바람직한 팀 행동(Effective Team Behaviors)

바람직한 팀 행동을 위해서는 명확하고 정확하게 송신하고, 정보 혹은 지시를 받았음을 확인하는 유용한 피드-백을 제공하는 의사소통을 비롯하여 자기주장(assertiveness), 상황인식(situation awareness) 및 바람직한 리더십(leadership)이 필요하다. 의사소통은 7장에서 구체적으로 논의되었음으로 본 절에서는 자기주장, 상황인식 및 리더십에 대하여 논의하기로 한다.

2.1 자기주장

항공기 정비현장에서 함께 작업하는 동료 또는 선임의 불안전한 행동을 보았을 때 안전한 작업을 위하여 단호한 행동으로 자기주장을 펼쳐야 한다. 단호한 행동은 다른 사람들이 자신을 조절하지 못하게 할 때, 자신의 주장을 지키려 할 때, 자신의 진짜 느낌을 표현할 때 나타난다. 소신이 있다는 것은 매사에 긍정적이고 자신감이 있다는 것을 말한다. 그것은 자신이 재능이 있는 소중한 사람임을 믿는 데서 시작된다.

　자기주장을 펼친다는 것은 알고 있거나 믿는 바를 기탄없이 진술하는 것이다. 이는 내 입장에 대한 진술인 동시에, 다른 사람의 권위나 진술이 아닌 내가 확신하는 사실에 대한 내 입장을 유지하는 것을 의미한다.

　모든 조직은 위계서열이 존재한다. 특히 우리나라를 비롯한 동양권의 문화는 더욱 심하다. 이는 정비조직의 팀 내에서도 엄연하게 위계서열이 존재한다. 경험이 많은 숙련된 작업자와 그것을 배우고 따르는 작업자가 있기 마련이다. 하지만 숙련된 작업자라고 해서 항상 완벽한 작업을 수행하는 것이 아니다. 사람은 누구나 실수를 하기 마련이다. 만약 후배직원이 선배직원의 실수나 잘못된 판단을 묵인하고 무조건적인 신뢰를 한다면 사고로 이어질 확률은 높아진다. 그러므로 작업의 완전성은 선후배간의 예절이나 그 관행보다 우선되어야한다. 선배가 실수 혹은 잘못된 판단을 한다면 후배직원은 그것에 대해 소신껏 목소리를 낼 수 있어야 한다. 그리고 그 목소리가 관철되기 위해서는 평소에 지속적인 학습으로 선배직원들에게 인정을 받아야 한다.

　위험이 있다고 판단될 때는 확고한 태도로 그러한 점을 명백히 말하여야 하며 불안전하게 행동하는 사람에게 적극적으로 조언해야 한다. 또한 다른 직원의 의견을 존중하여 긍정적으로 받아들이는 자세도 필요하다.

　규정이나 절차에서 벗어나는 불안전한 행동을 안전한 행동으로 변화시키기 위해 자기주장을 소신 있게 펼치려면, 상대가 요청하지 않아도 관련정보를 제시하고 근거에 의거한 자기자신의 바람직한 대안을 제시하여야 한다. 필요시 질의응답을 통하여 애매모호한 문제에 대하여 해결하도록 노력하여야하며, 의사결정에 주도권을 가지고 실제로 납득될 때까지 흔들리지 말아야 한다. 확실하게 결정과 절차상의 위치를 분명하게 말하여야 하며, 불합리한 요청은 단호하게 거부하여야 한다.

　어떤 일에 동의할 수 없다면, 더 많은 정보를 사용하여 동의될 때까지 보수적인 행동을 취하는 것이 바람직하다.

　그림 8-6은 자기주장의 결여에 의한 사고발생사례이다. 사고항공기는 MD-82로서 뇌우와 폭우가 몰아치는 상황에서 무리하게 착륙하다가 활주로를 벗어난 사고이다. 이사고로 기장을 포함하여 11명이 사망하고, 승무원 포함 145명이 부상을 입었다. 무리하게 착륙하는 것을 인지한 부기장이 단호하게 자기주장을 펼쳤더라면 예방할 수 있는 사고였다.

그림 8-6　American Airlines Flight 1420 Little Rock, Arkansas(June 1, 1999)

2.2　상황인식(Situation Awareness)

　　상황인식은 작업뿐만 아니라 계류장(ramp) 혹은 격납고(hanger)에서 무슨 일이 발생할 것인가를 인지하고 개념을 파악하며 이것들이 미래에 미칠 영향을 예측하는 것을 의미한다.

　　항공기 정비현장은 여러 직무가 함께 어우러져 작업을 실시하게 된다. 다른 직무를 배려하지 않고 작업에 임하게 되면 항공기 손상뿐만 아니라 인명의 손상을 초래할 수 있다. 그러므로 항공기에서 작업을 할 때에는 주변의 상황을 면밀하게 인식하여야 한다. 이를 위하여 작업환경에서 사람과 장비 등의 구성요소를 확인하여야한다. 작업자들의 현재위치와 작업자들이 이동할건지 제자리에서 계속 작업할 건지를 확인하고, 잠재적인 위협요인과 문제점을 파악하여야하며, 상황에 따라 대처할 수 있도록 앞으로 벌어질 상황을 미리 예측하여야 한다.

　　그러나 복잡한 조직으로 이루어진 정비현장에서 상황을 완벽하게 인식한다는 것은 쉽지가 않다. 특히 불분명한 의사소통, 작업자가 피로하거나 스트레스에 노출되어 있는 경우, 또는 작업이 너무 과다하거나 너무 적은 경우, 조직이 "집단사고" 방식에 빠져있는 경우, 작업 마감시간에 쫓기는 심적인 상태와 열악한 작업환경조건에서는 더욱 그러하다.

　　이러한 상황인식의 장애를 극복하려면 주변상황에 대하여 활발하게 질문하고 평가하여야 하며, 필요 시 작업을 중단하거나 지연하는 등의 단호한 행동을 취하면서 지속적으로 상황을 분석하고 모니터하여야 한다.

2.3 리더십

리더십이란 조직 구성원들이 목표달성을 지향하도록 집단에 대하여 영향력을 미칠 수 있는 능력을 말한다.

리더십은 안전 결과에 결정적인 요인인데, 이는 조직의 안전노력들 중 어떤 것이 효과가 있고 없을지를 결정하는 문화를 바로 리더십이 형성하기 때문이다. 훌륭한 지도자는 어떤 결과가 요구되고 있는지를 명확히 하고 또한 그 결과를 성취하기 위해 조직에서 무엇을 할 것인지도 명확히 한다.

리더십은 어떤 정책이 중요하고 어떤 것은 중요하지 않은지에 대해 자신들의 행동과 결정을 통해 조직 전체에 명백한 메시지를 전달해야 하는 지도자들에게 있어 정책보다 훨씬 중요하다. 종종 어떤 조직들은 정책에서는 보건과 안전이 가장 중요한 가치라고 규정해 놓고서는 평가와 보상체계에서는 그 반대의 경우를 장려하는 경우가 있다.

2.3.1 리더십 책임(Leadership Responsibilities)

현장의 리더는 작업을 지시하고 조정하고, 작업자에게 권한을 위임하며, 각 작업자들이 작업 목표를 이해하고 있는지 확인하여야 한다.

감독관과 관리자들은 정비기능이 무엇을 지향하고 있으며 어떻게 목표에 도달할 것인지에 대한 비전을 제시해야 한다. 일상적인 활동에서 "작업장을 돌아다니며 대화"를 해야 하며, 그들의 언행이 일치해야 한다는 것이다. 또한, 작업자들의 위험상황 직면에 주의를 집중하여야 하며, 작업·교대정보를 숙지하여 관련된 작업·교대 정보에 대해 작업자들이 숙지하고 있는지 확인하여야 함은 물론, 작업장내에 프로의식의 분위기를 조성하고 유지하도록 노력하여야 한다.

2.3.2 리더십의 유형(Types of Leadership)

리더십의 유형에는 임명에 의한 권한, 위치, 서열 혹은 직책에 의한 공식적인 리더십과 직무지식 또는 경험에 의한 비공식적인 리더십으로 구분된다.

공식적인 리더십의 힘은 그 직책에 따르는 권한이 있으며, 업무의 목적과 법적인 근거를 바탕으로 특정 기대치를 이뤄야 하기 때문에 권한이 주어지고, 비공식적인 리더십의 힘은 신용, 능력, 공익성 등 내재된 기대치를 이루기 위한 권한이 주어진다.

2.3.3 리더십 장애요인

항공기 정비현장에서 리더십이 실패하는 주요원인으로는 리더가 처음부터 끝까지 세세한 것 까지 모든 것을 챙기려는 마이크로관리 즉, 위임실패를 꼽을 수 있다. 부하 직원에게 권한을 위임하지 못하여 급박한 상황에서 의사결정이 지연되어 더 큰 사고를 불러일으키는 경우가 있다. 또한 미숙한 대인관계 기술로 인하여 정비사 개개인의 재능, 경험 및 지혜를 활용하지 못하는 사례들이 있으며, 해당직무의 경험부족, 시간적인 압박, 새로운 상황의 직면 및 유연하지 못한 경직된 사고방식 등 리더십의 장애요인은 다양하다.

리더십과 감독의 취약성으로 인해 정비오류로 이어지는 작업환경이 조성될 수 있는 분야로는 다음과 같은 것들이 있다.

① 작업을 적절한 완료할 수 있는 시간 또는 자원의 이용 가능성에 영향을 미치는 부적절한 업무계획 또는 관련 조직
② 작업에서의 부적절한 우선순위
③ 부적절한 위임 또는 부적절한 업무 할당
④ 업무를 완료하는 데 시간이 부적절하게 되는 비현실적인 태도 또는 기대
⑤ 과도한 또는 부적절한 감독방법, 미리 예측하는 작업자 또는 작업자에 영향을 주는 결정에서 작업자를 참여 시키지 않음.
⑥ 기타(과도하거나 목표가 없이 진행되는 회의 등)

2.3.4 바람직한 리더십

바람직한 리더십은 작업자들에게 지시가 아닌 제안을 하여야하며, 모든 의사결정과정에 작업자의 참여를 적극적으로 장려하여야 한다. 문제를 지적할 경우에는 격려로서 지도하고, 작업자들의 원활한 직무수행을 지원할 수 있도록 일종의 피드백을 해주어야 한다.

안전한 작업이 지속되기 위해서는 작업자 자신의 성장과 조직이 자아실현 집단이 되어야 하며, 관리자나 감독자는 작업자들이 그와 같이 자기 성장하도록 동기를 부여하여야 한다. 그리고 작업자 전원이 동기가 부여되어서 자기실현의 욕구가 강한 집단이 되면, 그들의 자발적인 자주관리 의식이 육성되도록 지도와 관리를 하는 것이 안전관리에서 가장 바람직한 리더십이라고 할 수 있다.

제9장

항공정비사의 프로의식
(Professionalism and Integrity)

항공정비사로서의 굳건한 자긍심과 항공정비에 대한 자신만의 철학이 있어야 human error가 없는 정비를 완벽하게 수행할 수 있다.

전문성을 갖춘 정비사는 작업지식이 풍부하고 자기가 수행하는 작업에 능숙하여 에러를 줄이고, 문제가 생겨도 해결할 수 있다.

항공정비사는 자기 스스로 항공의 안전을 책임져야한다는 사실을 자각하고 자긍심을 가지고 프로답게 완벽하게 정비를 하겠다는 신념을 다지도록 하여야 한다.

Human Factors in Aviation Operation

직업문화는 산업 활동의 영역에서 찾아볼 수 있는데 ICAO 안전관리시스템 매뉴얼 제2판 (2009)에서는 안전관리 기초 차원에서 국가문화, 직업문화 및 조직문화의 세 가지 수준으로 문화를 분류하였으며, 직업문화의 특성을 다음과 같이 명시하였다.

- 특정한 전문 직업군(조종사와 관제사, 또는 정비사 사이에서의 일반적인 행동)에서 나타나는 특성 및 가치 시스템의 차이를 보여준다. 개개인의 선택, 교육 및 훈련, 직무 경험, 주변동료의 압박 등을 통해 그 차이점을 볼 수 있다.
- 전문가들은 가치 시스템에 적용시키려는 경향이 있으며, 그들의 동료들과 일정한 형태의 행동양식을 만드는데 걷고 말하는 것처럼 자연스럽게 학습한다.
- 전문가들은 일반적으로 그들의 탁월한 열정과 동기에 대한 자부심을 공유한다. 반면 그들은 개인적인 결함에 의해 유도되는 발전도 가치 시스템에 적용 시킬 수 있다. 이러한 감정은 개인적인 문제에 작용하지 않으며, 또한 높은 스트레스를 받는 상황에서도 오류가 만들어지지 않는다.

1.1 항공정비사의 직업의식

모든 직업은 일정한 사회적 역할을 담당하고 있으므로 직업에 따라 그 행동규준(行動規準)은 달라질 수밖에 없다. 이에 따라 항공정비사는 고도의 전문적 지식과 기술이 비윤리적으로 사용되어 질 때 미치는 위험을 사전에 관리할 수 있어야 한다. 항공정비사의 실수나 위반으로 인한 항공기 정비실패는 광범위하고 치명적이 될 수 있기 때문이다.

제롬(Jerome, 1941)은 항공정비사 직업문화의 윤리적 차원에서 항공정비사의 신조(the mechanic's creed)를 다음과 같이 선서문 형식으로 작성하였다.

- 사회가 인정한 항공기 정비사로서의 권한과 특권을 지닐 것을 나의 명예를 걸고 맹세합니다. 타인의 안전과 생명이 나의 기술적 기량과 판단에 달려있다는 것을 알기 때문

에 나 또는 내가 사랑하는 사람들을 위험에 처하게 하지 않는 것과 같이 고의로 타인을 위험하게 하지 않을 것입니다. 이러한 신뢰를 행함에 있어서, 결코 내가 갖고 있는 지식의 한계를 넘는 업무를 수행하거나 승인하지 않을 것을 맹세합니다.

- 나는 신뢰하지 않는 상사가 내가 옳다고 판단한 것을 인정하지 않고, 항공기나 장비가 안전하다고 잘 못 승인하는 것을 용인하지 않겠습니다.
- 나는 판단을 하는데 있어서 돈이나 개인적인 이익에 영향을 받지 않겠습니다.
- 나는 항공기 또는 장비에 대해 내가 직접 점검한 결과에 의심이 생기거나, 다른 사람의 능력에 의심이 생길 때, 그냥 지나치지 않겠습니다.
- 나는 인가 받은 항공종사자로서 항공기와 장비의 감항성에 대한 판단을 행사하는 무거운 책임을 분명히 깨닫겠습니다.
- 따라서 나는 항공업계의 발전과 내 직업의 명예를 위해 이 선서에 충실할 것을 굳게 맹세합니다.

1.2 항공정비사의 직업적 책임

아무리 뛰어난 능력을 가진 정비사라고 해도 한 사람의 인간인 이상, 시간이 지날수록 매너리즘으로부터 자유로울 수는 없다. 바로 이런 때에 반복적인 항공기 정비 업무에 집중하게 하고, 더 높은 수준의 정비능력을 추구하게 만드는 힘은 바로 항공기 감항성에 대한 책임감에서 나오는 것이다.

보잉사의 인적요인 그룹의 리더인 랭킨(Rankin)은 항공정비사의 직업적인 책임(a mechanic's professional responsibility)을 다음과 같이 1인칭 시점으로 10가지를 강조하였다.

- 나는 제작사에 발간된 MM에 따라 정비를 수행할 것이며, 어떤 단계도 생략하지 않을 것이다.
- 나는 내가 수행하는 정비작업이 인가된 정비프로그램에 속한 것인지 확인 할 것이다.
- 나는 인가된 기술 자료에 포함되지 않은 정비 또는 수리작업을 진행함에 있어서 누구에게든지 구두로 인가 받지 않을 것이며 반드시 문서로 승인을 받아 수행할 것이다.
- 나는 내가 달성해야 하는 각각의 정비 업무를 수행하는데 필요한 최신의 기술 자료를

검토하고 보유할 것이다.

- 내가 정비교범(MM) 혹은 인가된 정비 프로그램에서 벗어난 것을 알았을 경우, 나는 이를 즉시 QC 감독 인원에게 알릴 것이며, 이 사항을 확실히 문서화할 것이다.
- 나는 정비업무의 한 부분으로 내가 장탈, 분해, 검사, 시험, 재조립한 모든 부품이나 반 조립품에 대해 근거 문서를 작성할 것이다.
- 나는 작업한 내용을 정비 기록에 기술할 것이다. 그 내용은 그 작업에 익숙하지 않은 사람이 보더라도 무슨 작업을 했고 그 작업을 하는데 있어서 어떤 방법과 절차가 사용되었는지 이해할 수 있을 만큼 자세해야 한다.
- 나는 어떠한 새로운 대체품이나 개조된 부품에 대해서도 그 부품을 사용하기 전에 항공당국의 증명 혹은 항공운송 허가를 득 한 것인지를 보증할 것이다.
- 나는 내가 사용하는 모든 특수공구, 계측기, 작업장 도구 및 기타 정비지원 장비들이 제작사 정비지시에 명시된 것인지 혹은 항공운송에 적합하다고 인정된 것인지를 확인할 것이다.
- 나는 내가 정비훈련 프로그램에 따라 직무수행을 위한 충분한 자격을 갖추지 않는 한은 어떠한 정비업무도 수행하지 않을 것이다. 나는 그 작업을 수행하기 위해 적절하게 훈련되기 전에는 어떠한 정비업무도 수행하지 않을 것이다. 나는 내가 받는 어떤 훈련이든지 적절하게 문서화되고, 나의 훈련파일에 포함된다는 것을 보증할 것이다.

항공정비사의 십계명

1. 나는 모든 정비를 매뉴얼에 따라 수행한다.
2. 나는 작업을 수행하기 전에 작업지시내용을 확인한다.
3. 나는 비인가 작업지시는 반드시 문서로 요구한다.
4. 나는 매뉴얼을 비롯한 기술 자료는 최신판으로 유지한다.
5. 나는 작업 중 매뉴얼과 상이한 경우 상부에 보고한다.
6. 나는 모든 정비내용을 기록 유지한다.
7. 나는 정비기록부에 모든 정비내용의 관련근거를 남긴다.
8. 나는 부품을 사용하기 전에 제작사 인가 품인지 확인한다.
9. 나는 공인된 장비와 공구만을 사용한다.
10. 나는 나에게 인가된 범위의 작업만 수행한다.

그림 9-1 항공정비사의 십계명

필자가 국적항공사 재직 시에 상기내용을 그림 9-1과 같이 "항공정비사의 십계명"으로 요약하여 항공정비 분야의 안전캠페인에 사용한 바 있다.

2 정비사의 바람직한 행동

정비사의 바람직한 행동은 비행안전과 신뢰성에 영향을 미치는 정비실수를 줄여준다. 다음의 7가지 행동은 노스웨스트 항공사에서 개발하였다. 항공기 중정비 점검 후, 처음 5편의 비행 중에 발생한 사건들에 기여한 품질수준을 벗어난 에러 등의 자료들을 기반으로 정리한 결과이다. 이러한 7가지의 행동들이 지켜졌다면 사건의 55%는 발생하지 않았을 것으로 추정하고 있다.

- 항공기 주요 시스템 혹은 구조를 정비할 때, 작업 착수 전에 반드시 정비지침서를 검토한다.
- 정비지침서에 표시되지 않은 추가적인 분해 작업은 반드시 문서화 한다.
- 작업을 끝마치거나 혹은 새로운 작업으로 이동할 때에는 작업현황을 문서화 한다.
- 작업 종료 시 모든 분해품들은 반드시 꼬리표(flag)를 단다.
- 운항교환품목(line replaceable unit) 장착 후에는 각 연결 부위가 완전한 상태인지 반드시 확인한다.
- 요구되는 점검과 시험은 반드시 완벽하게 수행한다.
- 패널(panel)을 닫을 때, 안전관련 오류는 없는지 육안 점검을 수행한다.

MEMO

제10장

인적요인 프로그램
(Organization's HF Program)

인적인 실수의 배경을 이해하는 것이 그들의 행동과 의사결정에 영향을 주었을 수도 있는 불안전한 조건을 이해하는 근본이다. 이러한 불안전한 조건은 중대한 사고의 잠재성을 나타내는 시스템적인 위험지표일 수도 있다.

어떤 것이 왜 발생했는지를 이해하는 것은 사건의 정황에 대한 폭 넓은 인식을 요구한다. 불안전한 조건들에 대해 이러한 이해를 증진하기 위해서 조사자는 SHELL모델, HFACS, MEDA 등과 같은 인적요인 프로그램을 이용하여 시스템적인 접근을 택해야 한다.

SHELL 모델은 제3장에서 설명되었음으로 본 장에서는 HFACS와 MEDA에 대해서 소개하고자 한다.

1 인적요인분석 및 분류시스템(HFACS)

샤펠과 와이그만(Shappell&Wiegmann, 2000)은 리즌의 스위스 치즈모델을 기반으로 인적요인분석 및 분류시스템(HFACS: Human Factors Analysis and Classification System)을 연구하였다.

이들의 연구는 인지적 오류의 중요성에 대한 설명과 인적오류의 근본적인 원인식별에 용이한 방법을 제시하였는데 스위스 치즈모델에서 누락된 치즈 구멍에 대한 부분을 잠재적 실수와 실제실수로 보강한 모형으로 미 해군의 항공사고에서 인적원인을 조사 분석하기 위한 도구로 개발하였다.

HFACS는 승무원, 조직요인들을 포함한 시스템의 인적오류를 그림 10-1과 같이 네 가지 실수단계인 ①불안전한 행위, ②불안전한 행위의 전제조건, ③불안전한 감독, ④조직의 영향으로 구분하였다.

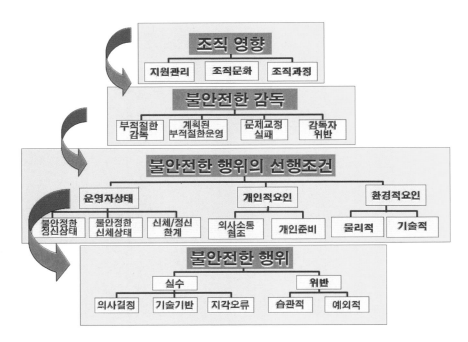

그림 10-1 HFACS 모델

1.1 불안전한 행위

사고를 초래하게 된 작업자 자신의 행동에 대한 불안전한 요소를 말한다. 일반적으로 불안전한 행동은 인적요인을 표시하는 것으로서 재해요인의 하나로 제시하고 있다.

조종사를 비롯한 항공종사자의 불안전한 행위, 행동은 실수와 위반으로 2개의 카테고리로 분류된다. 오류와 위반의 차이는 모든 사고조사의 요구수준을 제공하지 못한다. 따라서 오류의 형태를 그림 10-2와 같이 의사결정 오류, 기능기반 오류, 지각오류로 분류하고, 위반은 습관적 위반과 예외적 위반으로 구분하였다.

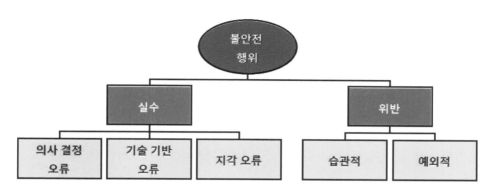

그림 10-2 불안전행위의 구성

1.1.1 실수(Error)

실수(error)는 "기대된 행위(행동)에서 본의 아니게 벗어나는 인간행위(행동)"로서 전술한 바와 같이 의사결정 오류, 기능기반 오류, 지각오류로 분류한다.

(1) 의사결정 오류(Decision Error)

어떠한 계획이 상황이나 의도한 목표에 부적절해도 계속해서 자신의 뜻대로 수행하는 의도된 행위이다. "생각이 옳다고 믿는다." 하지만, 적절한 지식이나 단지 선택이 적절하지 못해서 발생되는 실수로 "정직한 실수"라고도 한다.

불안전한 행동이 마음에 품고 있는 사람의 행동이나 태만으로 나타나지만 양자의 행동은 적절한 확인 인식 없이 단지 불안전하게 선택할 뿐이다.

항공기 운항정비(line maintenance)에서 정비사의 의사결정은 절차상의 문제이다. 따라서 모든 점검단계에서 실질적으로 수행하여야 할 분명한 절차들이 있다. 상황을 인식하지 못하거나 오판하거나 부정확한 절차를 적용하면 실수로 나타난다.

엔진 작동점검 중 엔진에 불이 났다면, 내부화재(internal fire)인지 외부화재(external fire)인지를 파악하고, 대응하여야 하는데, 이러한 상황에 닥치면 선택결정 오류(지식기반 오류)가 발생한다. 이때 경험이 부족하거나 충분한 시간적여유가 없거나 또는 정확한 결정을 방해하는 외부압력이 있으면 더욱 그러하다.

간단히 말하면 옳은 선택을 할 때도 있고 잘못된 선택을 할 때도 있다는 것이다. 결국 문제를 올바로 이해하지 못하고 정상절차와 선정된 대응을 할 수 없는 경우 의사결정 오류가 나타나는 것이다.

(2) 기능기반 오류(Skill Based Error)

중요한 생각의 과정이 필요 없는 기본적인 행위, 특히 반복적으로 행하는 행위에 따른 실수로서 고도의 숙련된 행동이지만, 반복적으로 행하는 틀에 박힌 행동으로 주의력, 기억력 실패에 취약하다.

기능기반의 행동은 평소에 자주 수행하는 정비작업으로 안전결선(safety wire)작업, 일상적인 볼트의 조임 등 신중한 지각이나 생각이 없이 나타나는 기본적인 정비기량으로 표현된다. 따라서 기능기반 행동은 특히 주의력이나 기억력에 취약하다.

주의력을 집중하지 못하여 발생하는 부주의한 행동들은 기능기반 오류와 연계되어있다. 또한, 기능기반 오류는 기술적 과오도 범한다.

개인의 훈련, 경험, 교육배경에 관계없이 사태를 순서대로 수행하는 태도는 다양하다. 즉 항공정비사가 동일한 기종 정비훈련을 받았다할지라도 항공기의 결함을 수정하는 능력과 부품을 교환하는 숙련도는 동일하지 않다. 각자가 안전하고 숙련된 정비작업이라도 이들이 적용하는 기량은 나름대로 특유의 실수모형을 제공한다.

(3) 지각오류(Perceptual Error)

인지한 상황이 현실과 다르면 오류가 나타난다. 감각력이 저하되거나, 또는 평상시와 다른 상태에서 단순히 높이, 거리를 오판했을 때 그리고 잘못된 지각정보를 기반으로 의사결정이 수행되었을 때 발생된다. 즉, 착시 및 공간착각 또는 조종사가 항공기 고도, 자세, 속도를 잘못 판독하는 것처럼 입력된 감각이 붕괴되거나 비정상일 때 나타난다. 특히 조명이 어두운 상태에서 육안검사를 수행할 때 더욱 심하다. 의구심이 없으면 잘못된 정보로 결정하게 되고 실수를 범할 잠재성이 높아지게 된다.

표 10-1 오류에 대한 불안전한 행위사례

오류(error)의 유형	불안전한 행동
의사결정 오류	부적절한 절차, 비상사태 오진, 비상상태에 부적절한 대응 과도한 능력, 서투른 결정
기능기반 오류	정밀주시 취약, 우선순위 주의력 실패 항공기 역 조작 또는 과대조작, 서툰 기량 절차누락, 점검항목 누락
지각오류	거리/고도/속도의 오판, 공간 착각, 착시

1.1.2 위반

위반은 안전한 비행을 보장하는 규칙이나 규정을 고의로 무시할 때 나타난다. 위반(violation)은 오류(error)보다 빈도가 낮게 나타나며, 여러 가지 구별방법이 있지만 사고원인요소로 구분할 때 인간관계에 기초하여 구분되는 2가지 형태가 있다.

(1) 습관적 위반(Routine Violation)

일정한 범위에서 규정을 왜곡(bending)함을 의미한다. 이는 주로 습관적으로 행해지는 위반이며, 관리자가 묵인 해주기도 한다.

예를 들면, 볼트를 조일 때에는 토크 렌치를 이용하여 적정한 토크 값을 주어야 하나, 항상 습관적으로 토크렌치를 사용하지 않고 볼트를 조이는 것이다. 습관적 위반으로 확인되면 감시로 위반하지 않도록 하여야한다.

(2) 예외적 위반(Exceptional Violation)

습관적 위반과는 달리 예외적 위반은 과도하게 규정을 이탈하여, 명백한 규정 위반행위로 관리자가 묵인할 수 없는 정도의 위반이다.

통제 상 허용되지 않은 전형적인 개인행동을 나타낸다. 정비교범 상에 수리한계를 벗어났음에도 수리하거나, 명백한 결함이 있는데도 묵인하는 행위 등이다.

표 10-2 위반에 대한 불안전한 행위사례

위반(Violation) 유형	불안전한 행동
습관적	비행에 대한 불충분한 브리핑 ATC 레이더 권고를 무시함 인가되지 않은 접근비행 부서별 매뉴얼을 준수하지 않음 지시, 규정 및 표준절차 위반 비행 중 경고등이 들어온 후 항공기 검사를 하지 않음
예외적	인가되지 않은 곡예비행 부적절한 이륙기법 유효한 기상 브리핑 자료를 획득하지 않음 항공기의 한계를 초과 비행에 대한 성능계산을 완료하지 못함 불필요한 위험을 허용함 인가되지 않은 저고도 협곡주행

1.2 불안전한 행동의 전제조건(불안전상태)

작업을 수행하려고 할 때의 모든 외적조건에 잠재적 위험성을 가지고 있는 상태를 말한다. 재해원인 요소분류에서는 불안전한 상태란 기인물이 사고에 관련되기에 이르렀던 것에 대해서 현존하거나 또는 게재된 객관적인 불안전한 요소를 말한다.[그림 10-3]

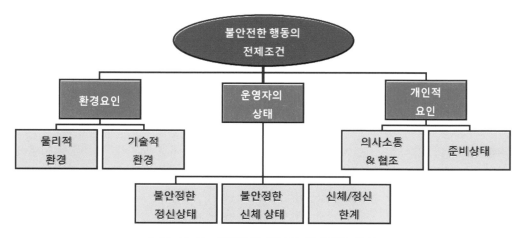

그림 10-3 불안전한 행동의 전제조건 구성

1.2.1 환경요인

(1) 물리적 환경

작업장이나 공항 등의 운영(operational)환경과 날씨, 지형과 같은 주변(ambient)환경(고온·습도, 유해성 가스, 분진의 존재, 현저한 소음 및 진동 등)을 말한다.

(2) 기술적 환경

개인의 행위에 영향을 미치는 기술적 환경의 특성으로 인한 사고요인으로서 공구, 물체(장비 등), 자동화, 그리고 체크리스트 등과 같은 운영에 영향을 미치는 요인과 장비나 제어판의 배열, 인간공학, 체크리스트 디자인, 자동화 전산시스템 디자인 등을 말한다.

1.2.2 운영자의 상태

(1) 불안정한 정신 상태(Adverse Mental States)

능력에 영향을 미치는 정신적 상태, 상황인식 상실, 업무집착, 수면부족 또는 스트레스로 인한 주의산만 그리고 정신적 피로, 과신, 자만, 잘못된 동기처럼 유해한 태도도 여기에 포함된다. 즉 정신적 피로가 오류발생을 증가시킨다.

(2) 불안정한 신체상태(Adverse Physiological States)

안전을 저해하는 질병이나 생리적(의학적) 상태로서 질병, 갑작스런 의식불명, 산소결핍, 신체피로(수면부족, 과도한 육체적 노동, 휴식부족 등)등이 있다. 업무를 수행하는데 필요한 개인의 반응시간 과 신체적인 능력에 영향을 미친다.

(3) 신체적/정신적 한계

셋째로 불충분한 상태는 개인의 신체적/정신적 한계를 내포한다. 개인의 능력을 초과하는 업무량일 때 불충분한 상태가 된다. 예를 들면 시각계통은 야간에 극히 제한된다. 때로 개인의 능력을 초과하는 직무나 조작을 해야 할 경우 가 있다. 이때 개인의 능력은 정보전달 과정 및 반응에 따라 다르다. 유능한 작업자는 능력을 신속히 그리고 정확히 발휘한다. 그렇지만 빨리 서두를 때 과오가 발생하는 것이다.

표 10-3 불안전한 상태사례

상태 유형	불안전한 상태
불안정한 정신상태	주의 분산, 과신, 산만, 정신피로, 조급증, 상황인식 결여 직무포화, 잘못된 동기부여
불안정한 신체상태	불량한 생리상태, 의학적 질병, 심리적 피로
신체적 정신적 한계	부 적당한 반응시간, 모순되는 지능/적성, 모순되는 신체적 능력

1.2.3 개인적 요인

(1) 의사소통과 협조

관련 팀 간, 감독자간, 정비사, 승무원 또는 개개인간 부족한 의사소통과 협조로서 항공기 운항관련 업무신송(브리핑 및 디-브리핑) 및 관련 종사자들의 비행(업무) 전, 후 그리고 비행 중 협조 등을 의미한다. 또한, 부적절한 용어 및 수신호(hand signal) 사용도 이 범주에 포함된다.

(2) 준비상태

비행 또는 업무를 위한 비행 전(off duty시) 개인의 준비규정과 지침을 무시할 때 발생되는 사고요인으로서 충분한 휴식부족, 휴식 중 과다한 음주, 질병에 대한 검증되지 않은 자가 치료 등으로 인한 약물의 부작용 등이다.

1.3 불안전한 감독

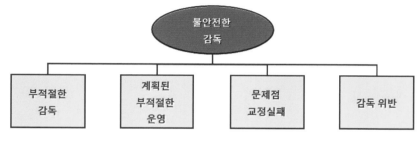

그림 10-4 불안전한 감독의 구성

불안전한 감독은 그림 10-4와 같이 부적절한 감독, 부적절한 운영, 문제점 교정실패 및 감독위반 등을 포함하고 있다.

1.3.1 부적절한 감독

부적절한 업무지침 가이드, 훈련, 리더십, 감독기능 및 전문적인 지식이 부족한 부적절한 관리 감독자를 말한다. 관리감독의 역할은 성취할 기회를 제공하는 것이다. 관리자는 여하한 경우에도 경쟁력 있고 적절한 모범으로써 지침, 훈련기회, 리더십 및 동기를 마련해 주어야 한다.

항공기가 비상상태에 돌입할 때 아마 승무원 협조기법을 타협으로 생각한다면 시행과오는 증가할 것이며 사고의 잠재성도 비례하게 된다. 마찬가지로 건전한 전문적 지침과 감독(단속)은 조직의 필수요인이다. 그리고 사고조사를 통해 인간실수의 기초에서 감시역할을 한다.

1.3.2 부적절한 운영

감독자가 불필요한 위험을 허용함으로 발생한다. 즉, 부적절한 초과 근무 와 과다하게 업무량을 배정하거나, 부적합한 직원을 배치하는 경우이다.

표 10-4 불안전한 감독사례

불안전한 관리감독	불안전한 감독 사례
부적절한 감독	지침준비 미흡, 운영교범이 없음, 감독준비 소홀 훈련소홀, 자격유지 미비, 능력향상 미흡
부적절한 계획	정확한 데이터가 없음, 부적절한 인사관리 규칙/법규와 일치하지 않는 업무, 정비사 휴식의 부적절
문제교정 실패	잘못된 문서교정 소홀, 위험잠재 직원의 구별미흡 최초교정 행동미흡, 불안전 보고 소홀
관리자 위반	불필요한 모험인정, 규칙 및 규정 강행미흡 미 자격자 정비자격 인가

또한, 정시운항(on-time operations) 유지를 위해서 안전을 확보할 수 있는 방어벽(margin)을 줄이거나, 신속한 업무수행을 위해 쉬운 방법을 선택하도록 권유하는 행위 등이다.

1.3.3 문제교정 소홀

안전상의 문제점을 바로 잡지 못한 것으로서 감독자에게 이미 알려진 문제가 문서나, 프로세스, 절차, 또는 개인 등 어느 부분이든, 문제점을 교정하는데 실패한 경우이며, 불안전한 경향보고에 대한 개선조치의 실패도 이 범주에 포함된다.

1.3.4 감독자의 위반

감독자들이 규정, 법규, 지침, 가이드, 표준절차 등을 고의적으로 무시한 경우이다. 자격이나 적정한 교육·훈련을 이수하지 않은 개인에 대해, 어떠한 작업행위 및 장비의 조작을 의도적으로 허용하기도 한다.

1.4 조직의 영향

전술한 바와 같이 상급관리자의 오류에 빠진 결정은 상황과 운영자의 행위와 마찬가지로 관리자 실무에 직접 영향을 미친다. 말하자면 가장 어려운 잠재과오는 자원관리에 관한문제, 기업문화, 조직과정에 관계된다.

그림 10-5 조직의 영향 구성

1.4.1 자원관리

안전 목표, 정시성, 운항, 비용 등을 여하히 관리할 것인가의 결정은 상호 협조해야 한다. 여유가 있을 때 이러한 목표는 쉽게 조화되고 충분히 충족된다. 그러나 과도한 비용 삭감은 새로운 장비구매에 대한 자금압박으로 저가 장비를 구매하게 되고, 저 효율성(불안전한) 대안 선택 또는 낮은 품질의 부품 교환 등으로 부정적인 영향을 유발하게 된다.

1.4.2 조직문화

기업문화는 작업능력에 크게 영향을 미친다. 조직문화는 조직 내 작업 분위기로 간주할 수 있다.

조종석에서 의사전달 및 협조는 조직에서 극히 중요하다. 관리자의 의사전달이 없거나 누가 책임자인지 아무도 모른다면 조직안전은 치명적이며 사고발생은 당연하다. 조직의 정책 및 문화는 좋은 분위기의 표시이다.

정책은 채용, 해고, 승진, 임금, 병가, 약물, 알코올, 연장근무, 사고조사, 장비이용 등 관리자가 결정을 지시하는 공식지침이다. 반면에 문화는 비공식 규칙, 가치, 태도, 신뢰, 조직의 관행이라 할 수 있다. 정책이 잘못 설정되거나 비공식 규칙이나 가치로 대체된다면 조직 내에서 혼란이 야기될 것이다.

1.4.3 조직과정

조직 내에서 현장요원과 관리자간 공식적 감시방법과 표준절차 설정 등 일상적인 활동의 결정과 규칙을 협조하는 것을 뜻한다. 예를 들면 빠른 진행, 시간독촉, 보상제도, 작업계획 등의 요인은 안전에 영향을 미친다.

상급관리자가 독촉의 필요성을 결정할 때 감독자의 권한을 지나치게 확대하면서 재촉하는 경향을 볼 수 있다. 이 경우 감독자는 부적절한 작업계획을 수립하여 작업자의 휴식 및 부적절한 작업편성으로 작업자를 위기에 처하게 만든다. 이러한 위기를 감시하기 위한 프로그램으로 조직은 이러한 우발사건을 처리하는 절차를 수립해야 한다.

많은 조직이 이러한 절차를 유지하지 않고 있으며, 조종사 및 정비사의 실수나, 무기명 보고제도나, 안전검열을 통하여 인적요인 문제는 감시하는 적극적 실천도 하지 않는다. 그래서 감독자 및 관리자는 사고발생 전까지는 문제를 인식하지 못하는 경우가 있다.

1.5 정비분야 인적요인분석 및 분류시스템(HFACS-ME)

HFACS는 운항뿐만 아니라 관제, 정비 등 항공의 전반적인 조직에 적용될 수 있도록 개발되었으나, 정비 분야에 적용에는 너무 광범위하여 정비 분야에 적합하게 맞추어 개발한 형태의 인적요인분석 및 분류시스템(human factors analysis and classification system-maintenance extension)을 개발하였다.

HFACS-ME는 그림 10-6과 같이 관리상태, 정비사 상태, 작업장 상태, 정비사 행위 등 4가지 카테고리로 분류되어 있다. 일반적으로 관리자의 오류와 정비작업에 기여하는 요소들을 인지할 수 있도록 만들어져 있다.

그림 10-6 HFACS-maintenance extension

2 정비오류판별기법(Maintenance Error Decision Aid)

정비오류판별기법(MEDA) 개발은 항공기 제작사인 보잉(Boeing)사와 항공사·미연방 항공청(FAA)의 대표자들 간의 공동으로 이뤄졌다. 이러한 공동개발은 MEDA 결과양식(result form), 사용자 안내서(user guide)라는 2가지 결과물을 산출했다.

MEDA 사용자 안내서(user guide)는 기초적인 사용방법(how to) 매뉴얼이다. 반면 결과양식(result form)은 조사(이벤트를 유발한 정비사/검사원과의 인터뷰 등)에 사용하는 용도로 만들어졌다.

MEDA는 실수 조사과정(error investigation process)으로 시작되었다. 그러나 2000년대 초반 사내규율, 절차위반 등이 추가되었다. 따라서 MEDA는 사건조사 과정(event investigation process)으로서 더욱 특화되었다.

2.1 MEDA의 철학

MEDA는 인적요인에 관련된 정비 이벤트의 원인을 조사하는데 사용되는 프로세스로서 조사를 수행하기 전에 직원에 대한 신뢰를 기반으로 한 다음과 같은 MEDA의 철학을 이해할 필요가 있다. MEDA의 철학은 사건모형(event model)과 상황에 근거한다.

- 정비관련 사건은 실수(error)나 규정위반 또는 둘 다에 의해 발생할 수 있다.
- 정비 실수는 고의로 발생하지 않는다.
- 실수는 작업장에서의 기여요인(contributing factor)에 기인한다.
- 규정위반도 또한 작업장 내 기여요인(contributing factor)에 기인한다.
- 대부분의 기여요인은 관리가 가능하므로 이러한 기여요인을 개선함으로써 향후 사건/사고를 방지할 수 있다.

2.2 기여요인(Contributing Factors)

기여요인은 인간행동(human performance)에 영향을 미치는 것들로서 가장 훌륭한 이해는 정비시스템 모델을 사용하는 것이다.

그림 10-7과 같이 개별 정비사는 당면한 환경(immediate environment)에서 작업을 한다. 각각의 주요요소는 그 위 단계요소들의 영향을 받는다. 따라서 정비사의 당면한 환경은 감독(supervision), 조직적(organization) 요소들로부터 영향을 받는다.

정비사 수준(Mechanic Level)에서는 지식, 기술(숙련), 능력 및 다른 특성(키·몸무게 등)들이 성과에 영향을 미치며 시스템 결함(system failure)에 기여요인이 될 수 있다. 당면한 작업환경(immediate environment)에서는 날씨, 팀워크, 정비교범, 시간적 압박 등이 이벤트(event)에 영향을 줄 수 있다. 감독요인(supervisory)과 조직적 요인(organizational)은 기여요인이 다양하다. 감독요인은 우선순위 선정, 대표자 선정 및 계획 등이 있으며, 조직적 요인은 규칙, 프로세스, 절차 등이 시스템 결함에 영향을 준다.

초기 MEDA 테스트에서 평균 4개의 기여요인이 이벤트를 초래하는 각 에러와 연관된다는 것이 증명되었다. 이러한 사실은 정비사가 전체 시스템의 단지 한 부분만을 차지함을 뒷받침한다.

그림 10-7 정비성과에 영향을 주는 기여요인

따라서 개별 정비사에게만 모든 초점(focus)을 맞추는 것은 시스템 안전 향상에 효과가 없을 것이다. 분석은 모든 기여요인(contributing factor)을 고려해야 한다. 기여요인 점검리스트는 10가지 기여요인에 대하여 조사를 실시할 수 있도록 구성되어 있으며, 본서의 부록으로 첨부한 MEDA Result Form 작성방법을 참고하기 바란다.

2.3 MEDA 에러모델

그림 10-7이 인적성능(human performance)의 일반모델을 보여준다면 그림 10-8은 본래의 MEDA 에러 모델을 보여준다. 이 모델에서 기여요인은 에러를 유발하고 에러는 이벤트를 초래한다. 현재 MEDA 모델에서는 에러와 규정위반은 인과관계이기 때문에 에러라는 단어는 시스템 결함(system failure)으로 변경되었다.

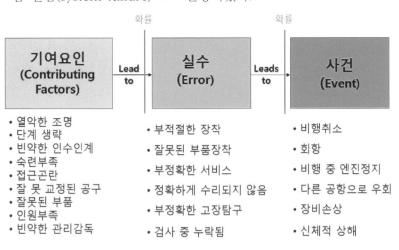

그림 10-8 MEDA 에러 모델

MEDA 모델은 기여요인, 에러(시스템 결함), 이벤트 간 확률적 관계를 가진다는 것에 기초함을 명심해야 한다. 즉, 두 명의 정비사가 각자 다른 항공기에 동일한 공구(Tool), 정비문서를 가지고 같은 작업을 하더라도 한쪽에서는 에러가 발생하고 다른 쪽에서는 발생하지 않을 수 있다. 쉽게 말해서, 에러·규정위반은 기여요인간의 다양한 조합에 의해 발생한다.

2.3.1 MEDA 모델의 기여요인

경험적으로 에러에 기여한 요인은 평균 3~4개로 나타나며, 기여요인에 기여하는 요인들이 있다.[그림 10-9]

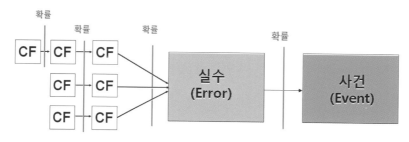

그림 10-9 MEDA 모델의 기여요인

2.3.2 실수와 위반모델

실수와 위반이 함께 사건을 유발한다. 미 해군의 자료에 따르면 실수와 위반에 의해서 발생된 사건이 60~80%이며, 오직, 20~40%만이 순수한 실수에 의하여 발생되었다. 그림 10-10은 위반이 실수와 사건에 기여하는 것을 보여주는 모델이다.

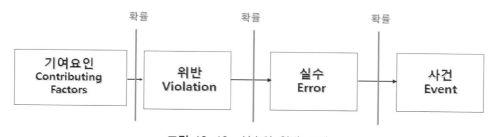

그림 10-10 실수와 위반 모델

예를 들어 정비사가 토크렌치를 사용하지 않는 위반은 부족한 볼트 장력으로 인해 부정확한 장착 실수를 유발하게 되고, 결국은 비행 중 엔진정지라는 사건으로 이어진다. 여기서 위반을 유발시킨 기여요인으로 작업수행 중 토크렌치를 적시에 사용할 수 없거나, 작업집단이 관행적으로 토크렌치를 사용하지 않는 것 등이 될 수 있다.

2.4 MEDA 프로세스(Process)

조사자들이 MEDA틀(framework)을 사용하여 시스템 결함을 유발한 정비사 또는 검사원들과 인터뷰 하는 것을 돕기 위해 MEDA 결과양식(results form)이 제작되었다. 그러나 그 양식은 변화가 없고 단순히 하드웨어에 저장된 형태가 아니다. 사실, 보잉은 사용자들이 각자의 조직 내에서 유용하게 사용할 수 있도록 융통성 있게 수정할 것을 독려한다. 실제로 많은 사용자들이 Section I.(general information)부분은 수정하였으나 양식의 나머지 부분들은 있는 그대로 사용하고 있다.

MEDA 프로세스뿐만 아니라 보잉은 REDA(Ramp Error Decision Aid)를 개발하였다. REDA는 특별히 램프/계류장(ramp/apron) 이벤트를 위해 만들어졌고 특히, 항공기 손상, 장비손상, 상해를 위해 디자인 되었다. 또한, 보잉은 최근 MEDA - workshops results form을 개발하였다.

요컨대, MEDA 프로세스는 정비조직에 정비 이벤트를 조사하는데 필요한 체계적 프로세스를 제공한다. 이로써 MEDA는 규정상 안전관리시스템(safety management system)이 요구되는 경우 위험판별 프로세스로 사용될 것이다.

부록 1

MEDA Results Form

Human Factors in Aviation Operation

Maintenance Error Decision Aid(MEDA) Results Form

Section I—General Information

Reference #: ___ ___ ___ ___ ___
Airline: _____
Station of Error: _____
Aircraft Type: _____
Engine Type: _____
Reg. #: ___ ___ ___ ___ ___ ___ ___
Fleet Number: ___ ___ ___ ___ ___ ___
ATA #: ___ ___ ___ ___
Aircraft Zone: _____
Ref. # of previous related event: ___ ___ ___ ___ ___

Interviewer's Name: _____
Interviewer's Telephone #: ___ ___ ___ ___ ___ ___ ___ ___
Date of Investigation: ___ ___ / ___ ___ / ___ ___
Date of Event: ___ ___ / ___ ___ / ___ ___
Time of Event: ___ ___ : ___ ___ am pm
Shift of Error: _____
Type of Maintenance (Circle):
   1. Line -- If Line, what type? _____
   2. Base --If Base, what type? _____
Date Changes Implemented: ___ ___ / ___ ___ / ___ ___

Section II—Event

Please select the event (check all that apply)

1. Operations Process Event
  ( ) a. Flight Delay (write in length) _ days __ hrs. __ min.
  ( ) b. Flight Cancellation
  ( ) c. Gate Return
  ( ) d. In-Flight Shut Down
  ( ) e. Air Turn-Back

  ( ) f. Diversion
  ( ) g. Other (explain below)
( ) 2. Aircraft Damage Event
( ) 3. Personal Injury Event
( ) 4. Rework
( ) 5. Other Event (explain below)

Describe the incident/degradation/failure (e.g., could not pressurize) that caused the event.

Section III—Maintenance System Failure

Please select the maintenance system failure(s) that caused the event:

1. Installation failure
( ) a. Equipment/part not installed
( ) b. Wrong equipment/part installed
( ) c. Wrong orientation
( ) d. Improper location
( ) e. Incomplete installation
( ) f. Extra parts installed
( ) g. Access not closed
( ) h. System/equipment not
    reactivated/deactivated
( ) i. Damaged on installation
( ) j. Cross connection
( ) k. Other (explain below)

2. Servicing failure
( ) a. Not enough fluid
( ) b. Too much fluid
( ) c. Wrong fluid type
( ) d. Required servicing not performed
( ) e. Access not closed
( ) f. System/equipment not
    deactivated/reactivated
( ) g. Other (explain below)

( ) 3. Repair failure (e.g., component or
    structural repair)

4. Fault Isolation/Test/Inspection failure
( ) a. Did not detect fault
( ) b. Not found by fault isolation
( ) c. Not found by operational/
    functional test
( ) d. Not found by inspection
( ) e. Access not closed
( ) f. System/equipment not
    deactivated/reactivated
( ) g. Other (explain below)

5. Foreign Object Damage
( ) a. Material left in aircraft/engine
( ) b. Debris on ramp
( ) c. Debris falling into open systems
( ) d. Other (explain below)

6. Airplane/Equipment Damage
( ) a. Tools/equipment used improperly
( ) b. Defective tools/equipment used
( ) c. _____ Struck by/against
( ) d. Pulled/pushed/drove into
( ) e. Other (explain below)

7. Personal Injury
( ) a. Slip/trip/fall
( ) b. Caught in/on/between
( ) c. Struck by/against
( ) d. Hazard contacted (e.g., electricity, hot
    or cold surfaces, and sharp surfaces)
( ) e. Hazardous substance exposure (e.g.,
    toxic or noxious substances)
( ) f. Hazardous thermal environment
    exposure (heat, cold, or humidity)
( ) g. Other (explain below)

( ) 8. Other (explain below)

Describe the specific maintenance failure (e.g., auto pressure controller installed in wrong location).

Section IV—Contributing Factors Checklist

N/A __
A. Information (e.g., work cards, maintenance manuals, service bulletins, maintenance tips, non-routines, IPC, etc.)

__ 1. Not understandable
__ 2. Unavailable/inaccessible
__ 3. Incorrect
__ 4. Too much/conflicting information
__ 5. Update process is too long/complicated
__ 6. Incorrectly modified manufacturer's MM/SB
__ 7. Information not used
__ 8. Other (explain below)

Describe specifically how the selected <u>information</u> factor(s) contributed to the system failure.

N/A __
B. Equipment/Tools/Safety Equipment

__ 1. Unsafe
__ 2. Unreliable
__ 3. Layout of controls or displays
__ 4. Mis-calibrated
__ 5. Unavailable
__ 6. Inappropriate for the task
__ 7. Cannot use in intended environment
__ 8. No instructions
__ 9. Too complicated
__ 10. Incorrectly labeled
__ 11. Not used
__ 12. Incorrectly used
__ 13. Other (explain below)

Describe specifically how selected <u>equipment/tools/safety equipment</u> factor(s) contributed to the system failure.

N/A __
C. Aircraft Design/Configuration/Parts

__ 1. Complex
__ 2. Inaccessible
__ 3. Aircraft configuration variability
__ 4. Parts unavailable
__ 5. Parts incorrectly labeled
__ 6. Easy to install incorrectly
__ 7. Not used
__ 8. Other (explain below)

Describe specifically how the selected <u>aircraft design/configuration/parts</u> factor(s) contributed to system failure.

N/A __
D. Job/Task

__ 1. Repetitive/monotonous
__ 2. Complex/confusing
__ 3. New task or task change
__ 4. Different from other similar tasks
__ 5. Other (explain below)

Describe specifically how the selected <u>job/task</u> factor(s) contributed to the system failure.

N/A __
E. Technical Knowledge/Skills

__ 1. Skills
__ 2. Task knowledge
__ 3. Task planning
__ 4. Airline process knowledge
__ 5. Aircraft system knowledge
__ 6. English language proficiency
__ 7. Other (explain below)

Describe specifically how the selected <u>technical knowledge/skills</u> factor(s) contributed to the system failure.

N/A __

F. Individual Factors

  __ 1. Physical health (including hearing and sight)
  __ 2. Fatigue
  __ 3. Time constraints
  __ 4. Peer pressure

  __ 5. Complacency
  __ 6. Body size/strength
  __ 7. Personal event (e.g., family problem, car accident)
  __ 8. Workplace distractions/interruptions during task performance

  __ 9. Memory lapse (forgot)
  __ 10. Visual perception
  __ 11. Other (explain below)

Describe specifically how the selected <u>factors affecting individual performance</u> contributed to the system failure.

N/A __

G. Environment/Facilities

  __ 1. High noise levels
  __ 2. Hot
  __ 3. Cold
  __ 4. Humidity

  __ 5. Rain
  __ 6. Snow
  __ 7. Lighting
  __ 8. Wind

  __ 9. Vibrations
  __ 10. Cleanliness
  __ 11. Hazardous/toxic substance
  __ 12. Power sources

  __ 13. Inadequate ventilation
  __ 14. Markings
  __ 15. Other (explain below)

Describe specifically how the selected <u>environment/facilities</u> factor(s) contributed to the system failure.

N/A __

H. Organizational Factors

  __ 1. Quality of support from technical organizations (e.g., engineering, planning, technical pubs)
  __ 2. Company policies
  __ 3. Not enough staff
  __ 4. Corporate change/restructuring
  __ 5. Union action

  __ 6. Work process/procedure
  __ 7. Work process/procedure not followed
  __ 8. Work process/procedure not documented
  __ 9. Work group normal practice (norm)
  __ 10. Other (explain below)

Describe specifically how the selected <u>organizational factor(s)</u> contributed to the system failure.

N/A __

I. Leadership/Supervision

  __ 1. Planning/organization of tasks
  __ 2. Prioritization of work

  __ 3. Delegation/assignment of task
  __ 4. Unrealistic attitude/expectations

  __ 5. Amount of supervision
  __ 6. Other (explain below)

Describe specifically how the selected <u>leadership/supervision</u> factor(s) contributed to the system failure.

N/A __

J. Communication

  __ 1. Between departments
  __ 2. Between mechanics
  __ 3. Between shifts

  __ 4. Between maintenance crew and lead
  __ 5. Between lead and management
  __ 6. Between flight crew and maintenance

  __ 7. Other (explain below)

Describe specifically how the selected <u>communication</u> factor(s) contributed to the system failure.

N/A __

K. Other Contributing Factors (explain below)

Describe specifically how this <u>other factor</u> contributed to the system failure.

Section V—Event Prevention Strategies

A. **What current existing procedures, processes, and/or policies in your organization are intended to prevent the incident, but didn't?**

( ) **Maintenance Policies or Processes** (specify) _____

( ) **Inspection or Functional Check** (specify) _____

Required Maintenance Documentation
( ) Maintenance manuals (specify)_____
( ) Logbooks (specify)_____
( ) Work cards (specify) _____
( ) Engineering documents (specify) _____
( ) Other (specify) _____

Supporting Documentation
( ) Service Bulletins (specify) _____
( ) Training materials (specify) _____
( ) All-operator letters (specify)_____
( ) Inter-company bulletins (specify)_____
( ) Other (specify) _____

( ) **Other** (specify)_____

B. **List recommendations for event prevention strategies.**

Recommen-dation #	Contributing Factor #	

(Use additional pages, as necessary)

Section VI – Summary of Contributing Factors, System Failures, and Event

Provide a brief summary of the event.

(Use additional pages, as necessary)

Maintenance Error Decision Aid(MEDA) – Workshops
Results Form

Section I—General Information	
Reference #: __ __ __ __ __ Airline/Customer:_____ Customer Reference Number _____ Site of Repair _____ Equipment Part Number _____ Equipment Serial Number(s) _____ Component type _____	Interviewer's Name:_____ Interviewer's Telephone #: __ __ __ __ __ __ __ __ __ __ Date of Investigation: __ __ / __ __ / __ __ Date of Event: __ __ / __ __ / __ __ Shift of Error: _____ Date Changes Implemented: __ __ / __ __ / __ __

Workshop operated by…(select one)

( ) 1. Airline/MRO   ( ) 2. Third party on-site provider   ( ) 3. Third party off-site provider

Workshop type (select one)

1. Hangar Support Shops	3. Engine	5. Cabin Equipment	7. Electrical/Electronics
( ) a. Structures/sheet metal	( ) a. Assembly/disassembly	( ) a. Cabin seats	( ) a. Electrical
( ) b. Fiberglass/honeycomb/composites	( ) b. Cleaning	( ) b. Cabin upholstery	( ) b. Battery
( ) c. Paint	( ) c. Parts inspect/repair	( ) c. Carpets	( ) c. Communications
( ) d. Cleaning	( ) d. Accessories	( ) d. Galleys	( ) d. Avionics
( ) e. Wheel/tire/brake	( ) e. Machine	( ) e. Toilet modules	( ) e. Instrument
( ) f. GSE maintenance	( ) f. Welding	( ) f. Pax headsets	( ) f. ATE
( ) g. Machine	( ) g. Plating	( ) g. Stretchers	( ) g. IFE and cabin systems
( ) h. Welding	( ) h. Engine test cell	( ) h. Water/waste	( ) h. Other (Specify below)
( ) i. Gaseous	( ) i. Run-up facility	( ) i. Acid cleaning	
( ) j. Other (Specify below)	( ) j. QEC build-up	( ) j. Other (Specify below)	
	( ) k. Other (Specify below)		

2. Quality Control	4. Mechanical Components	6. Safety Equipment	( ) 8. Other (Specify below)
( ) a. NDT	( ) a. Fuel	( ) a. Slides & rafts	
( ) b. Standards/calibration	( ) b. Landing gear	( ) b. Flight deck seats	
( ) c. Other (Specify below)	( ) c. Hydraulic	( ) c. Crew O2	
	( ) d. Pneumatic	( ) d. Passenger O2	
	( ) e. Compressed gas	( ) e. Crew seat harnesses/belts	
	( ) f. Oxygen	( ) f. Pax seat belts	
	( ) g. Survival equipment	( ) g. Fire extinguishers	
	( ) h. Test cells	( ) h. Life jackets	
	( ) i. Other (Specify below)	( ) i. Other (Specify below)	

Specify "Other" here

Section II—Event

Please select the event (check all that apply)

( ) 1.   Component failed on aircraft   ( ) 5.   Warranty claim
( ) 2.   Component did not pass QC inspection   ( ) 6.   Technician injured
( ) 3.   Component did not pass operational/functional check   ( ) 7.   Other Event (explain below)
( ) 4.   Component was damaged during removal, disassembly, or repair.

Provide a brief summary of the event, including the contributing factors and system failures.

(Use additional pages, as necessary.)

Section III—Workshop Maintenance System Failure

Please select the workshop maintenance system failure(s) that caused the event:

1. Material/part Installation failure
( ) a. Part not installed
( ) b. Wrong material/part
( ) c. Wrong orientation
( ) d. Improper location
( ) e. Incomplete installation
( ) f. Extra parts installed
( ) g. Component not
   reactivated/deactivated
( ) h. Damaged on installation
( ) i. Cross connection
( ) j. Other (explain below)

2. Fault Isolation/Test/Inspection failure
( ) a. Did not detect fault
( ) b. Not found by fault isolation
( ) c. Not found by operational/
   functional test
( ) d. Not found by inspection
( ) e. System/equipment not
   deactivated/reactivated
( ) f. Other (explain below)

3. Preventative maintenance failure
( ) a. Not enough fluid
( ) b. Too much fluid
( ) c. Wrong fluid type
( ) d. Required preventative
   maintenance not performed
( ) e. System/equipment not
   deactivated/reactivated
( ) f. Other (explain below)

4. Foreign Object Damage
( ) a. Debris fell into component
( ) b. Other (explain below)

5. Personal Injury
( ) a. Slip/trip/fall
( ) b. Caught in/on/between
( ) c. Struck by/against
( ) d. Hazard contacted (e.g., electricity, hot
   or cold surfaces, and sharp surfaces)
( ) e. Hazardous substance exposure (e.g.,
   toxic or noxious substances)
( ) f. Hazardous thermal environment
   exposure (heat, cold, or humidity)
( ) g. Other (explain below)

( ) **6. Other** (explain below)

Describe the specific workshop maintenance failure (e.g., installed diode in wrong location).

Section IV—Contributing Factors Checklist

N/A __   **A. Information (e.g., component maintenance manuals, vendor/manufacturer service bulletins, etc.)**
__ 1. Not understandable
__ 2. Unavailable/inaccessible
__ 3. Incorrect
__ 4. Inadequate
__ 5. Too much/conflicting information
__ 6. Update process is too long/complicated
__ 7. Incorrectly changed manufacturer's CMM/SB
__ 8. Information not used
__ 9. Wrong issue used
__ 10. Other (explain below)

Describe specifically how the selected <u>information</u> factor(s) contributed to the system failure.

N/A __   **B. Test Equipment/Tools/Safety Equipment**
__ 1. Unsafe
__ 2. Unreliable
__ 3. Inaccessible
__ 4. Layout of controls or displays
__ 5. Mis-calibrated/non-calibrated
__ 6. Unavailable
__ 7. Inappropriate for the task
__ 8. Cannot use in intended environment
__ 9. No/poor instructions
__ 10. Shop test not exhaustive
__ 11. Too complicated
__ 12. Incorrectly labeled
__ 13. Not used
__ 14. Incorrectly used
__ 15. Other (explain below)

Describe specifically how selected <u>equipment/tools/safety equipment</u> factor(s) contributed to the system failure.

N/A __

C. Component Design/Configuration/Parts

__ 1. Complex
__ 2. Inaccessible
__ 3. Configuration variability
__ 4. Parts unavailable
__ 5. Parts incorrectly labeled
__ 6. Easy to install incorrectly
__ 7. Not used
__ 8. Parts/material damaged/time expired
__ 9. Wrong parts supplied
__ 10. Other (explain below)

Describe specifically how the selected <u>aircraft design/configuration/parts</u> factor(s) contributed to system failure.

N/A __

D. Job/Task

__ 1. Repetitive/monotonous
__ 2. Complex/confusing
__ 3. New task or task change
__ 4. Different from other similar tasks
__ 5. Other (explain below)

Describe specifically how the selected <u>job/task</u> factor(s) contributed to the system failure.

N/A __

E. Technical Knowledge/Skills

__ 1. Skills
__ 2. Task knowledge
__ 3. Task planning
__ 4. Shop process knowledge
__ 5. Knowledge of the equipment
__ 6. English language proficiency
__ 7. Other (explain below)

Describe specifically how the selected <u>technical knowledge/skills</u> factor(s) contributed to the system failure.

N/A __

F. Individual Factors

__ 1. Physical health (including hearing and sight)
__ 2. Fatigue
__ 3. Time constraints
__ 4. Peer pressure
__ 5. Complacency
__ 6. Body size/strength
__ 7. Personal event (e.g., family problem, car accident)
__ 8. Workplace distractions/interruptions during task performance
__ 9. Memory lapse (forgot)
__ 10. Visual perception
__ 11. Workplace layout
__ 12. Other (explain below)

Describe specifically how the selected <u>factors affecting individual performance</u> contributed to the system failure.

N/A __

G. Environment/Facilities

__ 1. High noise levels
__ 2. Hot
__ 3. Cold
__ 4. Humidity
__ 5. Fumes/dust
__ 6. Lighting
__ 7. Vibration
__ 8. Cleanliness
__ 9. Hazardous/toxic substance
__ 10. Power sources
__ 11. Inadequate ventilation
__ 12. Markings
__ 13. Other (explain below)

Describe specifically how the selected <u>environment/facilities</u> factor(s) contributed to the system failure.

N/A __

H. Organizational Factors
- __ 1. Quality of support from technical organizations
  (e.g., engineering, planning, technical pubs)
- __ 2. Quality of support from vendor/manufacturer
  (e.g., engineering, planning, technical pubs)
- __ 3. Company policies
- __ 4. Not enough staff
- __ 5. Corporate change/restructuring
- __ 6. Union action
- __ 7. Work process/procedure contributed to error
- __ 8. Work process/procedure not followed
- __ 9. Work process/procedure not followed because not documented
- __ 10. Work group normal practice (norm) not to follow process/procedure
- __ 11. Lean Sigma processes
- __ 12. Other (explain below)

Describe specifically how the selected <u>organizational factor(s)</u> contributed to the system failure.

N/A __

I. Leadership/Supervision
- __ 1. Planning/organization of tasks
- __ 2. Prioritization of work
- __ 3. Delegation/assignment of task
- __ 4. Unrealistic attitude/expectations
- __ 5. Amount of supervision
- __ 6. Other (explain below)

Describe specifically how the selected <u>leadership/supervision</u> factor(s) contributed to the system failure.

N/A __

J. Communication (between)
- __ 1. Departments
- __ 2. Shop mechanics
- __ 3. Off-site vendor/manufacturer and shop
- __ 4. On-site vendor/manufacturer and shop
- __ 3. Shifts
- __ 4. Shop crew and lead
- __ 5. Lead and management
- __ 6. Other (explain below)

Describe specifically how the selected <u>communication</u> factor(s) contributed to the system failure.

K. Other Contributing Factors (explain below)
Describe specifically how this <u>other</u> factor contributed to the system failure.

Section V—Event Prevention Strategies

A. What current existing procedures, processes, and/or policies in your organization are intended to prevent the incident, but didn't?
- ( ) **Maintenance Policies or Processes** (specify) _____
- ( ) **Inspection or Operational/Functional Check** (specify) _____
  Required Maintenance Documentation
  - ( ) Component Maintenance manuals (specify) _____
  - ( ) Logbooks (specify) _____
  - ( ) Route cards/instructions (specify) _____
  - ( ) Engineering documents (specify) _____
  - ( ) Other (specify) _____
  Supporting Documentation
  - ( ) Factory modification sheets (specify) _____
  - ( ) Vendor/Manufacturer Service Bulletins (specify) _____
  - ( ) Regulator Airworthiness Directives (specify) _____
  - ( ) Training materials (specify) _____
  - ( ) Drawings/Test Notes/Specifications (specify) _____
  - ( ) Other (specify) _____
- ( ) **Other** (specify) _____

B. List recommendations for event prevention strategies.

Recommen-dation #	Contributing Factor #	Event Prevention Strategy

(Use additional pages, as necessary)

Section VI - Financial Estimate of Event			
Cost Item	**Hours**	**Basic unit cost**	**Total cost**
Labor			
Materials			
Production line slippage, workshop visit plan			
Warranty payout			
Delivery delay/customer penalty			
Fleet checks/recall			
Regulatory approval compromised/suspended			
Insurance premiums			
Personal injury			
Liability payouts			
Other financial implication (not listed above)			
		Total cost	

REDA Results Form

Section I -- General Information

Reference #: __ __ __ __ __

Airline: _____

Station of Error: _____

Aircraft Type/Reg. #: _____

Equipment Type: _____

_____

Ref. # of previous related event: __ __ __ __ __

Interviewer's Name: _____

Interviewer's Telephone #: __ __ __ __ __ __ __ __ __ __

Date of Investigation: __ __ / __ __ / __ __

Date of Event: __ __ / __ __ / __ __

Time of Event: __ __ : __ __ am pm

Shift of Error: _____

Date Changes Implemented: __ __ / __ __ / __ __

Section II -- Event

Please select the event (check all that apply)

1. **Aircraft Damage Event**
   ( ) a. Cargo door
   ( ) b. Passenger door
   ( ) c. Tail
   ( ) d. Nose/radome
   ( ) e. Wing/flaps/slats/ailerons
   ( ) f. Engine/cowl
   ( ) g. Landing gear/doors
   ( ) h. Other (explain below)

2. **Equipment Damage Event**
   ( ) a Bag tug/cart
   ( ) b. Loading bridge (jetway)
   ( ) c Belt loader
   ( ) d. Container loader
   ( ) e. Trucks (lav, fueling water, etc)
   ( ) f. Other (explain below)

3. **Operational Process event**
   ( ) a. Flight delay
   ( ) b. Flight cancellation
   ( ) c. Gate return
   ( ) d. Other (explain below)

4. **Personal Injury Event**
   ( ) a. Strain
   ( ) b. Sprain
   ( ) c. Laceration
   ( ) d. Contusion
   ( ) e. Fracture
   ( ) f. Other (explain below)

5. **Environmental Impact Event**
   ( ) a Spill
   ( ) b. Release
   ( ) c. Contamination
   ( ) d. Other (explain below)

6. **Other (explain below)**

Provide a brief summary of the event.

Section III – Apron System Failure (errors, violations, others)

Please select the apron system failure(s) that caused the event:

1. Equipment/Tools
( ) a. Driven/pushed/towed into
( ) b. Not for intended use
( ) c. Defective equipment
( ) d. Incorrectly operated
( ) e. Equipment left in wrong place
( ) f. Other (explain below)

2. Foreign Object Damage (FOD)
( ) a. Material left on ramp
( ) b. Material dropped into open
        system
( ) c. Material left in aircraft/engine
( ) d. Failure to see foreign objects on ramp
( ) e. Other (explain below)

3. Aircraft Servicing
( ) a. Servicing not performed
( ) b. Servicing not performed in
        required time
( ) c. Not enough fluid
( ) d. Too much fluid
( ) e. Wrong fluid type
( ) f. Access not closed
( ) g. System/equipment not
        deactivated/reactivated
( ) h. Other (explain below)

4. Aircraft Operation
( ) a. Driven into equipment/facility
( ) b. Driven off ramp/taxi way
( ) c. Other (explain below)

5. Aircraft Handling
( ) a. Pushed/towed into
( ) b. Pushed/towed off of
( ) c. Aircraft not pushed/towed
( ) d. Aircraft not pushed/towed in
        required time
( ) e. Other (explain below)

6. Maintenance
( ) a. Maintenance not performed
( ) b. Maintenance not performed in
        required time
( ) c. Equipment/parts not installed
( ) d. Wrong equipment/parts
        installed
( ) e. Incomplete installation
( ) f. Access not closed
( ) g. System/equipment not
        deactivated/reactivated
( ) h. Other (explain below)

7. Fault Isolation/Test/Inspection
( ) a. Did not detect fault
( ) b. Not found by fault isolation
( ) c. Not found by
        operational/functional test
( ) d. Not found by inspection
( ) e. Access not closed
( ) f. System/equipment not
        deactivated/reactivated
( ) g. Other (explain below)

8. Personal injury
( ) a. Slip/tip/fall
( ) b. Caught in/on/between
( ) c. Struck by/against
( ) d. Hazard contacted (e.g.,
        electricity, hot or cold
        surfaces, and sharp surfaces
( ) e. Hazardous substance
        exposure (e.g. toxic or
        noxious substances)
( ) f. Hazardous thermal
        environment exposure (heat,
        cold, or humidity)
( ) g. Incorrect body position for
        manual handling
( ) h. Other (explain below)

Describe the specific ramp system failure

Section IV -- Contributing Factors Checklist

N/A __

A. Information (e.g., written procedure)

__ 1. Not understandable
__ 2. Unavailable/inaccessible
__ 3. Incorrect
__ 4. Too much/conflicting information
__ 5. Insufficient information

__ 6. Update process is too long/complicated
__ 7. Incorrectly modified manufacturer's MM/SB
__ 8. Information not used
__ 9. Inefficient procedure
__ 10. Other (explain below)

Describe specifically how the selected <u>information</u> factor(s) contributed to the failure.

N/A __

B. Equipment/Tools/Safety Equipment [Personal Protective Equipment (PPE) and Collective Protective Equipment (CPE)]

__ 1. Unsafe
__ 2. Unreliable
__ 3. Layout of controls or displays
__ 4. Not used
__ 5. Unavailable
__ 6. Inappropriate for the task
__ 7. Incorrectly used

__ 8. Cannot use in intended environment
__ 9. Incorrectly used in existing environment
__ 10. Too complicated
__ 11. Incorrectly labeled/marked
__ 12. Not labeled/marked
__ 13. PPE/CPE not used
__ 14. PPE/CPE used incorrectly

__ 15. PPE/CPE unavailable
__ 16. Mis-calibrated
__ 17. No instructions
__ 16. Other (explain below)

Describe specifically how selected <u>equipment/tools/safety equipment</u> factor(s) contributed to the failure.

N/A __

C. Aircraft Design/Configuration/Parts

__ 1. Complex
__ 2. Inaccessible
__ 3. Aircraft configuration variability

__ 4. Parts (antenna, masts) hard to see
__ 5. Poorly marked

__ 6. __ Other (explain below)

Describe specifically how the selected <u>aircraft design/configuration/parts</u> factor(s) contributed to failure.

N/A __

D. Job/Task

__ 1. Repetitive/monotonous
__ 2. Complex/confusing
__ 3. New task or task change

__ 4. Different from other similar tasks
__ 5. Requires forceful exertions
__ 6. Requires kneeling/bending/stooping

__ 7. Requires twisting
__ 8. Long duration
__ 9. Awkward position
__ 10. Other (explain below)

Describe specifically how the selected <u>job/task</u> factor(s) contributed to the failure.

N/A __

E. Technical Knowledge/Skills

   __ 1. Skills   __ 4. Airline process knowledge   __ 7. Aircraft system knowledge
   __ 2. Task knowledge   __ 5. Vendor process knowledge   __ 8. Aircraft configuration knowledge
   __ 3. Task planning   __ 6. Airport process knowledge   __ 9. English language competency
                                                                   __ 10. Other (explain below)

Describe specifically how the selected <u>technical knowledge/skills</u> factor(s) contributed to the failure.

N/A __

F. Individual Factors

   __ 1. Physical health (including   __ 5. Complacency   __ 9. Memory lapse (forgot)
        hearing and sight)   __ 6. Body size/strength   __ 10. Other (explain below)
   __ 2. Fatigue   __ 7. Personal event (e.g., family problem, car accident)
   __ 3. Time constraints   __ 8. Workplace distractions/interruptions
   __ 4. Peer pressure   during task performance

Describe specifically how the selected <u>factors affecting individual performance</u> contributed to the failure.

N/A __

G. Environment/Facilities/Ramp

   __ 1. High noise levels   __ 5. Rain   __ 9. Vibrations   __ 13. Inadequate ventilation
   __ 2. Hot   __ 6. Snow   __ 10. Cleanliness   __ 14. Inadequate blast protection
   __ 3. Cold   __ 7. Wind   __ 11. Hazardous/toxic substances   __ 15. Markings
   __ 4. Humidity   __ 8. Lighting   __ 12. Power sources   __ 16. Other (explain below)

Describe specifically how the selected <u>environment/facilities</u> factor(s) contributed to the failure.

N/A __

H. Organizational Factors

   __ 1. Quality of support from technical organizations   __ 7. Union action
        (e.g., engineering, planning, technical pubs)   __ 8. Work process/procedure
   __ 2. Qualify of support from airport vendors   __ 9. Work process/procedure not followed
   __ 3. Quality of support from airport organizations   __ 10. Work process/procedure not documented
   __ 4. Company policies   __ 11. Work group normal practice (norm)
   __ 5. Not enough staff   __ 12. Failure to follow ground guidance
   __ 6. Corporate change/restructuring   __ 13. Failure to follow airport authority guidance
                                              __ 14. Other (explain below)

Describe specifically how the selected <u>organizational factor(s)</u> contributed to the failure.

N/A __ **I. Leadership/Supervision**

   __ 1. Planning/organization of tasks   __ 3. Delegation/assignment of task   __ 5. Amount of supervision
   __ 2. Prioritization of work   __ 4. Unrealistic attitude/expectations   __ 6. Other (explain below)

Describe specifically how the selected <u>leadership/supervision</u> factor(s) contributed to the failure.

N/A __ **J. Communication**

   __ 1. Between departments   __ 4. Between apron staff and lead   __ 7. Between airline and vendor
   __ 2. Between staff   __ 5. Between lead and management   __ 8. Between vendors
   __ 3. Between shifts   __ 6. Between flight crew and apron staff   __ 9. Other (explain below)

Describe specifically how the selected <u>communication</u> factor(s) contributed to the failure.

N/A __ **K. Other Contributing Factors (explain below)**

Describe specifically how this <u>other factor</u> contributed to the failure.

Section V – Failure Prevention Strategies

A. What current existing procedures, processes, and/or policies in your organization are intended to prevent the incident, but didn't?

Apron Operation Policies or Processes (specify)_____

Maintenance Policies or Procedures (specify)

Inspection, Functional Check or Safety Check (specify) _____

Required Maintenance documentation _____

( ) Maintenance manuals (specify)_____

( ) Logbooks (specify)_____

( ) Work cards (specify) _____

( ) Engineering documents (specify) _____

( ) Other (specify)_____

Required Apron Operation Documentation _____

Supporting Documentation_____

( ) Training materials (specify)_____

( ) All operator letters (specify) _____

( ) Inter-company bulletins (specify) _____

( ) Other (specify)_____

B. List recommendations for failure prevention strategies.

Recommen-dation #	Contributing Factor #	
		(Use additional pages, as necessary)

부록 2

MEDA Results Form 작성법

1 | General Information(Section I)

- 사건 발생일자, 항공기 형식 및 등록기호 등 일반사항을 기록한다.

```
                    Section I—General Information
Reference #: __ __ __ __ __ __      Interviewer's Name: _____
Airline: _____            Interviewer's Telephone # __ __ __ __ __ __ __ __
Station of Error: _____   Date of Investigation: __ __ / __ __ / __ __
Aircraft Type: _____      Date of Event: __ __ / __ __ / __ __
Engine Type: _____        Time of Event: __ː__ __  am  pm
Reg. #: __ __ __ __ __ __ __ __     Shift of Error: _____
Fleet Number: __ __ __ __ __ __     Type of Maintenance (Circle):
ATA #: __ __ __ __ __                 1.  Line -- If Line, what type? _____
Aircraft Zone: _____        2.  Base --If Base, what type? _____
Ref. # of previous related event: __ __ __ __ __   Date Changes Implemented: __ __ / __ __ / __ __
```

① Reference#: 관리일련번호

② Airline: 항공사 코드(KE, OZ 등)

③ Station of Error: 오류가 발생된 Station

④ Aircraft Type: 항공기 형식(예, 787, 744, 74E, 772, 773, 380, 332, 333, AB6, 738, 739등 항공사의 표준코드 적용)

⑤ Engine Type: 항공기 장착엔진 형식(예, PW4056, PW4168, PW4158, CFM56-7B 등.)

⑥ REG. #: 항공기 등록기호

⑦ Fleet Number: 편명(KE001, KE064 등)

⑧ ATA #: 조사 중에 error와 가장 밀접한 관계가 있는 ATA chapter(예, 30-10)

⑨ Aircraft Zone: 항공기 기체의 Zone(예, 210, 130등)

⑩ Ref # of Previous Related Event(If Applicable): 이 조사가 유사한 사건의 반복인 경우에, 이전 조사 자료의 관리번호

⑪ Interviewer's Name / Interviewer's Telephone #: 면담자 성명/ 전화번호

⑫ Date of Investigation: 조사수행 시작일자

⑬ Date of Event: 사건발생일자

⑭ Time of Event: 사건발생시간(If Known)

⑮ Shift of Error: Error가 발생한 교대근무 조(If Known)

⑯ Type of Maintenance: Error가 발생된 것이 Line 작업 혹은 Base 작업에서 발생된 것이지 Check하고, 수행된 점검 혹은 작업형태를 기록(예, TR Check, A-Check, Overhaul등)

⑰ Date Changes Implemented: 예방대책이 실행되고 문서화된 날짜

2 Event(Section II)

• 결항, 회항, 항공기 손상 또는 재 작업등과 같은 발생된 사건을 Check하고, 결함원인을 서술한다.

Section II—Event
Please select the event (check all that apply)
1. Operations Process Event
( ) a. Flight Delay (write in length) _ days _ _ hrs. _ _ min.　　( ) f. Diversion
( ) b. Flight Cancellation　　　　　　　　　　　　　　　　　( ) g. Other (explain below)
( ) c. Gate Return　　　　　　　　　　　　　　　　　**( ) 2. Aircraft Damage Event**
( ) d. In-Flight Shut Down　　　　　　　　　　　　　**( ) 3. Personal Injury Event**
( ) e. Air Turn-Back　　　　　　　　　　　　　　　　**( ) 4. Rework**
( ) 5. Other Event (explain below)
Describe the incident/degradation/failure (e.g., could not pressurize) that caused the event.

3 ⟩ Maintenance System Failure(Section III)

- 항공기에 문제를 유발한 정비결함을 선택하여 check하고, 관련 결함의 정비오류 사항을 기록한다.

Section III—Maintenance System Failure

Please select the maintenance system failure(s) that caused the event:

1. Installation failure
( ) a. Equipment/part not installed
( ) b. Wrong equipment/part installed
( ) c. Wrong orientation
( ) d. Improper location
( ) e. Incomplete installation
( ) f. Extra parts installed
( ) g. Access not closed
( ) h. System/equipment not
     reactivated/deactivated
( ) i. Damaged on installation
( ) j. Cross connection
( ) k. Other (explain below)

2. Servicing failure
( ) a. Not enough fluid
( ) b. Too much fluid
( ) c. Wrong fluid type
( ) d. Required servicing not performed
( ) e. Access not closed
( ) f. System/equipment not
     deactivated/reactivated
( ) g. Other (explain below)

( ) **3. Repair failure** (e.g., component or) structural repair)

4. Fault Isolation/Test/Inspection failure
( ) a. Did not detect fault
( ) b. Not found by fault isolation
( ) c. Not found by operational/
     functional test
( ) d. Not found by inspection
( ) e. Access not closed
( ) f. System/equipment not
     deactivated/reactivated
( ) g. Other (explain below)

5. Foreign Object Damage
( ) a. Material left in aircraft/engine
( ) b. Debris on ramp
( ) c. Debris falling into open systems
( ) d. Other (explain below)

6. Airplane/Equipment Damage
( ) a. Tools/equipment used improperly
( ) b. Defective tools/equipment used
( ) c. Struck by/against
( ) d. Pulled/pushed/drove into
( ) e. Other (explain below)

7. Personal Injury
( ) a. Slip/trip/fall
( ) b. Caught in/on/between
( ) c. Struck by/against
( ) d. Hazard contacted (e.g., electricity, hot
     or cold surfaces, and sharp surfaces)
( ) e. Hazardous substance exposure (e.g.,
     toxic or noxious substances)
( ) f. Hazardous thermal environment
     exposure (heat, cold, or humidity)
( ) g. Other (explain below)

( ) **8. Other** (explain below)

Describe the specific maintenance failure (e.g., auto pressure controller installed in wrong location).

---

4 Contributing Factors Checklist(Section IV)

- 정비오류를 발생시킨 근본적인 기여요인 10가지로 구성되어 있으며, 각 요인 중 해당되는 항목은 모두 Check한다.

A. Information(정보)

작업에 필요한 작업카드, 정비절차, 매뉴얼, 정비회보, 기술지시, 부품 도해 목록(IPC), 기타 발간물 또는 컴퓨터정보 등이 포함된다. 또한, 해당정보가 문제가 된 이유 또는 사용되지 않은 이유에 대한 기여요인의 일부도 포함된다.

Section IV—Contributing Factors Checklist

A. **Information** (e.g., work cards, maintenance manuals, service bulletins, maintenance tips, non-routines, IPC, etc.)
- __ 1. Not understandable
- __ 2. Unavailable/inaccessible
- __ 3. Incorrect
- __ 4. Too much/conflicting information
- __ 5. Update process is too long/complicated
- __ 6. Incorrectly modified manufacturer's MM/SB
- __ 7. Information not used
- __ 8. Other (explain below)

Describe specifically how the selected _information_ factor(s) contributed to the system failure.

---

① 이해성(서식, 상세 정도, 언어사용, 그림 자료의 명료성 및 완전성)
② 유용성 및 접근성
③ 정확성, 유효성 및 현재성
④ 정보가 너무 많거나 복잡함
⑤ Revision 미수행, SB 혹은 EO에 의해 Changed된 Configuration등이 매뉴얼에 반영되어 있지 않음.
⑥ 제작사의 절차가 실제 작업과 맞지 않음.
⑦ 정보를 이용하지 않음 - 위반

B. Equipment/Tools/Safety Equipment(장비/공구/ 안전보호장구)

이 범주에는 정비 및 검사업무를 정확하게 완료하기 위해 필요한 제반 도구 및 자재들이 포함된다. 일반적인 드릴, 렌치, 드라이브 같은 공구 외에, 정비절차에 명시되어 있는 비파괴 시험장비, 작업대, 시험장비 및 특수 장비들도 포함된다.

```
B.  Equipment/Tools/Safety Equipment
    __  1.  Unsafe                            __  6.  Inappropriate for the task          __  11.Not used
    __  2.  Unreliable                        __  7.  Cannot use in intended environment  __  12.Incorrectly used
    __  3.  Layout of controls or displays    __  8.  No instructions                     __  13.Other (explain below)
    __  4.  Mis-calibrated                    __  9.  Too complicated
    __  5.  Unavailable                       __  10.Incorrectly labeled
Describe specifically how selected equipment/tools/safety equipment factor(s) contributed to the system failure.
```

항공정비사의 업무수행능력을 저하시킬 수 있는 장비 또는 공구에 대한 몇 가지 기여요인 으로는 다음과 같은 것들이 있다.

① 작업자가 사용하기에 불안전함(예: 보호 장치의 분실 또는 불안정)

② 신뢰할 수 없거나 손상 또는 마모된 도구

③ 제어장치 또는 디스플레이의 열악한 배치

④ 검, 교정 오류 또는 부정확한 눈금

⑤ 업무에 부적합

⑥ 이용 불가능

⑦ 원하는 환경에서 사용할 수 없음(예: 공간적인 제한성 또는 습기존재)

⑧ 관련 지침 누락

⑨ 지나치게 복잡함

⑩ 수기로 표기된 표식, 눈금이 부정확한 공구

⑪ 적합한 장비 미사용 - 위반

⑫ 부적절한 보호 장구의 착용, 위해 요인과 맞지 않는 안전장비.

C. Aircraft Design/Configuration/Parts(항공기 설계/구조/부품)

이 범주에는 정비작업에서 작업자의 접근을 제한하는 각각의 항공기 설계 또는 형상 측면 들이 포함된다. 또한 다른 유사 부품을 사용할 수 있게 만드는 부적합한 라벨 또는 사용할 수 없는 부품으로 교환하는 것들이 포함된다.

```
C.  Aircraft Design/Configuration/Parts
    __  1.  Complex                        __  4.  Parts unavailable         __  7.  Not used
    __  2.  Inaccessible                   __  5.  Parts incorrectly labeled  __  8.  Other (explain below)
    __  3.  Aircraft configuration variability  6.  Easy to install incorrectly
Describe specifically how the selected aircraft design/configuration/parts factor(s) contributed to system failure.
```

① 장착 또는 검사 절차의 복잡성

② 접근의 불편함

③ 외형의 다양성(예: 동일 항공기 형식 또는 개조로 인한 다양한 모델)

④ 사용 불가능한 부품

⑤ 사용이 불가능한 부품 또는 부정확한 표식

⑥ 부정확하게 장착하기 쉬움(예: 부적절한 피드백, 시작 또는 작업 진행 표시의 부재, 또는 동일한 커넥터)

⑦ 적합한 부품 미사용(호환불가 부품의 사용 등) - 위반행위

D. Job/Task(일/직무)

이 범주에는 업무를 구성하는 여러 가지 과제의 결합 및 순서를 포함하여 완료되어야 할 업무의 본질이 모두 포함된다.

D. Job/Task

  __ 1. Repetitive/monotonous   __ 3. New task or task change   __ 5. Other (explain below)
  __ 2. Complex/confusing   __ 4. Different from other similar tasks

Describe specifically how the selected <u>job/task</u> factor(s) contributed to the system failure.

---

① 반복적이거나 단조로운 업무

② 복잡하거나 혼동을 일으키는 업무(예: 복합적 또는 동시에 수행하는 긴 절차로서, 특별히 정신적인 또는 신체적인 노력이 요구되는 것)

③ 새롭거나 변경된 업무

④ 항공기 모델 또는 정비위치에 따라 바뀌는 업무 또는 절차

E. Technical Knowledge/Skills(기술지식/숙련)

이 범주에는 할당된 업무 또는 하위 업무를 오류 없이 수행하기 위한 기술적인 기량은 물론, 항공사 업무절차 지식, 항공기 시스템 지식 및 정비업무 지식 등이 포함된다.

E. Technical Knowledge/Skills

  __ 1. Skills   __ 4. Airline process knowledge   __ 7. Other (explain below)
  __ 2. Task knowledge   __ 5. Aircraft system knowledge
  __ 3. Task planning   __ 6. English language proficiency

Describe specifically how the selected <u>technical knowledge/skills</u> factor(s) contributed to the system failure.

---

① 훈련을 받았음에도 부적절한 기술, 메모리 아이템으로 인한 문제 또는 부적절한 의사결정

② 불충분한 훈련 또는 절차로 인한 부적절한 업무지식

③ 절차를 방해하는 요인이 되는 부적절한 업무계획, 또는 가용 시간에 비해 너무 많은 업무계획(예: 처음에 필요한 모든 도구 및 재료를 얻지 못함)

④ 부적절한 훈련 및 상황판단부족에 기인한 것으로 보이는 항공사의 부적절한 과정 지식(예: 필요한 부품을 적시에 주문하지 못함)

⑤ 부적절한 항공기시스템 지식(예: 불완전한 장착 후 시험 및 결함분리)

⑥ 영어로 작성된 기술자료의 독해능력 부족 등.

F. Individual Factors(개인적 요인)

이 범주에는 개인 사이 또는 조직 내 요인(예: 동료들의 압력, 시간적인 제약, 업무자체에서 오는 피로, 시간근무 또는 순환근무)은 물론이고 개인적인 일(예: 신체의 크기/강약, 건강 및 애경사)로 회사업무에 까지 영향을 미치는 것 같이 사람에 따라 다양한 개인 업무수행능력에 영향을 미치는 여러 가지 요인들이 포함된다.

F. Individual Factors

___ 1. Physical health (including hearing and sight)
___ 2. Fatigue
___ 3. Time constraints
___ 4. Peer pressure
___ 5. Complacency
___ 6. Body size/strength
___ 7. Personal event (e.g., family problem, car accident)
___ 8. Workplace distractions/interruptions during task performance
___ 9. Memory lapse (forgot)
___ 10. Visual perception
___ 11. Other (explain below)

Describe specifically how the selected <u>factors affecting individual performance</u> contributed to the system failure.

---

① 고질병 또는 고질적인 상처, 만성통증, 약물치료 및 약품 또는 알코올 남용을 포함한 신체적 건강

② 업무집중, 업무부하, 순환근무, 수면부족 또는 개인적 특성에 의한 요인 등으로 인한 피로

③ 빠른 작업속도, 부여된 업무부하에 가용한 자원, 항공기 게이트 시간을 맞추기 위한 압력 등으로 인한 시간 제약

④ 기록된 정보에 관계없이 그룹의 불안전한 절차를 따르도록 하는 동료의 압력

⑤ 자기만족(예: 반복 작업으로 인한 지나친 숙련도, 또는 반박이 불가능하거나 과신하는 위험한 태도)

⑥ 팔이 미치는 범위 요구조건 또는 힘의 세기 요구조건에 적합하지 않은 신체적 조건 또는 힘의 세기

⑦ 가족 구성원의 죽음, 교통사고 및 경제적 안정의 변화 등 개인적인 상황

⑧ 작업장의 산만함(예: 작업장의 역동적인 변화에 기인한 방해요소)

⑨ 기억의 실패(망각)

⑩ 시차에 따른 계기 판독의 오류, 거리측정 판단 오류 등

G. Environment/Facilities

이 범주에는 항공정비사의 편안함에 영향을 줄 수 있는 요인뿐만 아니라 작업자의 주의를 산만하게 만드는 건강이나 안전과 관련하여 걱정을 하게 하는 것도 포함된다.

G. Environment/Facilities

__ 1. High noise levels	__ 5. Rain	__ 9. Vibrations	__ 13. Inadequate ventilation
__ 2. Hot	__ 6. Snow	__ 10.Cleanliness	__ 14. Markings
__ 3. Cold	__ 7. Lighting	__ 11.Hazardous/toxic substance __	15. Other (explain below)
__ 4. Humidity	__ 8. Wind	__ 12.Power sources	

Describe specifically how the selected <u>environment/facilities</u> factor(s) contributed to the system failure.

① 주의집중에 영향을 미치며 의사소통이나 피드백을 잘못하게 하는 극히 심한 소음

② 부품 또는 장비를 다루는 작업자의 능력에 물리적인 영향을 주거나 개인적인 피로의 원인이 되는 지나친 열

③ 촉감이나 냄새 맡는 데 영향을 미치는 오랜 추위

④ 서류취급을 포함하여 항공기, 부품 또는 도구표면에 영향을 미치는 습기

⑤ 두터운 우의가 필요하거나 시정에 영향을 주는 강수

⑥ 시정에 영향을 주는 폭설, 이동이 어려울 정도의 빙판

⑦ 지침 또는 플래카드를 읽거나 육안 검사 또는 과제 수행에 충분하지 않은 조명

⑧ 눈, 귀, 목 또는 목구멍 염증 또는 상대방과의 대화 또는 청취에 영향을 주는 바람

⑨ 계기 판독을 어렵게 만들거나 손 또는 팔의 피로를 유발하는 진동

⑩ 육안 검사를 수행하는 능력에 영향을 주거나, 발 디딤 또는 잡는 것을 어렵게 하거나, 가용 작업 공간을 감소시키는 청결

⑪ 감각의 예민함에 영향을 주거나, 두통 또는 어지러움, 기타 불안감을 유발하거나, 또는 거동이 불편한 방호복을 입어야 하는 위험 또는 독성물질

⑫ 부적절하게 보호되거나 표시된 전원

⑬ 개인의 불쾌감 또는 피로를 유발하는 부적절한 환기

⑭ 식별이 어렵거나 표시되지 않은 가드라인 및 스톱라인

H. Organizational Factors(조직적인 요인)

이 범주에는 지원조직과의 내부대화, 관리자와 작업자 사이에 확립된 신뢰수준, 관리자의 목표에 대한 인식 및 수용 및 노동조합의 행동 등의 요인들이 포함된다. 이러한 모든 요인들은 노동의 질에 영향을 줄 수 있으며, 결국 정비오류의 범위에 영향을 준다.

H. Organizational Factors

```
__  1. Quality of support from technical organizations    __  6. Work process/procedure
       (e.g., engineering, planning, technical pubs)       __  7. Work process/procedure not followed
__  2. Company policies                                    __  8. Work process/procedure not documented
__  3. Not enough staff                                    __  9. Work group normal practice (norm)
__  4. Corporate change/restructuring                      __ 10. Other (explain below)
__  5. Union action
```

Describe specifically how the selected <u>organizational factor(s)</u> contributed to the system failure.

① 적합하지 않거나 늦거나 또는 열악한 기술조직 지원의 품질

② 특수상황 등을 고려할 때 경직된, 적용에 부적합하거나 부당한 회사정책

③ 훈련된 인원의 적시지원 부족

④ 불확실성, 재배치, 해고, 좌천 등을 유발하는 법인 변경(예: 구조 조정)

⑤ 산만하게 만드는 노동조합 활동

⑥ 부적절한 SOP, 부적절한 작업 검사 및 유효일자가 경과한 매뉴얼 등이 포함된 회사업무 절차

⑦ 작업절차를 따르지 않고 건너뜀(Skip)-위반행위.

⑧ 작업절차가 문서화되어 있지 않음

⑨ 작업절차는 있으나 대부분의 사람들이 관행적으로 작업을 수행 함.

I. Leadership/Supervision(리더십/감독)

이 범주는 조직적인 요인들의 범주와 밀접한 관련이 있다. 감독관들은 보통 정비작업을 수행하지 않지만, 잘못된 계획, 업무의 우선순위 및 업무조정 등으로 정비오류에 기여할 수 있다. 감독관과 관리자들은 정비기능이 무엇을 지향하고 있으며 어떻게 목표에 도달할

것인지에 대한 비전을 제시해야 한다. 일상적인 활동에서 "작업장을 돌아다니며 대화"를 해야 하며, 그들의 언행이 일치해야 한다는 것이다.

I. Leadership/Supervision
___ 1. Planning/organization of tasks ___ 3. Delegation/assignment of task ___ 5. Amount of supervision
___ 2. Prioritization of work ___ 4. Unrealistic attitude/expectations ___ 6. Other (explain below)
Describe specifically how the selected <u>leadership/supervision</u> factor(s) contributed to the system failure.

리더십과 감독의 취약성으로 인해 정비오류로 이어지는 작업환경이 조성될 수 있는 분야로는 다음과 같은 것들이 있다.

① 작업을 적절한 완료할 수 있는 시간 또는 자원의 이용 가능성에 영향을 미치는 부적절한 업무계획 또는 관련 조직
② 작업에서의 부적절한 우선순위
③ 부적절한 위임 또는 부적절한 업무 할당
④ 업무를 완료하는 데 시간이 부적절하게 되는 비현실적인 태도 또는 기대
⑤ 과도한 또는 부적절한 감독방법, 미리 예측하는 작업자 또는 작업자에 영향을 주는 결정에서 작업자를 참여 시키지 않음.
⑥ 기타(과도하거나 목표가 없이 진행되는 회의 등)

J. Communication (의사소통)

이 범주는 작업자가 정비업무와 관련된 정확한 정보를 적시에 수집하는 것을 방해하는 의사소통의 단절(서면 또는 구두)에 대한 것이다.

J. Communication
___ 1. Between departments ___ 4. Between maintenance crew and lead ___ 7. Other (explain below)
___ 2. Between mechanics ___ 5. Between lead and management
___ 3. Between shifts ___ 6. Between flight crew and maintenance
Describe specifically how the selected <u>communication</u> factor(s) contributed to the system failure.

---

① 부서사이 - 애매하거나 불완전한 서면지시, 부정확한 정보의 경로, 개성의 충돌, 또는 정보의 적시 전달 실패
② 작업자 사이 - 의사소통의 완전한 실패, 언어장벽으로 인한 의사소통 오류, 속어나

약어 사용 등. 이해가 되지 않았을 때 질문하지 못하는 경우. 또는 변화가 필요할 때 제안을 하지 못하는 경우.

③ 순환근무자 사이 – 좋지 못한(또는 서두르는) 구두브리핑으로 인한 부적절한 업무교대, 또는 정비기록(업무 기록 현황판, 대조목록 등) 내용의 부적절

④ 정비 작업자 및 지도부 사이 – 지도부가 작업자에게 중요한 정보를 전달하지 못했을 경우(순환근무를 시작할 때, 부적절한 브리핑 또는 임무수행에 대한 피드백 부적절), 작업자가 지도부에게 문제나 기회에 대한 보고를 하지 못하거나, 또는 역할 및 책임이 불분명한 경우

⑤ 지도부와 관리자 사이 – 관리자가 지도부에 중요한 정보를 전달하지 못한 경우(목표 및 계획에 대한 논의사항, 완료된 업무에 대한 피드백 포함). 지도부가 관리자에게 문제나 기회에 대한 보고를 하지 못한 경우

⑥ 운항승무원 과 정비작업자 사이 – 애매하거나 불완전한 비행일지 기재, MEL/DDG 해석문제, "항공기통신 전송 및 보고시스템(ACARS)" 또는 데이터링크의 미사용 등

K. Other Contributing Factors(기타 기여요인)

이 부분은 MEDA 조사자가 10가지 기여요인에 맞지 않는 요인을 발견하였을 경우 기록한다. 또는 개선을 위해 필요한 교육 훈련 등의 제안 시 작성.

K. Other Contributing Factors (explain below)
Describe specifically how this <u>other factor</u> contributed to the system failure.

---

5 Event Prevention Strategies(Section V)

A. 정책, 절차 및 과정에 대한 개선 및 각종문서(manual, 교재 등)에 대한 개선 대책을 기록.

Section V—Event Prevention Strategies

A. What current existing procedures, processes, and/or policies in your organization are intended to prevent the incident, but didn't?
( ) **Maintenance Policies or Processes** (specify)_____
( ) **Inspection or Functional Check** (specify)_____
   Required Maintenance Documentation
   ( ) Maintenance manuals (specify)_____
   ( ) Logbooks (specify)_____
   ( ) Work cards (specify)_____
   ( ) Engineering documents (specify)_____
   ( ) Other (specify)_____
   Supporting Documentation
   ( ) Service Bulletins (specify)_____
   ( ) Training materials (specify)_____
   ( ) All-operator letters (specify)_____
   ( ) Inter-company bulletins (specify)_____
   ( ) Other (specify)_____
( ) **Other** (specify)_____

B. 앞에서 조사된 근본적인 기여요인에 대한 개별적 개선방안을 기술한다.

B. **List recommendations for event prevention strategies.**

Recommen-dation #	Contributing Factor #	

6 Summary of Contributing Factors, System Failures and Event (Section VI)

Section VI – Summary of Contributing Factors, System Failures, and Event

Provide a brief summary of the event.

(Use additional pages, as necessary)

[참 고 문 헌]

국내문헌

1. 교통안전공단(1997), 항공안전 저해요소의 관리, 항공교통안전시리즈 12, 교통안전공단.

2. 교통안전공단(2011), 항공정보매뉴얼, 교통안전공단.

3. 국토교통부(2014), 운항기술기준(Flight Safety Regulation), 국토교통부 운항정책실.

4. 국토교통부(2007), 안전관리매뉴얼, 국토해양부

5. 국토교통부(2015), 항공정비사 표준교재 항공정비일반, 국토교통부 항공자격과

6. 국토교통부(2018), 2017 항공안전백서, 국토교통부 항공정책실

7. 김근영(2012), 선진 안전문화 정착을 위한 제도개선 연구, 연구보고서, 행정안전부.

8. 김대식(2009), 산업안전관리론, 형설출판사.

9. 김영환(2002), "비영리기관에서 학습조직의 도입방안", 한국정치과학학회보, 제6권 제1호, pp.145-166, 2002.

10. 김영환(2002), "지방행정에 있어서 학습조직적용의 영향요인과 효과에 관한 연구", 한국지방자치학회보, 제14권 제2호(통권38호), pp.137-158, 2002.

11. 김종관·윤준섭(2011), "인적자원유연성과 고용불안정성, 이직의도의 관계에 관한 연구", 대한경영학회지, 제24권 제6호(통권89호), pp. 3157-3175.

12. 김진희(2011), "Self-study를 통한 실천공동체의 학습문화", 교육문화연구 제17-3호, pp.59-86.

13. 김천용 외(2007), "정비작업장에서의 의사소통장애요인", 한국항공운항학회 2007년 추계학술대회 논문집

14. 김천용 외(2010), "효율적인 항공정비 정보전달 체계에 관한 연구", 한국항공운항학회지, v.18, no.2, pp.46-53

15. 김천용(2010), "항공정비인적오류", 항공우주의학회지 제20권 제1호.

16. 김천용(2011), "정비인적요소 관련규제", SkySafety21, 제108호, 대한항공.

17. 김천용(2012), "긍정적인 항공정비안전보고문화에 관한 연구", 한국항공운항학회지, 제20권 제2호, pp.64-71.

18. 김천용(2012), "항공정비 분야의 공정한 안전문화 개선방안에 관한 연구", 한국항공운항학회지, 제20권 제4호, pp.84-90.

19. 김천용(2012), 효율적인 항공안전보고체계에 관한 연구, 한국항공운항학회 2012년 춘계학

술대회 논문집

20. 김천용(2014), "항공정비 분야의 안전증진을 위한 학습문화 연구", 한국항공운항학회지 제 22권 제1호

21. 김천용(2015), 항공정비학개론, 노드미디어

22. 김칠영 외(2005), 항공안전관리론, 한국항공대학교 출판부

23. 김칠영(2012), 항공과 인적요소, 한국항공대학교 출판부.

24. 대한항공(2007), 현장 정비안전 교육자료집, 대한항공 정비본부.

25. 대한항공(2010), 항공기정비프로그램, 정비규정, 대한항공 정비본부.

26. 박하은(2008), 항공업계의 CSI! 항공사고수사대, Sky Safety 21 Vol.98, 대한항공

27. 박형욱 외(2010), "작업장 배경소음과 청력보호구 착용이 근로자 어음인지력에 미치는 영향", 대한산업의학회지 제 22 권 제 2 호, p.155.

28. 산업안전연구원(1999), 안전문화 정착 및 활성화 방안 연구, 한국산업안전공단.

29. 삼성경제연구소(2008), 경영위기의 진단 및 대응방안, CEO Information(제660호), 삼성경제연구소.

30. 안전보건공단(2011), 화재 예방을 위한 소화기 사용법

31. 안전보건공단(2013), 화학물질의 분류 및 표지에 관한 세계조화시스템(GHS)

32. 양혁승(2011), "유연성 높은 역피라미드 조직 구축하라", Dong-A Business Review(DBR), 74호.

33. 오영민(2014), "원자력발전소 조직안전문화에 관한 시스템 사고적 고찰", 한국 시스템다이내믹스 연구, 제5권 제1호pp.51-74.

34. 이홍재·강제상(2005), "효과적인 지식관리를 위한 학습공동체 운영에 관한 연구", 한국정책과학회보 제9권 제4호, pp.1-23.

35. 장경철(2001), 문화읽기, 두란노.

36. 최상복 외(2001), 산업안전 심리학, 도서출판 골드

37. 최상복(2004), 산업안전대사전, 도서출판 골드

38. 최상복·신현유·김중진(2006), 생활과 안전, 도서출판 골드.

39. 최연철(2008), "항공안전관리체제에 대한 정기항공사 조종사와 정비사의 인식", 한국항공운항학회지, 제16권 제3호, pp.15-20.

40. 최연철·김양규·김칠영(2002), "인적오류의 세부적 분류와 실증분석에 관한 연구", 한국항공운항학회지, 제10권 제1호

41. 한국문헌정보학회(2008), 최신 문헌정보학의 이해, 편찬위원회, 한국도서관협회.

42. 한국산업안전보건공단(2010), 인간공학(HUMAN ERROR 예방).

43. 한영동(2004), 항공정비사의 직무 스트레스와 Maintenance Error 요인분석, 항공안전과 Human Factors 세미나, 교통안전공단

44. 항공법 시행규칙 별표29(2009), 신호(제190조의 3관련)

국외문헌

45. Abdul Raouf(1998), Theory of Accident Causes, fourth edition of the *International Labour Organization's Encyclopaedia of Occupational Health and Safety.*

46. Anne-Marie Feyer and Ann M. Williamson, Human Factors in Accident Modelling, fourth edition of the *International Labour Organization's Encyclopaedia of Occupational Health and Safety.*

47. Arulampalam, W., A. L. Booth.(1998), "Training and Labour Market Flexibility: Is There a Trade-Off", *British Journal of Industrial Relations,* 36(4), pp. 521-536.

48. Bahr, N(1997)., *System Safety Engineering and Risk Assessment*: A Practical Approach, New York: Taylor & Francis.

49. Bernard, A., Spencer, J(1996)., *Encyclopedia of Social and Cultural Anthropology,* London: Routledge.

50. Bernhard Zimolong, Rüdiger Trimpop,(1998), Risk Perception, Fourth edition of the *International Labour Organization's Encyclopaedia of Occupational Health and Safety*

51. Bill Johnson(2008), Maintenance Human Factors Presentation, FAA, USA

52. Boeing(2004), *Maintenance Error Decision Aid(MEDA) Users Guide,* The Boeing CO.

53. Bourgeois, L. J.(1981), *On the Measurement of Organizational Slack,* The Academy of Management Review, 6(1), pp.29-39.

54. CAA(2002), *"Work Hours of Aircraft Maintenance Personnel",* Civil Aviation Authority, UK.

55. CAA(2003), *Aviation Maintenance Human Factors,* CAP716, Safety Regulation Group, Civil Aviation Authority, UK.

56. CAIB(2003), *"Report of The Columbia Accident Investigation Board",* Vol. 1, Retrieved from ⟨http://caib.nasa.gov/news/report/volume1/default.html⟩.

57. Chew, DCE(1988).,"Quelles sont les mesures qui assurent le mieux la securite du

travail? Etude menee dans trois pays en developpement d'Asie", *Rev Int Travail* 127: pp.129-145.

58. Cox, S., Flin, R(1988)., "Safety Culture: Philosopher's Stone or Man of Straw?", *Work and Stress,* 12(3), pp.189-201.

59. David G. Myers(2010), *Psychology,* Worth Publishers, NY 10010, USA

60. Dedobbeleer, N and F Beland(1989)., *The Interrelationship of Attributes of the Work Setting and Worker's Safety Climate Perceptions in the Construction Industry,* In Proceedings of the 22nd Annual Conference of the Human Factors Association of Canada, Toronto.

61. Douglas A. Wiegmann, Scott A. Shappell(2003), *A Human Error Approach to Aviation Accident Analysis,* Ashgate Publishing Co.,

62. Dupont, G.(1997), *The dirty dozen errors in aviation maintenance.* In Meeting Proceedings 11th Federal Aviation Administration Meeting on Human Factors Issues in Aircraft Maintenance and Inspection: Human Error in Aviation Maintenance, pp.45-49, Washington, DC.

63. Ericksena, J., L. Dyer(2005)., "Toward a Strategic Human Resource Management Model of High Reliability Organization Performance", The *International Journal of Human Resource Management,* 16(6), pp. 907-928.

64. FAA(2004), *Safety Management System Manual,* Version 1.1, The US Federal Aviation Administration.

65. FAA(2008), Aviation Maintenance Technician Handbook-General, CH11, Safety, Ground Operations, & Servicing, U.S. Department of Transportation, Federal Aviation Administration, Airmen Testing Standards Branch, Oklahoma City, USA

66. FAA(2011), *Aviation Maintenance Technician Handbook-General, CH14, Human Factors,* U.S. Department of Transportation, Federal Aviation Administration, Airmen Testing Standards Branch, Oklahoma City, USA

67. FAA(2012), *Aviation Maintenance Technician Handbook-Airframe,* U.S. Department of Transportation, Federal Aviation Administration, Airmen Testing Standards Branch, Oklahoma City, USA

68. FAA(2012), *Aviation Maintenance Technician Handbook-Powerplant,* U.S. Department of Transportation, Federal Aviation Administration, Airmen Testing Standards Branch, Oklahoma City, USA

69. Feyer, A-M and AM Williamson.(1991), An accident classification system for use in

preventive strategies. *Scand J Work Environ Health* 17:302-311.

70. Flin, R., Mearns, K., O'Connor, P., Bryden, R(2000)., "Measuring Safety Climate: Identifying the Common Features", *Safety Science,* 34, pp.177-192.

71. GAIN(2001), Operator's Flight Safety Handbook.

72. GAIN(2004), *"A Roadmap to a Just Culture: Enhancing the Safety Environment",* Working Group E.

73. Hawkins, Frank.(1975), *Human Factors in Flight,* Aldershot, Gower Technical Press Ltd.

74. Heath, E(1981). *"Worker Training and Education in Occupational Safety and Health",* A Report on Practice in Six Industrialized Western Nations. Washington, DC: US Department of Labor, Occupational Safety and Health Administration.

75. Heinrich, HW(1931), *Industrial Accident Prevention.* New York: McGraw-Hill.

76. Helmreich, R(1998)., Merrit, A., *Culture at Work in Aviation and Medicine: National, Organizational and Professional Influences,* Aldershot, UK: Ashgate.

77. Hofstede, G., Culture's Consequence: *International Differences in Work-related Values(Abridged ed.),* Bevery Hills, CA: Sage.

78. Hollnagel, E & D Woods(1983), Cognitive systems engineering: New wine in new bottles. *Int J Man Machine Stud* 18: 583-600.

79. Hunt, HA and RV Habeck(1993)., *"The Michigan Disability Prevention Study: Research Highlights",* Unpublished Report, Kalamazoo, MI: E.E. Upjohn Institute for Employment Research.

80. IATA(2012), Ground Operation Manual(IGOM)

81. IATA(2013), Safety Report 2013, 50th Edition, International Air Transport Association, pp.31-40.

82. ICAO HF Training Manual; Part 2, paragraph 1.4.2

83. ICAO Safety Management Manual(2006), Doc 9859, First Edition, International Civil Aviation Organization.

84. ICAO Safety Management Manual(2009), Doc 9859, Second Edition, International Civil Aviation Organization.

85. ICAO(2005), Annex 2, Rules of the Air

86. Jamaes Reason(1992), "Collectie Mistakes in Aviation: The Last Great Frontier", Flight Deck, Summer 1992, Issue4

87. Jensen, R(1997), Opening Address for the 9th International Symposium of Aviation Psychology.

88. Johan Van de Kerckhove(1998), ACCIDENTS AND SAFETY MANAGEMENT, Fourth edition of the *International Labour Organization's Encyclopaedia of Occupational Health and Safety*

89. John Goglia(2002), *"Human Factors Programs Vital to Enhance Safety in Maintenance"*. Air Safety Week 16(2002, August 12).

90. Kirsten Jorgensen(1998), Reporting and Compiling Accident Statistics, Fourth Edition of *The International Labour Organization'S Encyclopaedia of Occupational Health and Safety*

91. Learmount, D(2004)., *"Annual Accident Survey"*, Flight International, pp.34-36.

92. Lufthansa Technical Training Center(1999), Human factors in Aviation Training Manual, GER.

93. MacDuffie, J(1995), *"Human Resource Bundles and Manufacturing Performance: Organizational Logic and Flexible Production Systems in the World Auto Industry"*, Industrial and Labor Relations Review, 48, pp.197-221.

94. Maddox, Michael(1998), FAA Human Factors Guide for Aviation Maintenance, Galaxy Scientific Corporation

95. Marcel Simard(1998), Safety Culture and Management, VOL. 2 PART 8, CH 56, 4th Edition of the *International Labour Organization's Encyclopaedia of Occupational Health and Safety*, Geneva.

96. Marx, D(2001)., *Patient Safety and the Just Culture : A Primer for Health Care Executives*, Report for Columbia University under a Grant Provided by the National Heart, Lung and Blood Insitute.

97. Mattila, M, E Rantanen and M Hyttinen(1994)., "The Quality of Work Environment, Supervision and Safety in Building Construction", *Saf Sci* 17: pp. 257-268.

98. Maurer, T. J., K. A. Wrenn., H. R. Pierce., S. A. Tross., W. C. Collins(2003)., "Beliefs About Improve Ability of Career-Relevant Skills: Relevance to Job/Task Analysis, Competency Modelling, and Learning Orientation", *Journal of Organizational Behavior*, 24(1), pp.107-131.

99. Maurino, D., Reason, J., Johnston, N., Lee, R.(1997), *Beyond Aviation Human Factors*, Aldershot, UK: Ashgate.

100. National Transportation Safety Board(1989), Aircraft Accident Report: *Aloha*

Airlines Flight 243, Boeing 737-200, N73711, near Maui Hawaii, April 28, 1988(NTSB/AAR-89-03). Washington, DC: US Government Printing Office.

101. NTSB Photo (http://www.ntsb.gov/events/2000/aa1420/default. htm)

102. Patankar, M. S., Brown, J. P., Sabin, E. J., Bigda-Peyton, T. G.(2012), *Safety Culture: Building and sustaining a cultural change in aviation and healthcare.* Ashgate, UK.

103. Peter J. Blake(2010), Korean Air SMS Presentation, FAA/Asia Pacific Bilateral Partners Dialogue Meeting.

104. Peter T., van den Berg., van der Velde., E. G. Mandy.(2005), "Relationships of Functional Flexibility With Individual and Work Factors", *Journal of Business and Psychology,* 20(1), pp.111-129.

105. Petersen, D.(1993), "Establishing Good Safety Culture Helps Mitigate Workplace Dangers", *Occup Health Saf* 62(7): pp.20-24.

106. Pidgeon, N.(1998), "Safety Cuture: Key Theoretical Issues", *Work and Stress* 12: pp. 202-216.

107. Pidgeon, N.(1991), "Safety Culture and Risk Management in Organizations", *J Cross Cult Psychol* 22: pp.129-140.

108. Pulakos, E. D., S. Arad., M. A. Donovan., K. E. Plamondon.(2000), "Adaptability in the Workplace: Development of a Taxonomy of Adaptive Performance", *Journal of Applied Psychology,* 85(4), pp. 612-624.

109. R.M. Yerkers & J.D. Dodson(1980), "The Relation for Strength of Stimulus to Rapidity of Habit-Formation" *Journal of Comparative Neurology & Psychology*

110. Rachman, SJ.(1974), *The Meanings of Fear.* Harmondsworth: Penguin.

111. Rankin, W. L. and J. Allen, J.P. (1996). *"Boeing introduces MEDA: Maintenance Error Decision Aid."* Airliner April-June

112. Rasmussen, J(1983), Skills, rules and knowledge: Agenda, signs and symbols, and other distinctions in human performance models. IEEE Transactionson Systems, Manand Cybernetics. SMC13(3):257-266.

113. Reason, J.(1997), *Human Error,* New York: Cambridge University Press.

114. Reinald Skiba(1998), Theoretical Principles of Job Safety, Fourth Edition of *The International Labour Organization'S Encyclopaedia of Occupational Health and Safety*

115. Riley, M., A. Lockwood.(1997), "Strategies and Measurement for Workforce Flexibility: An Application of Functional Flexibility in a Service Setting", *International Journal of Operations & Production Management,* 17(4), pp.413-419.

116. Saari J.(1976), "Characteristics of Tasks Associated with the Occurrence of Accidents", *J Occup Acc,* pp.273-279.

117. Saari J.(1998), "Accident Prevention", VOL. 2 PART 8, CH 56 fourth edition of the *International Labour Organization's Encyclopaedia of Occupational Health and Safety,* Geneva.

118. Saari, J.(1990), "On Strategies and Methods in Company Safety Work : From Informational to Motivational Strategies", *J Occup Acc* 12: pp.107-117.

119. Sanders, M. S. & McCormick, J(1993), *Human Factors in Engineering Design.* McGraw-Hill.

120. Schein, EH.(1989), *Organizational Culture and Leadership.* San Francisco: Jossey-Bass.

121. Selye Hans(1979), "The Stress Concept & Some of its Implications". *Human stress & Cognition* John Wiley & Sons

122. Shafer, S.M., Nembhard, D. A., Uzumeri, M. V.(2001), "Investigation of Learning, Forgetting, and Worker Heterogeneity on Assembly Line Productivity", *Manage. Sci.,* 47, pp.1639-1653.

123. Shannon, HS, V Walters, W Lewchuk, J Richardson, D Verma, T Haines and LA Moran.(1992), *"Health and Safety Approaches in the Workplace",* Unpublished Report, Toronto : McMaster University.

124. Shepherd, W.T.(1990), Meeting Objectives. In J.F. Parker, Jr.(Ed.) Final Report-Proceedings of the Second Federal Aviation Administration Meeting on Human Factors Issues in Aircraft Maintenance and Inspection-Information Exchange and Communications, Falls Church, VA: Bio Technology, Inc.

125. Simard, M and A Marchand.(1994),"The Behaviour of First-Line Supervisors in Accident Prevention and Effectiveness in Occupational Safety", *Saf Sci* 19: pp.169-184.

126. Smith, MJ, HH Cohen, A Cohen and RJ Cleveland.(1978), "Characteristics of Successful Safety Programs", *J Saf Res* 10: pp. 5-15.

127. Swain and Guttman(1983), *Handbook of Human Reliability Analysis,* NUREG/CR-1278

128. Taylor, J., Patankar, M.(1999), *Cultural Factors Principles in Aviation Maintenance.* In R. Jensen(Ed.), Proceedings of The 8th International Symposium on Aviation Psychology, Columbus: Ohio State University.

129. Thomas W. Planek(1998), Safety Promotion, Fourth edition of the *International Labour Organization's Encyclopaedia of Occupational Health and Safety.*

130. Vaughn, D.(1996), *The Challenger Launch Decision: Risky Technology, Culture, and Deviance at NASA.* Chicago: University of Chicago Press.

131. Waganaar, WA, PT Hudson and JT Reason.(1990), Cognitive failures and accidents. *Appl Cogn Psychol* 4:273-294.

132. Wells, A., Chadbourne, B.(2000), *Introduction to Aviation Insurance and Risk Management*(2nd Ed.), Malabar, FL: Krieger Publishing Company.

133. Wernerfelt, B.(1984), "A Resource-Based View of the Firm", *Strategic Management Journal,* 5(2), pp.171-180.

134. Wickens(1984), C.D. *Engineering Psychology and Human Performance.* Columbus, Ohio: Charles E. Merrill Publishing Co.

135. William B. Johnson & Michael E. Maddox,(2007), *A Model To Explain Human Factors In Aviation Maintenance,* Aircraft Electronics Associations.

136. William Rankin(2005), *Contributing Factors to Maintenance and Inspection Related Accidents,* Maintenance Human Factors Training Seminar, Co-Sponsored by COSCAP-NA, KCASA, and Boeing, Seoul, Korea.

137. Wood, Richard H(2003), *Aviation Safety Program: A Management handbook*, 3rd Edition, Englewood, Co.: Jeppesen

138. Wright, P. M., S. A. Snell.(1998), *"Toward a Unifying Framework for Exploring Fit and Flexibility in Strategic Human Resource Management",* The Academy of Management Review, 23(4), pp.756-772.

139. Zohar, D.(1980), "Safety Climate in Industrial Organizations: Theoretical and Applied Implications", *J Appl Psychol* 65, No.1: pp.96-102.

140. Zohar, D.(2000), "A Group-Level Model of Safety Climate: Testing The Effect of Group Climate of Micro Accidents in Manufacturing Jobs", *Journal of Applied Psychology,* 85, pp.587-596.

항공학 시리즈 ❷

항공인적요인
(구)항공인적요인과 정비안전 (개정판)

발 행 일 | 2016년 3월 10일
개 정 일 | 2019년 8월 1일
개정3쇄 | 2023년 9월 1일

글 쓴 이 | 김천용
발 행 인 | 박승합
발 행 처 | 노드미디어

편　　집 | 박효서
디 자 인 | 권정숙

주　　소 | 서울특별시 용산구 한강대로 341 대한빌딩 206호
전　　화 | 02-754-1867
팩　　스 | 02-753-1867
이 메 일 | enodemedia@daum.net
홈페이지 | http://www.enodemedia.co.kr

등록번호 | 제302-2008-000043호

I S B N | 978-89-8458-331-3 93550

정가 23,000원